Thomas Bührke

Sternstunden der Astronomie

Von Kopernikus bis Oppenheimer

Verlag C.H. Beck

Mit 24 Abbildungen

Für meine Eltern

Die Deutsche Bibliothek – CIP-Einheitsaufnahme

Bührke, Thomas:
Sternstunden der Astronomie : von Kopernikus bis
Oppenheimer / Thomas Bührke. – Orig.-Ausg. –
München : Beck, 2001
  (Beck'sche Reihe ; 1427)
  ISBN 3 406 47554 X

Originalausgabe
ISBN 3 406 47554 X

Umschlagentwurf: +malsy, Bremen
Umschlagabbildung: Giant Interacting Galaxies NGC 6872/IC 4970
CVLT ANTU + FORS1); © European Southern Observatory (ESO)
© Verlag C. H. Beck oHG, München 2001
Gesamtherstellung: Druckerei C. H. Beck, Nördlingen
Printed in Germany

www.beck.de

Inhalt

Vorwort

Astronomen sind seltsame Menschen. Sie sind nicht von dieser Welt, zu nichts Praktischem fähig. Sie schweben in den Sphären und sinnieren über die Unendlichkeit. Astronomen stolpern nachts über jeden Stein, weil sie unentwegt in den Himmel starren. Sie sind liebenswerte Spinner, die uns geheimnisvolle Geschichten erzählen von Schwarzen Löchern und gekrümmten Räumen. Man hört ihnen gern zu. Sie stören nicht.

Sicher trifft hier und dort einmal eines der Vorurteile zu, im Allgemeinen sind Astronomen aber wesentlich normalere Menschen als viele glauben. Sie sind heutzutage zu sehr in hochschulpolitische Entscheidungen, Organisation von Arbeitsgruppen oder Beschaffen von Drittmitteln einbezogen, um weltfremd zu sein. Zudem stehen ohnehin die meisten jungen Astronomen vor dem Problem, keine feste Stelle zu bekommen. Sie sind Wissenschaftler auf Zeit und arbeiten schließlich in industriellen, meist Software-Unternehmen.

Warum wird einer überhaupt Astronom? Eines ist gewiss: Niemand wird es, weil ihm nichts Besseres eingefallen ist. Jeder ist es von ganzem Herzen und aus ganzer Überzeugung. Begeisterungsfähigkeit und ein unerklärlicher Drang, die Welt verstehen zu wollen, stehen hinter dem Wunsch, Astronom zu werden. Das war früher so und so ist es auch noch heute, nur die Ausbildungswege haben sich geändert. Bis zur Mitte des 19. Jahrhunderts war es durchaus üblich, dass große Astronomen ihre Karriere als Hobbyforscher begannen. Herschel beispielsweise war zunächst ein sehr erfolgreicher Musiker, bis es ihn plötzlich wie magisch zur Astronomie zog. Weil ihm die Teleskope der Profis nicht gut genug waren, begann er – teils unter Lebensgefahr –, eigene Fernrohre zu bauen und gewaltige Spiegel zu schleifen. Dann harrte er mit dem Auge am Okular unzählige Nächte in seinem Garten aus und rieb sich das Gesicht mit roher Zwiebel ein, weil ihn das angeblich vor den nass-kühlen Dämpfen der nahen Themse schützte. Oder Friedrich Wilhelm Bessel. Er machte eine Ausbildung zum Handelskaufmann, bis ihm das zu langweilig wurde. Auch ihn zog es zu den Sternen, und schließlich stieg er zu einem der bedeutendsten Astronomen seiner Zeit auf. Ihm gelang es als Erstem, die Entfernung eines Fixsterns zweifelsfrei zu bestimmen. Selbst Edwin Hubble begann noch um 1910 seinen Lebensweg mit einem Jurastudium, bevor er – ebenfalls gelangweilt – sich ganz der Astronomie verschrieb. Er entwickelte sich zum bedeutendsten Astronom des 20. Jahrhunderts. Seine Forschungen ebneten den Weg für die heutige Urknalltheorie.

Erst in der Neuzeit, als sich die Physik als eigenständiges Studienfach an den Universitäten etablierte, änderten sich die Biografien. Ein Astronom von heute ist im Allgemeinen Physiker, manchmal auch Mathematiker. Beispiele hierfür sind Leverrier und Adams. Sie zeigten schon als Kinder ihre außerordentliche mathematische Begabung und widmeten sich von vornherein der theoretischen Astronomie oder Himmelsmechanik. Noch typischer für den modernen Astrophysiker ist Julius Robert Oppenheimer, jener Mann, den wohl jeder als Vater der Atombombe kennt. Weniger bekannt ist, dass er seine Karriere als brillanter theoretischer Physiker im Bereich der Quantenphysik begonnen hat und dabei auch eine sehr starke Bindung an Deutschland hatte: Er hat in Göttingen promoviert. Sein großer Beitrag zur Astrophysik bestand darin, als Erster auf der Grundlage von Einsteins Allgemeiner Relativitätstheorie die Existenz Schwarzer Löcher vorhergesagt zu haben. Eine Vorstellung übrigens, die Einstein zeitlebens ablehnte. Das Beispiel Oppenheimers verdeutlicht auch, wie die Astrophysiker heute Erkenntnisse aus allen Bereichen der Physik anwenden, um die Vorgänge im Kosmos zu verstehen.

Astronomen schaffen Weltbilder und verändern dadurch auch unser Selbstverständnis. Im Laufe von Jahrtausenden wurde der Mensch Schritt für Schritt aus dem Zentrum des Kosmos vertrieben. Erst erklärte uns Kopernikus, dass nicht die Erde Dreh- und Angelpunkt der Welt ist, sondern die Sonne. Dann fand Herschel heraus, dass die Sonne nur ein gewöhnlicher Stern unter Millionen anderer ist, die in einem großen System, nämlich der Milchstraße, versammelt sind. Schließlich stand am Ende der „Großen Debatte" Mitte der 1920er Jahre die Erkenntnis: Auch die Milchstraße ist nur ein Sternsystem unter Millionen anderen. Und all diese „Welteninseln" streben voneinander fort, verlieren sich in einem

Milliarden von Lichtjahren großen Universum. Die Urknalltheorie räumte schließlich noch mit dem Glauben auf, die Welt bestehe schon seit unendlich langer Zeit. Heute gilt als sicher: Sie hat einen zeitlichen Beginn. Die Fragen „woraus" das Universum entstanden ist und wie es sich weiter entwickeln wird, bewegen heute die Kosmologen.

So wie der Mensch aus dem Zentrum der Welt treten musste, so schwand auch seine Überzeugung, die Krone der Schöpfung zu sein. Viele Menschen sind heute davon überzeugt, dass es im All andere Zivilisationen gibt und dass wir Menschen hier auf unserer kleinen blauen Kugel uns nur durchschnittlich weit entwickelt haben. Wir fühlen uns wie die Mayas und Azteken im Mittelalter. Die kannten damals nur ihren Lebensraum und wussten nichts von den Weißen, die zehntausend Kilometer weiter hölzerne Schiffe bauten und bald darauf den Ozean überquerten und ihr Land eroberten.

Astronomische Erkenntnisse haben auch Auswirkungen auf unseren Glauben. Viele Vorgänge, die früher als Gott gegeben hingenommen wurden, wie die Entstehung der Sonne und der Erde, lassen sich heute erklären. Die hierbei wirkenden physikalischen Gesetze sind bekannt. Dafür sind aber neue Fragen aufgetaucht: Warum haben die Naturgesetze die uns bekannte Form? Warum besitzen die fundamentalen Naturkonstanten ihre heute bekannten Werte und nicht andere? Wir kennen die Gesetze, welche die kosmischen Abläufe steuern, aber wir kennen nicht den Ursprung der Gesetze. Insofern hat Gott auch im modernen Weltbild noch seinen Platz, nur sein Verantwortungsbereich ist kleiner geworden.

Die Astronomie war auch immer wieder Anlass für Konfrontation, Kampf und heftigen Disput – nicht nur zwischen den Forschern. Galileis Kampf gegen die Inquisition ist hier das berühmteste Beispiel. Aber auch das Benennen neu entdeckter Himmelskörper erregte immer wieder die Gemüter. Die unerbittlichste Schlammschlacht lieferten sich England und Frankreich im Jahre 1846. Astronomen, Journalisten und Politiker auf beiden Seiten des Kanals überboten sich in Niederträchtigkeiten als es um die Entscheidung ging, wer der wahre Entdecker des bis dahin unbekannten Planeten Neptun sei, Leverrier oder Adams. Wie erst vor zwei Jahren bekannt wurde, haben in diesem Disput die

Briten bewusst Unterlagen ihres Landeskindes zurückgehalten. Die hätten nämlich bewiesen, dass der Konkurrent Leverrier eindeutig die Nase vorn gehabt hat. Die Astronomie war also keineswegs immer nur die hehre, wertfreie Wissenschaft – gleichwohl aber die schönste.

Neben den philosophischen Auswirkungen beeinflussen astronomische Erkenntnisse auch unser tägliches Leben. Ohne Keplers Himmelsmechanik gäbe es keine Raumfahrt und keine erdumkreisenden Satelliten. Die aber machen sich mehr und mehr bemerkbar. Selbstverständlich geworden sind für uns die Wetterbilder des Meteosat und die Fernsehbilder per Satellit. Ein weiteres Beispiel ist das satellitengestützte Ortungs- und Navigationssystem Global Positioning System, GPS. Es ist die Grundlage für das Leitsystem in Automobilen und dient auch in Flugzeugen und Schiffen zur genauen Ortung.

Dennoch ist die Astronomie in erster Linie eine Suche nach den großen Zusammenhängen und nach den Wurzeln unserer Existenz. Jedes Kohlenstoffatom unseres Körpers ist vor Jahrmilliarden im Innern von Sternen bei zig Millionen Grad aus Wasserstoff entstanden. Als diese Sterne am Ende ihrer Entwicklung als Supernovae explodierten, schleuderten sie das Material ins All und reicherten dadurch das Universum mit jenen Bausteinen an, aus denen auch die Erde und alles Leben auf ihr entstanden sind. Gäbe es diese wunderbaren natürlichen Fusionskraftwerke nicht, wäre das All öd und leer. Denn im Urknall entstanden nur die flüchtigen Elemente Wasserstoff und Helium.

Wir sind aus Sternenstaub geboren. Vielleicht ist das die faszinierendste Erkenntnis der modernen Astronomie.

Leimen, im Herbst 2001   *Thomas Bührke*

„Vielleicht ist noch nie eine größere Forderung an die Menschheit geschehen."

Nikolaus Kopernikus (1473–1543)

Kein Dichter hätte den Tod besser inszenieren können als es die Natur am 24. Mai 1543 in Frauenburg tat. Dort starb Nikolaus Kopernikus, der Mann, der ein Jahrtausende altes Weltbild umstürzte, in dem Erde und Mensch im Mittelpunkt des Universums ruhten. Er stellte die Sonne ins göttliche Zentrum und ließ unseren Planeten mit irrwitziger Geschwindigkeit um sie herumtreiben. Erst auf dem Sterbebett nahm Kopernikus den Erstdruck seines legendären Werkes *De revolutionibus orbium coelestium, Über den Umschwung der Himmelskreise*, entgegen. Kurz darauf starb er.

Seine Ideen aber lebten fort und führten über ein halbes Jahrhundert später zu dem spektakulärsten Kirchenprozess der Geschichte, in dessen Zuge Kopernikus' Werk auf den Index verbotener Schriften gesetzt wurde. Erst 1835 sollte es daraus wieder entfernt werden. Kopernikus, dessen heliozentrisches Weltsystem schon einige Jahre vor seinem Tod bekannt geworden war, musste lediglich einige Schmähreden und ihn verhöhnende Fastnachtsspiele über sich ergehen lassen.

Heute steht die Kopernikanische Wende für den Umsturz eines Weltbildes schlechthin. Im Laufe der Jahrhunderte nach ihr musste der Mensch dann einsehen, dass nicht einmal unser Tagesgestirn das Zentrum des Alls ist. Die Sonne und mit ihr die Erde gehören mit hundert Milliarden anderen Sternen zu einer Galaxie, die auch nur eine unter zig Milliarden anderen ist. Sie alle sind Welteninseln in einem Raum ohne Mittelpunkt, der wahrscheinlich ewig expandieren wird und einem Kältetod entgegenstrebt.

Heute, wo uns die modernen kosmologischen Theorien vertraut sind, können wir die Aufregung um die Tat des Domherrn zu Frauenburg kaum noch nachvollziehen. Und in der Tat war nicht nur die Erkenntnis, dass der Mensch nicht im Herzen des Alls und der Schöpfung steht, erschreckend. Sondern dramatischer

Non docet inſtabiles Copernicus ætheris orbes,
Sed terræ jnſtabiles arguit ille vices.

Abb. 1: Nikolaus Kopernikus auf einem anonymen Kupferstich.
Als Symbol für sein heliozentrisches Weltsystem hält er ein Modell der
Sonne, umgeben von der Erde und den sie umkreisenden Mond.

als je zuvor wurde den Menschen vor Augen geführt, wie sehr uns
unsere Sinne täuschen können. Nicht Sonne, Mond und Sterne
drehen sich um die Erde, wie es uns tagtäglich erscheint, sondern
die Erde dreht sich einmal pro Tag um die eigene Achse, so dass
ein Bewohner am Äquator mit rund 1700 Kilometern pro Stunde
herumgewirbelt wird. Außerdem rast unser Planet mit hundert-
tausend Kilometern pro Stunde um die Sonne, ohne dass wir phy-
sisch etwas davon bemerken. Die Sinnesorgane liefern uns keine
reine Erkenntnis über die Natur. Sie haben sich im Laufe der

Evolution lediglich – aber ganz praktisch – zur Orientierung in unserer Umwelt entwickelt. Über das Wesen der Natur sagen sie uns a priori nichts aus.

Die Wahrnehmung hatte fast alle Gelehrten bis zu Kopernikus im Ersinnen der Weltmodelle geleitet. Der Vater der griechischen Philosophie, Thales von Milet, sah um 600 vor Christus in der Erde noch eine auf dem Ozean schwimmende Scheibe. Doch schon Pythagoras löste sich von dieser Vorstellung. Er behauptete wohl als erster gegen Ende des sechsten Jahrhunderts vor Christus, die Erde sei eine Kugel. Vor allem zwei Beobachtungen mögen für diese Erkenntnis ausschlaggebend gewesen sein: Zum einen sieht man bei sehr klarem Wetter, wie ein fortfahrendes Schiff langsam unter dem Horizont verschwindet. Wäre die Erde eine Scheibe, müsste das Schiff einfach langsam kleiner und kleiner erscheinen, bis es nicht mehr erkennbar ist. Zum anderen sprach der kreisförmige Schatten der Erde auf dem Mond bei einer Mondfinsternis für die Kugelform.

Interessanterweise begegnet man schon bei den Pythagoreern erstmals dem Gedanken, dass die Erde nicht im Kosmos ruht. Sie glaubten, dass im Mittelpunkt ein Zentralfeuer brenne, denn der „Wache des Zeus" komme der ehrwürdigste Platz zu. Um diesen Herd des Weltalls kreisten in zunehmendem Abstand Erde, Mond und Sonne, darauf folgten die Planeten Mars, Venus, Jupiter, Merkur und Saturn, und ganz außen umgab dieses System die Fixsternsphäre. Alle Körper, auch die Sonne, leuchteten nicht selbst, sondern empfingen das Licht vom Zentralfeuer. Wohl um der magischen Zahl Zehn Genüge zu tun, mussten die Pythagoreer noch einen weiteren Planeten einführen: die „Gegenerde". Sie sollte sich auf der selben Bahn bewegen wie die Erde, jedoch von uns aus gesehen immer hinter dem zentralen Feuer sein und damit unsichtbar bleiben.

Auch wenn dieses Modell nicht der Realität entspricht, so haben die Pythagoreer den ersten Schritt in Richtung des heutigen astronomischen Weltbildes getan. Entscheidend war hierbei das Vermögen, sich von dem reinen Sinneseindruck, den uns die Gestirne vermitteln, zu lösen und sie alle als kugelförmige Himmelskörper anzunehmen, die sich in einem geordneten System bewegen. Dieses Abstrahieren von den reinen Phänomenen und ihre Erklärung im Rahmen eines mathematischen Systems war der

Einstieg in die astronomische Forschung, und es ist bis heute ausschlaggebend für den Erfolg der Forschung. Nur durch diese Fähigkeit des Abstrahierens konnten die Wissenschaftler zu der Theorie des gekrümmten Raumes gelangen, der in einem Urknall entstanden ist.

Da es aber keine Möglichkeiten gab, eine astronomische Hypothese zu überprüfen, wurden stets neue Weltmodelle ersonnen. Parmenides glaubte im fünften Jahrhundert vor Christus, der Himmel sei am äußersten Rand durch eine Feuerwand begrenzt, und die Himmelskörper würden auf reifenähnlichen Gebilden laufen. Parmenides' Zeitgenosse Anaxagoras, der die Erde als Scheibe sah, behauptete schon, der Mond reflektiere das Licht der Sonne, die wiederum ein glühender Stein sei. Auch die Atomisten Leukipp und Demokrit vertraten diese Ansicht. Die Vorstellung einer bewegten Erde setzte sich indes in Griechenland nicht durch.

Eine kosmologische Hypothese kann aber noch so schön sein, ob sie die Realität richtig beschreibt, erweist sich erst, wenn man sie mit Himmelsbeobachtungen konfrontiert. Die waren zu Platons Zeit indes noch äußerst spärlich vorhanden. Im Wesentlichen beschränkten sie sich auf den Lauf von Sonne und Mond, wobei Finsternisse eine besondere Rolle spielten. Inwieweit griechische Astronomen auf Messungen der Babylonier zurückgreifen konnten, ist kaum bekannt. Vermutlich hat erst Hipparchos im zweiten Jahrhundert vor Christus hiervon Gebrauch gemacht. Diese Beobachtungen dienten aber im Wesentlichen dazu, die Jahreslänge zu bestimmen und einen verlässlichen Kalender aufzustellen. Ein Problem, mit dem übrigens noch Kopernikus und Kepler zu kämpfen hatten.

Im Rahmen des geozentrischen Weltbildes erwiesen sich die Bewegungen von Sonne und Mond und vor allem der Planeten als problematisch. Der Mars zum Beispiel konnte langsam über Monate hinweg gegenüber den Sternen von West nach Ost über den Himmel ziehen. Dann blieb er plötzlich stehen und wanderte wieder zurück. Nach einigen Wochen hielt er wieder an und nahm seine ursprüngliche Bewegungsrichtung auf. Das ließ sich nun nicht mit der einfachen Annahme erklären, der Mars umkreise die Erde.

Um dieses Problem zu lösen, ersann Eudoxos von Knidos in der zweiten Hälfte des vierten Jahrhunderts vor Christus das Modell der homozentrischen Sphären. Danach war die Erde von kristallenen Kugelschalen umgeben, auf deren Äquator jeweils Sonne, Mond und die Planeten befestigt waren. Gleichzeitig waren die Achsen dieser Sphären auf einer noch größeren Sphäre befestigt, die ebenfalls langsam rotierte. Da die Rotationsachsen der Sphären gegeneinander geneigt waren, wanderten die Pole der planetentragenden Sphären langsam im Raum. Dadurch schienen die Planeten von der Erde aus gesehen unregelmäßige Bewegungen auszuführen. Doch da dieses System noch nicht ausreichte, die Planetenbahnen zu erklären, musste Eudoxos die zweite Sphäre erneut mit einer dritten und diese mit einer vierten verbinden, um zumindest grobe Übereinstimmung mit der Beobachtung zu erhalten. Insgesamt 27 Sphären benötigte er, wobei es nicht klar ist, ob er sie als real existierend ansah oder ob sie lediglich ein gedankliches Hilfsmittel waren, um die Bewegungen zu beschreiben.

Tatsächlich war es mit dieser komplizierten Maschinerie erstmals möglich, die Bewegungen am Himmel relativ gut zu beschreiben. Ein besonderes Gewicht bekam dieses Modell dadurch, dass es Aristoteles verteidigte und sogar noch auf 47 bis 55 Schalen aufstockte. Aristoteles' Wort wog nicht nur bei den Griechen schwer, sondern war vor allem auch im Mittelalter nahezu unantastbar.

Doch das System der homozentrischen Sphären hatte weitere Probleme: So konnte es nicht die Helligkeitsvariationen der Planeten erklären. Zudem hatte man aus der Beobachtung von Sonnenfinsternissen gelernt, dass Sonne und Mond unterschiedlich groß erscheinen. Auch das war ein Problem.

Abhilfe sollte hier das Epizykelmodell bringen, das Apollonios von Perge im dritten Jahrhundert vor Christus erdachte. In diesem System ist die Erde erneut von Kreisen oder Schalen umgeben, die man Deferenten nennt. Der Planet selbst läuft jedoch auf einem kleineren Hilfskreis, dem Epizykel, dessen Mittelpunkt auf dem Deferenten um die Erde wandert. Für den Planeten ergibt sich somit eine zusammengesetzte Bewegung. Durch richtige Wahl der Geschwindigkeit des Planeten auf dem Epizykel und des Epizykels auf dem Deferenten kann man es erreichen, dass der Planet von der Erde aus gesehen periodische Schleifenbewegungen ausführt. Ein solcher Effekt lässt sich nachts bei den Speichenstrahlern eines Fahrrads erkennen. Fährt ein Radfahrer in einiger Entfernung an uns vorbei, bewegen sich die Radnaben auf einer geraden Linie (analog dem Mittelpunkt des Epizykels auf dem Deferenten), aber die Speichenstrahler vollführen wegen der Drehbewegung der Räder (Epizykel) eine Schleifenbewegung.

Auch dieses System ließ sich ähnlich wie bei Eudoxos beliebig verfeinern, indem man weitere Epizykel einführte in der Weise, dass der Planet auf einem zweiten Epizykel kreiste, dessen Mittelpunkt auf dem ersten Epizykel kreist. Einen dieser zusätzlichen Hilfskreise konnte man sich in dem ebenfalls von Apollonius erdachten Exzentermodell sparen. Hier liegt der Mittelpunkt des Hauptkreises (Deferenten) außerhalb der Erde. Dadurch variiert der Abstand eines Himmelskörpers zu unserem Planeten und damit auch seine Helligkeit.

Es ist bewundernswert, wie gut sich die Bewegungen der Himmelskörper in einem solchen erdzentrierten System beschreiben lassen. „Es gibt keine Kurve der beobachtenden Astronomie, die nicht annähernd mit beliebiger Genauigkeit als Resultante einer Epizykel-Deferenten-Kombinationsbewegung erzeugt werden kann", stellte der Philosoph Klaus Mainzer fest. So lange sich nicht empirisch entscheiden ließ, ob sich die Gestirne um die Erde drehen oder die Erde um die Sonne, gab es keinen Grund, das geozentrische System aufzugeben. Dies galt vor allem so lange, wie die Weltmodelle rein geometrisch begründet waren, es also noch keine physikalische Theorie über die zwischen den Himmelskörpern wirkende Schwerkraft gab. Um so erstaunlicher ist es, dass Kopernikus ein halbes Jahrhundert vor Newtons Gravitationstheorie das heliozentrische System postulierte.

Einen Richtungswechsel in der griechischen Astronomie – weg von einer überwiegend qualitativen Beschreibung, hin zu einer auf Beobachtungsdaten basierenden, empirischen Wissenschaft – vollzog der um 190 vor Christus im kleinasiatischen Nizäa geborene Hipparchos. Er gilt als der erste wirklich beobachtende Astronom. Er griff wohl auch als Erster auf alte babylonische Beobachtungen zurück. Das von ihm geschaffene himmlische Koordinatensystem, ermöglichte es ihm erstmals, die Positionen von Sternen für spätere Generationen reproduzierbar festzuhalten. Eines seiner Hauptwerke ist der erste Sternenkatalog der Geschichte, der die Positionen von 1028 Sternen enthält. Die Genauigkeit seiner Beobachtungen lag bei etwa fünf Bogenminuten, was einem Sechstel des Vollmonddurchmessers entspricht. Jetzt war es auch möglich, die Planetenbewegung genau aufzuzeichnen und mit der Epizykeltheorie zu vergleichen. Auch hier erwies sich Hipparchos auf Grund seiner exzellenten Geometriekenntnisse als großer Meister.

Rund 250 Jahre nach Hipparchos' Tod führte dann Claudius Ptolemäus das geozentrische Weltsystem zum Höhepunkt. Er perfektionierte die Berechnung der Planetenbahnen und schuf ein Werk, das über nahezu anderthalb Jahrtausende hinweg die Astronomie beherrschen sollte, die *Synthaxis mathematica*, besser bekannt unter *Almagest*, dem Titel der arabischen Übersetzung. Ptolemäus wurde um 100 nach Christus geboren und wirkte vermutlich überwiegend in Alexandria, dem damaligen Weltzentrum für Wissenschaft und Kultur in Ägypten, das damals zum römischen Reich gehörte. Er sammelte und analysierte nicht nur das Beobachtungsmaterial seiner Vorgänger, vor allem von Hipparchos, sondern beobachtete auch selbst den Lauf der Gestirne.

Der *Almagest* wurde zur Bibel aller kommenden Astronomen und bestimmte bis zu Kopernikus das Weltbild. Dieses in 13 Bücher unterteilte Werk enthielt praktisch das gesamte astronomische Wissen der damaligen Zeit. Unter anderem führte Ptolemäus darin einen Katalog mit den Positionen von 1022 Sternen auf, angeordnet nach den damals festgelegten 48 Sternbildern. Allein vier der 13 Bücher betrafen die Planetenbahnen, die er im Rahmen der Exzenter-Epizykeltheorie genauer als je zuvor beschreiben konnte. Oberstes Prinzip war stets, „dass die Erklärung der Planetenbewegung allein mit gleichförmigen Kreisbewegungen zu bewerkstelligen sei, die allein ihrer göttlichen Natur entsprechen".

Gleich zu Beginn des *Almagest* setzt sich Ptolemäus mit der Frage auseinander, ob die Erde ruht und das Zentrum des Kosmos bildet. Anders als später Galilei musste er keine religiösen Anfeindungen fürchten und konnte sich auf eine wissenschaftliche Argumentation konzentrieren. So führte er an, dass alle Körper in Richtung des Erdmittelpunktes hin fallen, der dann wohl auch der Mittelpunkt der Welt sein muss. Eine Drehung der Erde um die eigene Achse schloss Ptolemäus ebenfalls aus. Wenn dem nämlich so wäre, müssten sich auch alle Körper in der Atmosphäre, wie die Wolken, mit der Erde drehen. Das aber konnte er nicht glauben.

Und dass sich die Erde um die Sonne bewegt, war für ihn undenkbar, wobei er sich auf ein schon von Aristoteles angeführtes

Argument stützte. Wenn die Erde die Sonne umkreisen würde, müsste man an den Fixsternen eine Parallaxe beobachten. Dies ist eine perspektivische Positionsverschiebung, die dadurch zustande kommt, dass man die Sterne im Laufe eines Jahres von unterschiedlichen Standpunkten auf der Erdbahn betrachtet. Dieses Phänomen ließ sich jedoch nicht nachweisen. Das Argument zog sich noch fast 2000 Jahre durch die Astronomie, bis Friedrich Wilhelm Bessel 1838 endlich der Nachweis gelang. Wegen der enormen Entfernungen der Sterne ist dieser Effekt winzig klein.

Ptolemäus' ausführliche Diskussion über die unbewegliche und zentrierte Erde war durchaus berechtigt, denn schon einige hundert Jahre zuvor hatte es eine kurze Phase gegeben, in der Astronomen an der Unverrückbarkeit der Erde gezweifelt hatten. Da war zunächst Herakleides Pontikos. Er muss um 390 vor Christus geboren sein und wurde von einem Schüler Platons, Speusippos, möglicherweise auch von Platon selbst unterrichtet. Viel ist nicht über diesen Philosophen bekannt. Überliefert ist von ihm aber die Behauptung, die Erde würde sich um die eigene Achse drehen, wodurch der Wechsel von Tag und Nacht zustande käme. Außerdem war ihm aufgefallen, dass die Planeten Merkur und Venus nie sehr weit von der Sonne entfernt stehen. Daraus zog er den radikalen Schluss: diese beiden Planeten umkreisen nicht die Erde, sondern die Sonne. Damit hatte Herakleides ein Mischsystem geschaffen, in dem zwar die Erde nach wie vor im Zentrum des Alls stand, die Sonne aber, die unseren Planeten umkreiste, hatte zwei Trabanten. Interessanterweise griff Tycho Brahe 2000 Jahre später diese Idee wieder auf.

Den entscheidenden Schritt aber wagte Aristarch von Samos. Über ihn ist so gut wie nichts bekannt. Er ist um 320 vor Christus geboren und hat vermutlich zumindest zeitweise in Alexandria gewirkt. Die einzige erhaltene Schrift *Über die Größen und Entfernungen von Sonne und Mond* weisen ihn als exzellenten Mathematiker und scharfsinnigen Denker aus. Mit einer einfachen Methode fand er heraus, dass die Sonne rund 20-mal weiter von der Erde entfernt ist als der Mond. Damit musste die Sonne auch einen etwa 20-mal größeren Durchmesser besitzen als der Mond. Obwohl diese Werte falsch waren, stellten sie den ersten Versuch dar, den Kosmos zu vermessen.

Entscheidend aber ist eine Notiz, die sich in der kleinen Schrift *Die Sandzahl* befindet, in der sich Archimedes mit den Größen und Entfernungen von Sonne und Mond befasst hat. Hier steht: „Aristarch von Samos gab die Erörterung gewisser Hypothesen heraus, in welchen aus den gemachten Voraussetzungen erschlossen wird, dass der Kosmos ein Vielfaches der von mir angegebenen Größe sei. Es wird nämlich angenommen, dass die Fixsterne und die Sonne unbeweglich seien, die Erde sich um die Sonne, die in der Mitte der Erdbahn liege, in einem Kreise bewege." Leider ist keine Arbeit von Aristarch selbst erhalten geblieben, die dieses erste heliozentrische Weltmodell beschreibt. Der Stoiker Kleanthes hat damals verlangt, man solle Aristarch anklagen, weil er „den heiligen Herd der Welt von seiner Stelle rücken wolle".

Es ist nicht bekannt, ob sich Aristarch tatsächlich vor einem Gericht verantworten musste. Eine der mittelalterlichen Inquisition auch nur annähernd vergleichbare Einrichtung gab es nicht. Sicher ist nur, dass er sich gegen die damalige Lehrmeinung und das Diktat der Sinne nicht durchsetzen konnte. Diese Schlacht mussten zweitausend Jahre später seine Epigonen, Kopernikus, Kepler und Galilei, schlagen.

Nikolaus Kopernikus kommt am 19. Februar 1473 in Thorn zur Welt. Kopernikus? Heißt er nicht eigentlich Koppernigk oder Kopperlingk oder Cupperning? Alle diese Schreibweisen und viele andere finden sich auf Dokumenten und in amtlichen Registern, Kopernikus selbst hat seinen Namen nicht einheitlich geschrieben. Die Frage nach seinem „richtigen" Namen stellt sich eigentlich gar nicht, denn zur damaligen Zeit schreibt man alle Wörter, auch Namen, nach Gehör. Durchgesetzt hat sich die Version, wie sie auf seinem Lebenswerk *De revolutionibus* erhalten geblieben ist: Nicolaus Copernicus. Bei uns gilt die eingedeutschte Version Nikolaus Kopernikus.

Wie dem auch sei, sein aus Krakau stammender Vater Niklas jedenfalls ist ein wohlhabender Kaufmann Thorns, einer bedeutenden Handels- und Schifffahrtsstadt am Oberlauf der Weichsel. Dort hat er auch Barbara Watzenrode geheiratet, die einer angesehenen Thorner Kaufmannsfamilie entstammt. Thorn liegt in Preußen, unmittelbar an der Grenze zum Königreich Polen, eine Lage, welche die Stadt immer wieder in politische Auseinandersetzungen geraten lässt. Sie bildet zu Kopernikus' Zeiten die Front zwischen den Konfliktparteien des Deutschen Ordens im

Norden und Polens im Süden. Seit 1945 gehört das heutige Torun zu Polen.

Über Nikolaus' Kindheit ist nur wenig bekannt. In dem stattlichen Haus lebt es sich sicher angenehm, zusammen mit einem älteren Bruder und zwei jüngeren Schwestern. Als der Vater jedoch früh stirbt – Nikolaus ist erst zehn Jahre alt –, wird der Onkel, Lukas Watzenrode, ein Theologe und der spätere Bischof von Ermland, Vormund. Welche Schule der kleine Nikolaus besucht, ist ungewiss. Licht ins Dunkel der Biographie kommt erst im Jahre 1491, als sich Nikolaus mit 18 Jahren an der Universität von Krakau einschreibt, die um die tausend Studenten hat. Krakau und Leipzig zählen zur damaligen Zeit zu den begehrtesten Studienorten im östlichen Mitteleuropa. Die sieben freien Künste, Dialektik, Rhetorik und Grammatik sowie Geometrie, Arithmetik, Musik und Astronomie bilden die Basis für eine mögliche weitere Spezialisierung für das Studium der Theologie, Rechte oder Medizin. „Besonders das Studium der Astronomie steht in höchster Blüte", konstatiert die Schedelsche Weltchronik. Hier kommt der junge Kopernikus erstmals mit den Grundlagen der Sternkunde in Kontakt, die jedoch vornehmlich dem Erstellen von Horoskopen und der Instandhaltung des Kalenders dient. Auch astronomische Instrumente gibt es an der Universität, an denen Studenten ausgebildet werden.

Kopernikus verlässt Krakau nach drei Jahren wieder, um sich nach einer Anstellung umzusehen. Da kommen ihm die Beziehungen von Oheim und Bischof Watzenrode gerade recht, der ihm eine Stellung auf Lebenszeit als Domherr beim ermländischen Kapitel Frauenburg verschafft. Doch zunächst einmal reizt Nikolaus diese Aufgabe nicht so sehr. Vielmehr gelingt es ihm, sich für eine Italienreise freistellen zu lassen. Am 6. Januar 1497 immatrikuliert er sich an der Universität Bologna, wo schon sein Onkel im Kirchenrecht promoviert hat. Dieser sieht es folglich sehr gern, dass sich auch sein Zögling mit Kirchenrecht beschäftigt. Das regelt zur damaligen Zeit nicht nur das kirchliche Leben, sondern erstreckt sich auch auf die Privatsphäre, wo es sowohl für das Familien- und Erbrecht als auch für das Strafrecht maßgeblich ist.

Gleichzeitig hat Kopernikus an dieser ehrenvollen Studienstätte aber sehr wahrscheinlich die entscheidenden Impulse für seine weitere geistige Entwicklung erhalten. Hier lehrt zum Beispiel

Antonius Urceus griechische Literatur. Nicht nur die ruhmreichen Dichter stehen auf seinem Lehrprogramm, sondern auch die Gelehrten Aristoteles und Archimedes. Hat Kopernikus hier vielleicht den *Sandrechner* gelesen, der den Hinweis auf Aristarch enthält?

Bedeutender ist sicher der Einfluss von Dominicus Maria di Novara, der seit 1483 den Lehrstuhl für Astronomie inne hat und fleißig astrologische Prognostiken abzuliefern hat. Bei ihm lernt Kopernikus nicht nur die mathematische Himmelskunde des Ptolemäus, sondern auch, wie man mit dem Quadranten oder dem Astrolab die Positionen der Sterne und Planeten vermisst. Kopernikus entwickelt sich offenbar rasch vom reinen Schüler zum Assistenten. Am 9. März 1497 beobachten beide die Bedeckung des Sterns Aldebaran durch den Mond, ein willkommenes Ereignis, um die Mondbahn zu bestimmen. Von Dominicus mag Kopernikus auch gelernt haben, dass man die Lehren der Alten nicht ungeprüft übernehmen darf. Denn als Dominicus seine Beobachtungsergebnisse mit denen von Ptolemäus vergleicht, stellt er kleine, aber doch vorhandene Unterschiede fest. So ermittelt Dominicus für die Schiefe der Ekliptik – das ist die Neigung der Sonnenbahn gegen den Himmelsäquator – einen etwas kleineren Winkel als der alte Grieche. Ist dies ein Hinweis darauf, dass sich bislang unerkannte, weil sehr langfristige, Veränderungen im Himmelsgebäude vollziehen?

Im Frühjahr 1500 zieht Nikolaus zusammen mit seinem Bruder Andreas, der 1498 ebenfalls nach Bologna gekommen ist, nach Rom, wo Papst Alexander VI das Jubeljahr ausruft. Womit sich Nikolaus dort beschäftigt, wissen wir nicht, aber vermutlich verkehrt er in intellektuellen Kreisen, die bereits den Geist der aufkommenden Renaissance verspüren. Wenn er sich für Kunst interessiert hat, wird er dort miterlebt haben, wie Michelangelo die Pieta vollendet. Auch astronomische Beobachtungen nimmt er vor.

Nach etwa einem Jahr kehren die Brüder nach Frauenburg zurück, aber ganz offenbar fühlt sich Nikolaus noch zu jung, um sich auf seiner Stelle niederzulassen. Stattdessen lässt er sich noch einmal freistellen und geht nach Padua, um dort Medizin zu studieren, zieht dann aber weiter, um schließlich in Ferrara im Kirchenrecht seinen Doktor zu machen. Doch 1503 wird man in

Frauenburg ungeduldig. Mehrere Jahre hat der Herr nun auf Kosten des Domkapitels im sonnigen Italien zugebracht, jetzt sollte er endlich seinen Pflichten nachkommen. Doch nicht nach Frauenburg geht er, sondern an die fürstbischofliche Residenz in Heilsberg, wo er seinem Onkel, Lukas Watzenrode, als persönlicher Begleiter und Sekretär zur Seite steht. Hier wird Kopernikus in allgemeine Amtsgeschäfte eingeführt, denn das Schloss ist das geistliche Zentrum des Ermlandes und Sitz der Landesverwaltung. So reist er beispielsweise zum preußischen Landtag und zum polnischen Königshof und erlebt hautnah mit, wie der polnische König immer wieder versucht, die Selbstständigkeit des Ermlandes anzufechten.

So vergehen sieben Jahre, in denen er sich vermutlich nicht der Astronomie widmen kann. Zumindest ist darüber nichts bekannt. Im Jahre 1510 gibt Kopernikus seine Stelle in Heilsberg aus unbekannten Gründen auf und geht nach Frauenburg, dem Sitz des Domstifts. Hier übernimmt er Aufgaben in der Kapitelverwaltung und den täglichen Dienst des Domherrn, ein Jahr nach seiner Ankunft wird er sogar zum Kanzler des Kapitels gewählt. Frauenburg ist ein kleines Städtchen im Ermland, an der Danziger Bucht gelegen. Es ist auf einer flachen Erhebung am Südrand des Frischen Haffs erbaut, einem Süßwassersee, der die Stadt von der Ostsee trennt. Im Norden erkennt man bei klarem Wetter in zehn Kilometern Entfernung das schimmernde Meer, während sich nach Süden eine fruchtbare, hügelige und von kleinen Seen durchzogene Landschaft erstreckt.

Das Stadtbild aber dominiert nur ein Gebäude: die Kathedrale. Dieser aus dem 14. Jahrhundert stammende, mit vielen Türmen gekrönte Backsteinbau ist nicht nur ein Gotteshaus, sondern dient auch als militärische Wehranlage. Hier findet Kopernikus seine endgültige Heimstätte. An der Nordwestecke der Verteidigungsanlage bezieht er einen vierstöckigen Turm, der später nach ihm benannt wird. Gleichzeitig erwirbt er ein Allodium, ein außerhalb des Dombezirks gelegenes Haus. In ihm richtet er sich eine Sternwarte ein.

Die Astronomie kann er nicht zur Hauptbeschäftigung machen, dafür sind seine Aufgaben zu vielfältig. Neben seinem täglichen Dienst als Domherr ist er wieder in Verwaltungsaufgaben eingebunden, muss Recht sprechen und ist häufig auf Reisen zu kaiser-

Abb. 2: Schloss Heilsberg, in dem Kopernikus viele Jahre verbrachte.

lichen Höfen. Dennoch findet er die Zeit, um über die Drehung des Firmaments und den Lauf der Irrsterne nachzudenken. Intensiv setzt er sich mit der Epizykeltheorie von Ptolemäus und dessen Vorgängern auseinander und findet bei ihnen „sehr viel Angreifbares". Um 1514, wahrscheinlich sogar noch früher, verteilt er an seine Freunde ein Manuskript, das später *Commentariolus* genannt wird. Wie er selbst die Schrift nennt, ist unbekannt, denn es existieren heute nur noch drei Abschriften, alle ohne Titelblatt.

Hierin schreibt er: „Als ich dies nun erkannte, dachte ich oft darüber nach, ob sich vielleicht eine vernünftigere Art von Kreisen finden ließe, von denen alle sichtbare Ungleichheit abhinge, wobei sich alle in sich gleichförmig bewegen würden, wie es die vollkommene Bewegung an sich verlangt." Er sucht also nach einer Möglichkeit, die scheinbar ungleichförmigen Bewegungen der Planeten am Himmel mit gleichförmigen Bewegungen dieser Körper auf Kreisen zu beschreiben. Seine Lösung fasst er in mehreren Sätzen zusammen, von denen die wichtigsten lauten: Alle Bahnkreise umgeben die Sonne, die auch den Mittelpunkt der Welt bildet. Alle Bewegungen am Himmel rühren daher, dass sich

23

die Erde einmal pro Jahr um die Sonne und einmal pro Tag um die eigene Achse dreht. Und der Abstand Sonne-Erde ist verschwindend gering gegenüber den Abständen der Sterne, weswegen man keine Parallaxe beobachtet.

Zu dieser Schlussfolgerung gelangt er nicht etwa, weil die beobachteten Planetenbahnen nicht mit der Theorie übereinstimmen. Kopernikus führt im *Commentariolus* überhaupt keine Rechnungen durch, und die Datenlage ist zu der Zeit noch sehr dürftig. Auch verabschiedet er sich nicht von dem Aristotelischen Dogma, nur die Bewegung auf einem Kreis könne als vollkommen angenommen werden. Ebenso benötigt Kopernikus nach wie vor die komplizierten Epizykel, und zwar 38 Stück. Aber er benötigt sie nicht mehr, um die Schleifenbewegungen zu erklären. Die ergeben sich jetzt ganz einfach dadurch, dass auch die Erde in Bewegung ist. Wenn sie beispielsweise den Mars auf ihrer weiter innen gelegenen Bahn überholt, scheint sich der Nachbarplanet in dieser Phase am Himmel rückwärts zu bewegen.

Grundsätzlich muss Kopernikus ein vielleicht eher unbestimmtes Missbehagen gegenüber dem Ptolemäischen System gefühlt haben, denn von den Geozentrikern sagt er später in seiner Vorrede zum *De revolutionibus*: „Es erging ihnen deshalb wie jemandem, der von verschiedenen Vorlagen die Hände nähme, die Füße, den Kopf und andere Gliedmaßen, die zwar von bester Beschaffenheit, aber nicht nach dem Bild eines einzigen Körpers gezeichnet sind und in keiner Beziehung zueinander passen, weshalb eher ein Ungeheuer als ein Mensch aus ihnen entstände." Auch meint er, dass das geozentrische System mit seinen Exzentern und Epizykeln so weit getrieben worden ist, dass man gar nicht mehr von wirklich gleichförmigen Bewegung der Planeten sprechen könne. Die aber ist ihm heilig, denn er sagt weiter in der Vorrede: „So müssen sie indessen doch sehr viele Zugeständnisse machen, die offensichtlich mit den ersten Grundsätzen über die Gleichmäßigkeit der Bewegung in Widerspruch stehen."

Der *Commentariolus* ist Kopernikus' erstes Bekenntnis zum heliozentrischen Weltsystem. Eigene Beobachtungen hat er in diesem Werk überhaupt nicht verwandt. Stattdessen stützt er sich auf die *Alfonsinischen Tafeln*. Sie entstanden um 1270 unter König Alfons X. von Léon und Kastilien und beruhten auf dem Ptolemäischen System. Sie ermöglichten die Voraussage der Planetenpositionen. Überhaupt ist Kopernikus kein eifriger Sternengucker. Er besitzt zwar einfache Winkelmessgeräte, aber die sind nicht auf dem neuesten Stand der Technik. Und bis 1541 sind insgesamt nur 63 Beobachtungen bekannt, von denen er lediglich 27 in sein Hauptwerk aufnimmt. Die Beobachtungsbedingungen sind überdies alles andere als günstig. Frauenburg liegt weit im Norden, so dass die Planeten oft nicht hoch über den Horizont aufsteigen, der zudem noch im Nebel des Frischen Haffs verschwindet. Nein, Kopernikus' Leidenschaft gilt der Theorie und der Philosophie, die er auf der Idee einer idealen, vollkommenen Natur gründet.

Um 1510 hat Kopernikus also sein neues Weltsystem in den Grundzügen fertig entwickelt. Es sollen aber noch einmal 30 Jahre bis zum Druck seines Hauptwerkes vergehen. Dass es so lange dauert, hat zum Teil mit seinen Aufgaben als Domherr zu tun. So wird er beispielsweise ab 1520 noch dreimal zum Kanzler des Kapitels berufen und übernimmt 1541 die Führung der Dombaukasse, womit er gleichzeitig auch die Leitung der Ziegelei und der Lehmgewinnung übertragen bekommt. Außerdem befasst er sich ab 1517 zehn Jahre lang mit der Reform des preußischen Münzwesens, die letztlich an machtpolitischen Interessen der Herrscher scheitert. Aufregend verlaufen bei ihm die Jahre von 1516 bis 1521, die er als Kapiteladministrator auf dem 70 Kilometer entfernten Schloss Allenstein verbringt. Das Eintreiben des Grundzinses und anderer Abgaben der Städte und Dörfer gehört hier zu seinen wesentlichen Aufgaben. Diese Zeit ist nicht ganz ungefährlich. Immer wieder überfallen Truppen des Deutschen Ordens das grenznahe Schloss und bedrängen den armen Kopernikus, der überdies auch noch für den ordentlichen Zustand der Verteidigungswaffen zuständig ist. Es herrscht der an Gräueltaten reiche Fränkische Reiterkrieg. Doch Kopernikus übersteht die kritische Phase und kehrt unversehrt nach Frauenburg zurück.

Es ist nicht bekannt, auf welchen Wegen der *Commentariolus* und damit Kopernikus' neue Astronomie in Gelehrtenkreise vordringt. Sicher ist, dass sich 1533 Papst Clement VII vermutlich im Zusammenhang mit einer Diskussion über eine Kalenderreform darüber vortragen lässt. Und der Kardinal Nikolaus Schönberg schreibt 1536 an Kopernikus: „[Ich] gab meiner Freude darüber Ausdruck, dass Dein Ruhm ... so herrlich erblüht. Ich hatte nämlich erfahren, dass Du nicht nur die Entdeckung der alten Mathematiker glänzend verstehst, sondern sogar eine neue Welttheorie aufgestellt hast."

Indes, man hört auch andere Stimmen, zum Beispiel 1539 die von Martin Luther: „Es ward gedacht eines neuen Astrologi, der wolte beweisen, das die Erde bewegt würde und umbgienge, nicht der Himel oder das Firmament. … Der Narr wil die gantze kunst Astronomiae umbkehren. Aber wie die heilige Schrift anzeiget, so hieß Josua die Sonne stillstehen, und nicht das Erdreich." Und 1541 der evangelische Reformator Melanchthon: „Es gibt da Leute, die glauben, es sei ein hervorragender Fortschritt, eine so absurde Behauptung zu verfechten, wie dieser sarmatische Astronom, der die Erde bewegt und die Sonne anheftet."

Zu dieser Zeit hat Kopernikus sein Werk *De revolutionibus* wahrscheinlich schon längst fertig. Allem Anschein nach beginnt er bereits Ende 1529 – er ist jetzt 57 Jahre alt – seine Skizzen, Entwürfe und Tabellen zusammenzustellen und zu schreiben. Nach zwei Jahren ist die erste Version fertig. Doch immer wieder kommen ihm Zweifel, ändert er Überschriften und Kapitelanfänge, korrigiert Zahlen und Tabellen. Mindestens zwei Mal arbeitet er den gesamten Text gründlich durch, verwirft dies, schreibt das um. Schließlich füllt das Werk 202 beidseitig beschriebene Folioblätter. Es ist fertig. Wirklich? Warum aber veröffentlicht er es dann nicht?

Die Kirche muss er wohl nicht fürchten. Auch Hohn und Spott, wie er ihm von Luther und Melanchthon entgegenschlägt, kann ihm egal sein. Vermutlich liegt es daran, dass er nie ganz zufrieden ist mit dem Erreichten und immer wieder nach Verbesserungsmöglichkeiten sucht, hier noch einmal eine Rechnung überprüft, dort einen anderen Tabellenwert einsetzt. Auf keinen Fall will er seinen Gegnern eine verwundbare Stelle bieten.

In dieser Zeit des Zweifelns klopft an Kopernikus' Tür ein junger Mann, der der Sache eine entscheidende Wendung gibt: Georg Joachim Rheticus. Rheticus kam 1514 in Feldkirch zur Welt. Sein Vater war Arzt, Arzneimischer und Wahrsager in einem und darin offenbar erfolgreich. Zunächst jedenfalls. 1528 machte man ihm allerdings den Prozess, weil er angeblich mit dem Teufel im Bunde stand, und enthauptete ihn kurzerhand. So etwas kam vor. Sohn Joachim ging an die Universität nach Wittenberg und lernte dort bei Melanchthon und Erasmus Reinhold Mathematik und Astronomie. Der Junge erwies sich als ungewöhnlich talentiert, und schon 1536, im Alter von 22 Jahren, erhielt er eine Professur für niedere Mathematik. Doch schon bald ließ er sich beurlauben, um sich in Nürnberg intensiver mit der Astronomie zu beschäftigen. Hier hörte er von „dem ausgezeichneten Mann" und dessen Hypothese, die „nicht der gewöhnlichen Schulmeinung entspricht". Kurz entschlossen machte sich Rheticus auf den Weg und kam 1539 in Frauenburg an.

Hier beginnt der junge Mann umgehend mit dem Studium jenes Werkes, mit dem Kopernikus mittlerweile seit einem Jahrzehnt ringt. Begeistert von dem Können seines Lehrers verfasst Rheticus eine Zusammenfassung der ersten beiden Kapitel des späteren *De revolutionibus* und schickt diese an den Nürnberger Astronomen Johannes Schöner. Wenig später wird die 30 Seiten umfassende Schrift als *Narratio prima*, *Erster Bericht*, gedruckt. Hierin bewundert er die Leistung des Kopernikus und stellt sie mit der von Ptolemäus auf eine Stufe. „Nun sehen wir", erklärt er, „dass durch diese einzige Bewegung der Erde geradezu unendlich viele Erscheinungsformen ihre Erklärung finden; warum sollten wir dann Gott, dem Schöpfer der Natur, nicht die Geschicklichkeit zuerkennen, die wir bei den gewöhnlichen Uhrmachern sehen, welche sich geflissentlich hüten, dem Werk ein Rädchen einzufügen, das entweder überflüssig ist, oder dessen Rolle ein anderes nach einer kleineren Lageänderung geschickter übernehmen könnte." Gott als Uhrmacher und das Sonnensystem als Räderwerk, ein Bild, das Isaac Newton hundert Jahre später wieder aufgreifen wird.

Doch Rheticus ist nicht der dumme Famulus des großen Meisters. Vielmehr trägt er durch Diskussionen und Vorschläge dazu bei, dass das Werk endlich in einen druckreifen Zustand kommt. Bis zum Schluss arbeitet Kopernikus an dem Manuskript. Dabei fallen dem kritischen Denker zwei aus heutiger Sicht denkwürdige Stellen zum Opfer. Zum einen ein Hinweis auf Aristarch von Samos: „Es ist wohl glaublich, dass … Philolaos die Beweglichkeit der Erde angenommen hat, welcher Ansicht auch Aristarch von Samos beipflichtete, wie einige berichten." Dies ist der einzige Hinweis in Kopernikus' gesamten Werk darauf, dass er von der Heliozentrikthese des antiken Vordenkers gewusst hat. Zwar hat auch Philolaos, ein Zeitgenosse Sokrates', von einer bewegten Erde gesprochen. Allerdings verkündete er ein pythagoreisches Weltbild, in dem er die Existenz einer Gegenerde postulierte, um der magischen Zahl Zehn Genüge zu tun. Streicht Kopernikus diesen Passus, weil er einer solchen Mystik nicht nachhängt? Aber warum unterdrückt er auch den Bezug auf Aristarch? Wir wissen es nicht.

Noch interessanter ist eine Stelle, in der er andeutet, dass die Planetenbahnen vielleicht doch keine Kreise sind. Um einige beobachtete Ungleichförmigkeiten der Planetenbewegungen beschreiben zu können, führt er zwei exzentrische Kreise ein. Dann folgt die Bemerkung: „Ganz kurz muss hier noch gelegentlich angeführt werden, dass, wenn die beiden Kreise ungleiche Durchmesser haben, die Bewegung nicht in einer geraden Linie, sondern in einem Kegel- oder Zylinderschnitt vor sich gehen wird, welche die Mathematiker Ellipse nennen. Hierüber will ich aber bei einer anderen Gelegenheit ausführlicher handeln." Ist Kopernikus wirklich so weit, das ewige Dogma der vollkommenen Kreisbahn in Frage zu stellen? Auch das ist nicht bekannt. Jedenfalls erkennt man an dieser gestrichenen Stelle, wie vorsichtig Kopernikus agiert. Er will sein Werk hieb- und stichfest absichern, Spekulationen haben darin keinen Platz. Und selbst wenn Kopernikus die Möglichkeit von Ellipsenbahnen erwogen hätte, so wäre er nicht mehr in der Lage gewesen, die Hypothese anhand der Beobachtungsdaten zu überprüfen. Kepler sollte später über fünf Jahre benötigen, um die Bewegung des Mars auf einer Ellipsenbahn zu berechnen.

Doch Rheticus drängt, denn er hat in Nürnberg einen Drucker namens Johannes Petreius gefunden, der den Auftrag annimmt. Und so beginnen 1542 die Vorbereitungen. Rheticus überwacht zunächst den Druck, was damals unbedingt nötig ist. Bald jedoch muss er wegen geschäftlicher Dinge Nürnberg verlassen und überlässt die Aufsicht einem lutherischen Prediger namens Andreas Osiander. Ausgerechnet ihm. Osiander hatte sich schon zuvor in zwei Briefen an Kopernikus gewandt und vorgeschlagen, das neue Weltsystem lediglich als mathematisch nützliche Hypothese vorzustellen und nicht als objektive Wahrheit. Er hatte Kopernikus sogar vorgeschlagen, dieses in einer Vorrede zu erklären, denn „auf diese Weise würdest Du die Aristoteliker und die Theologen milder stimmen". Kopernikus lehnte ab. Die beiden entzweiten sich jedoch nicht wegen dieser Meinungsverschiedenheit und blieben weiter in freundschaftlichem Kontakt. Nur so ist es erklärbar, dass Rheticus Osiander die Aufsicht über den Druck von *De revolutionibus* anvertraute.

Endlich, im März 1543, ist die erste Auflage gedruckt und wird ausgeliefert. Doch beim Aufschlagen der ersten Seite steigt den Freunden und Anhängern von Kopernikus die Zornesröte ins Gesicht, denn sie stoßen auf ein Vorwort, das zwar nicht unterzeichnet ist, aber nie und nimmer von Kopernikus sein kann. Hier steht zu lesen: „Allerdings ist es nicht erforderlich, dass seine Hypothesen wahr seien; sie brauchen nicht einmal wahrscheinlich zu sein. Es ist schon vollständig ausreichend, wenn sie auf eine Rechnung führen, welche den Himmelsbeobachtungen entspricht." Der Versuch, Kopernikus' Theorie nicht als Beschreibung der Wirklichkeit, sondern lediglich als mathematisch praktisches Konstrukt anzusehen, sollte noch hundert Jahre später propagiert werden.

Ein Freund von Kopernikus, der Kulmer Bischof Tiedemann Giese, schreibt an Rheticus von einer Schandtat und „der Ruchlosigkeit des Petreius, der in mir eine Entrüstung, schlimmer als die vorhergehende Trauer, hervorrief". Giese versucht sogar gerichtlich gegen den Drucker vorzugehen – vergebens. Lange Zeit wird der Verfasser der Vorrede gar nicht bekannt. Erst Kepler soll 60 Jahre später Osiander als Autor dieser „Posse" publik machen.

Die Trauer, von der Giese schreibt, betrifft die Nachricht vom Tode seines Freundes Kopernikus. Dieser hat zum Jahreswechsel 1542/43 einen Schlaganfall erlitten, woraufhin sich sein Zustand von Tag zu Tag verschlechtert. Am 24. Mai wird ihm das erste Exemplar seines Werkes *De revolutionibus* an das Krankenbett gebracht. Er soll es noch gesehen und berührt haben und dann gestorben sein. Er wird im Frauenburger Dom beerdigt, seine Grabstätte ist nicht mehr auffindbar.

Die Wirkung des epochalen Werkes ist zunächst sehr gering. Wohl auch deswegen, weil die mathematische Struktur des neuen Weltsystems gar nicht einfacher ist als die des Ptolemäischen. Das heliozentrische System ist zwar harmonischer und einheitlicher als das geozentrische, und es erklärt die Schleifenbahnen auf sehr einfache Weise. Da Kopernikus aber an den antiken Prämissen festhielt, dass sich Planeten gleichförmig auf Kreisbahnen bewegen, war er gezwungen, Epizykel einzuführen – genau wie Ptolemäus.

De revolutionibus wird heute häufig als Beginn der Neuzeit angesehen. Erstmals wurde das neue Weltsystem, in dem die Erde

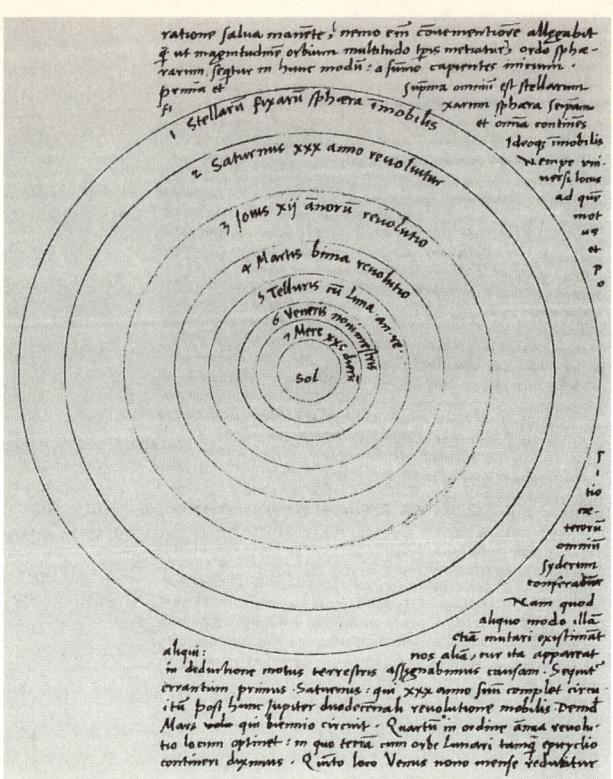

Abb. 3: Das heliozentrische Weltsystem.
Skizze aus „De revolutionibus orbium coelestium" (1543).

nicht mehr das Zentrum des Universums ist, in einer mathematisch geschlossenen Form dargestellt, so dass es sich an Hand der Beobachtungsdaten überprüfen ließ. Es war nicht nur irgendeine neue Weltsicht, sondern es entwickelte eine gewaltige, Bewusstsein verändernde Wirkung. Der amerikanische Historiker Owen Gingerich stellt die Kopernikanische Lehre auf eine Stufe mit Luthers Reformation oder Magellans Weltumsegelung.

Vielleicht hätten die Menschen die neue Erkenntnis, dass die Erde nur ein Planet unter vielen ist, der mit ihnen um die Sonne rast, nach und nach ohne größeres Aufsehen verinnerlicht. Die katholische Kirche machte dann jedoch den Fehler, die Theorie zu verteufeln. Sie setzte Kopernikus' Buch und die Werke seiner Befürworter auf den Index und verfolgte Gelehrte, die das heliozentrische Weltbild verteidigten. Damit wurde die neue Lehre zum öffentlichen Skandal, der der katholischen Kirche bis heute nachhängt, Geschichtsbücher füllt und Dichter anregt. Zweihundert Jahre hat es gedauert, bis sich die Kirche mit der neuen Astronomie versöhnt hat.

Dabei gibt es keinerlei Hinweise darauf, dass Kopernikus selbst etwa am christlichen Glauben gezweifelt hätte. Auch musste er nicht eine Verfolgung von Seiten der Kirche befürchten. Schließlich hatten ihn hohe Geistliche, wie Tiedemann Giese, und Nicolaus Schönberg, der Kardinal von Capua, zur Veröffentlichung gedrängt. Und die Vorrede richtete er an Papst Paul III. Kopernikus argumentierte sachlich und erklärte, warum die Griechen unrecht hatten und warum sein System der Wahrheit entspricht. Hier und da blitzen auch blumige Worte durch, wie: „In der Mitte von allen aber hat die Sonne ihren Sitz. Denn wer möchte sie in diesem herrlichen Tempel als Leuchte an einen anderen oder gar besseren Ort stellen als dorthin, von wo aus sie das Ganze zugleich beleuchten kann? ... So lenkt die Sonne gleichsam auf königlichem Thron sitzend, in der Tat die sie umkreisende Familie der Gestirne. ... Wir finden daher in dieser Anordnung die wunderbare Symmetrie der Welt und den festen harmonischen Zusammenhang zwischen Bewegung und Größe der Kugelschalen, wie er auf keine andere Weise gefunden werden kann."

Das Originalmanuskript ging nach dem Druck von Hand zu Hand und wanderte in halb Europa herum. Es erscheint geradezu wie ein Wunder, dass es die Wirren der Zeit überstanden hat. Seit 1956 befindet sich das wertvolle Werk in der Bibliothek der Universität Krakau. Die Erstausgabe hatte eine Auflage von 500 bis 1000 Stück, von denen bis heute immerhin nachweislich noch 258 existieren. Gingerich meint, dass in den ersten hundert Jahren nach dem Erscheinen des *De revolutionibus* nur um die zehn Gelehrte dessen weitreichende Wirkung wirklich verstanden haben, darunter Kepler und Galilei.

„Seid guten Mutes, Galilei, und tretet hervor!"

Johannes Kepler (1571–1630) und
Galileo Galilei (1564–1642)

Zu der Zeit, als Kepler und Galilei geboren wurden, war das Werk des Kopernikus, *De revolutionibus*, bereits ein Vierteljahrhundert alt. Bewirkt hatte es so gut wie nichts. Es war mathematisch sehr anspruchsvoll und wurde daher nur von wenigen Astronomen verstanden. Und diejenigen, die in der Lage waren, bis zum Kern der heliozentrischen Lehre vorzudringen, sprachen ihr schlicht-weg den Realitätsgehalt ab.

Zu den Heliozentrikern zählte Kopernikus' Schüler Georg Joachim Rheticus, der den Druck des *De revolutionibus* initiiert hatte. Rheticus hatte in Wittenberg bei Melanchthon und Erasmus Reinhold Mathematik und Astronomie studiert und war dann zu Kopernikus gekommen. Nach dessen Tod begann für Rheticus eine von zahlreichen Ortswechseln geprägte Zeit, die es ihm bis zum Lebensende nicht erlaubte, sich dem Werk seines Meisters tiefgehend zu widmen. Erasmus Reinhold hat *De revolutionibus* wohl intensiv durchgearbeitet und dann genutzt, um selbst ein neues Tafelwerk zur Berechnung der Planetenkonstellationen zu erstellen. Diese zu Ehren des Preußischen Herzogs Albrecht be-nannten *Tabulae Prutenicae*, sollten die älteren Alfonsinischen Tafeln ablösen, die einige Ungenauigkeiten aufwiesen. In den *Tabulae* ehrte Rheticus Kopernikus als einen neuen Ptolemäus, was seinen Lehrer postum zu einem berühmten Astronomen auf-steigen ließ. Er würdigt dessen mathematische Künste, erwähnt jedoch mit keinem Wort das heliozentrische Weltbild als neues Modell der Realität.

Diese strikte Trennung zwischen einem Modell, das mathema-tisch elegant und zweckmäßig ist, und einem Modell, das die Na-tur realistisch beschreibt, mag uns heute unverständlich erschei-nen. Damals beherrschten jedoch noch ganz stark die antiken Klassiker, vor allem Aristoteles, das Denken. Und demnach war es dem menschlichen Geist verwehrt, das göttliche Universum zu verstehen. So sind auch die Worte des protestantischen Geistlichen Andreas Osiander zu verstehen, der ohne Wissen von Rheticus und Kopernikus, ein Vorwort zur ersten Auflage des *De revolutionibus* verfasst hatte: „Es ist ja hinreichend bekannt, dass diese Wissenschaft [die Astronomie] die Ursachen der erscheinenden ungleichmäßigen Bewegungen [der Planeten] schlicht überhaupt nicht kennt. Und wenn sie solche ersinnt und sich ausdenkt, … so erfolgte dies Sichausdenken doch keineswegs dem Zweck, dass sie jemand davon überzeugte, so sei es, sondern nur dazu, dass man die Berechnung richtig einsetzen kann. … Niemand soll, was jedenfalls die Erklärungsmaßnahmen angeht, von der Sternkunde etwas Gewisses erwarten."

In diesem Sinne urteilte auch Melanchthon. Zwar akzeptierte, ja förderte er sogar die heliozentrische Hypothese als mathematisches Konstrukt. Als physikalische Erklärung mit Wahrheitsgehalt lehnte er sie aber ab. So schrieb er 1549 in seinem Lehrbuch *Initia doctrinae physicae*: „Aber hier behaupten einige, sei es aus Neugierde, sei es um geistreich zu sein, dass die Erde bewegt werde. … Diese Scherze sind nicht neu." Interessanterweise ließ er genau diese Sätze in der ein Jahr später erschienenen Auflage streichen. Warum, ist nicht bekannt.

So und ähnlich zog sich die Diskussion der Kopernikanischen Lehre durch das 16. Jahrhundert. Wobei nicht nur philosophische Dogmen den Blick auf die neue Kosmologie versperrten. Es gab auch ganz anschauliche Gründe. Wie sollte man glauben, dass die Erde mit wahnwitziger Geschwindigkeit durch den Kosmos rasen könne, ohne dass wir etwas davon spüren. Und warum erkannte man im Laufe eines Jahres keine perspektivische Verschiebung der Sternpositionen am Himmel, die so genannte Parallaxe? Erschwerend kam hinzu, dass die von Reinhold nach der Kopernikanischen Lehre aufgestellten *Tabulae* auch bald Abweichungen von den Beobachtungen erkennen ließen. Und wenn man es genau nahm: So richtig einfach sah das Universum mit seinen 38 Epizykeln immer noch nicht aus. König Alfons X. von Kastilien hätte angesichts des Kopernikanischen Systems vielleicht immer noch zu dem Ausspruch gestanden, den er 1322 über das Ptolemäische getan haben soll: „Wenn der Allmächtige mich gefragt hätte, bevor er sich auf die Schöpfung einließ – ich hätte ihm zu etwas Einfacheren geraten!"

Abb. 4: Johannes Kepler (1571–1630) auf einem anonymen Gemälde, um 1620 (Straßburg, Münster).

Angesichts dessen erscheint es um so erstaunlicher, dass sich Johannes Kepler kompromisslos der neuen Lehre verschrieb. Er griff als Erster die heliozentrische These auf. Indem er dann die heiligen Prämissen der gleichförmigen Planetenbewegung und der Kreisbahnen verwarf, fand er zu dem heutigen Bild des Sonnensystems. Außerdem versuchte er erstmals, die neue Kosmologie auf physikalische Ursachen zurückzuführen. Ein Projekt, das Newton später vollenden sollte.

Neben dieser revolutionären Einstellung liegt Keplers gesamtem Schaffen ein uraltes Vorbild zu Grunde: Die Suche nach einer kosmischen Harmonie, die schon Pythagoras und seine Epigonen antrieb. Pythagoras galt die Zahl nicht nur als Ausdruck der realen Dinge, sondern sie war deren Wesen und innerer Kern, sie lag der Natur zu Grunde. Überall suchten Pythagoreer nach harmonischen Zahlenverhältnissen. So entdeckten sie, dass bei Saiteninstrumenten die Höhe des Tons von der Länge der Saite abhängt und harmonische Klänge immer dann entstehen, wenn die zugehörigen Saitenlängen ein ganzzahliges Verhältnis bilden. Die Musik spielte daher bei den Pythagoreern eine zentrale Rolle. Sie diente zur Reinigung und Heilung der Seele von den Leidenschaften.

Die Pythagoreer übertrugen diese Erkenntnis auf die Planeten. Diese erzeugen ihrer Meinung nach bei ihren Umläufen Töne, deren Höhe von der Geschwindigkeit abhängt. „Wird nun dies vorausgesetzt und ebenso, dass die Geschwindigkeiten infolge der Abstände das Verhältnis der musikalischen Harmonien hätten, so folgt, dass der Ton der Kreisbewegung der Gestirne harmonisch sei", beschreibt Aristoteles die Sphärenharmonie, die er selbst allerdings ablehnte. Diesem göttlichen Einklang liegt auch der Begriff Kosmos zu Grunde, der die Weltordnung und das durch seine Harmonie Schöne bedeutet.

Die Idee eines harmonischen Kosmos fand dann bei Platon im vierten Jahrhundert vor Christus seinen vorläufigen Höhepunkt. In seinem Dialog *Timaios* beschreibt er seine Vorstellung vom Aufbau der Materie und des Alls aus fünf regelmäßigen Polyedern. Demnach bestand das Feuer aus spitzen pyramidenförmigen Körpern, die Erde aus Würfeln, die Luft aus Oktaedern und das Wasser aus Ikosaedern. Das Dodekaeder aber hat „Gott für das All verwendet". Diese spekulative Sicht der Dinge fand wenig Anklang. Insbesondere Platons Schüler, Aristoteles, debattiert in seinem Werk *De caelo, Vom Himmel*, ausführlich gegen diese geometrische Konstruktion der Körper.

Platons Vorstellung von mathematischem Ebenmaß und Symmetrie in der Natur finden sich noch heute in der Kosmologie und der Physik. So berief sich Werner Heisenberg, einer der Wegbereiter der Quantenmechanik, auf Platon mit den Worten: „Die Teilchen der heutigen Physik sind Darstellungen von Symmetriegruppen ... und sie gleichen insofern den symmetrischen Körpern der platonischen Lehre."

Kepler griff all diese Ideen wieder auf: Die Sphärenharmonie ebenso wie die Platonischen Körper. Sie füllen den größten Teil seines Werkes. Geblieben ist aus astronomischer Sicht hiervon nur ein geringer Teil. Der aber war für den Fortgang der Forschung von allergrößter Bedeutung.

Weil der Stadt ist gegen Ende des 16. Jahrhunderts ein rund tausend Seelen zählender, beschaulicher Ort im Schwäbischen. Sonntags geht man in die Kirche, und auf dem Rückweg wagen die Herren einen kurzen Abstecher ins Gasthaus am Marktplatz. Am 27. Dezember 1571 um 14.30 Uhr ist im Nebenhaus der Wirtschaft geschäftige Betriebsamkeit. Katharina Kepler hat gerade ihr erstes Kind zur Welt gebracht, einen Sohn, der allerdings noch sehr schwach ist, denn er kommt zwei Monate zu früh. Da es der Tag des heiligen Johannes ist, nennen die Keplers den Jungen sogleich nach diesem Schutzpatron. Das muss ein gutes Omen sein.

Abgesehen davon, dass der kleine Johannes einer der berühmtesten Astronomen aller Zeiten werden sollte, hat er es im Leben gewiss nicht leicht gehabt. Das betrifft sowohl seine körperliche als auch seine persönliche Entwicklung. Mit vier Jahren bekommt er die Blattern. Er überlebt die Krankheit, behält aber ein schweres Augenleiden zurück. Später wird er immer wieder von starkem Kopfschmerz und heftigen Fieberanfällen geplagt, und an Händen und Beinen bilden sich ständig Geschwüre. Zeitlebens leidet er unter einer schwachen körperlichen Konstitution. Einigen seiner insgesamt sechs Geschwister geht es nicht anders. Der Zweitgeborene Heinrich wird von Epilepsie befallen, und drei Geschwister sterben in jungen Jahren.

Auch das Elternhaus ist alles andere als harmonisch. Vater Heinrich, ein Kaufmann, ist schon kurz nach der Hochzeit mit seiner Frau in das Haus seiner Eltern gezogen. Hier treffen auf engstem Raum folgende Personen aufeinander: Johannes' Großvater Sebald. Der ist „jähzornig, starrköpfig. Das Gesicht rot und fleischig", die Großmutter Katharina: „sehr unruhig, gescheit, lügnerisch, aber eifrig in religiösen Dingen, … neidisch, gehässig, heftig nachtragend", Mutter Katharina: „klein, mager, dunkelfarbig, schwatzhaft, streitsüchtig und von unguter Art" und Vater Heinrich: „lasterhaft, schroff und händelsüchtig". So beschreibt Johannes das explosive Gemenge seiner Kindheit später.

Von einer ganz besonderen Art erweist sich der Vater. Offenbar der ewigen Streitereien im Hause überdrüssig, lässt er sich 1573 zum Feldzug der spanischen Habsburger gegen die aufständischen Niederlande als Soldat anwerben, nicht allerdings, ohne seine Frau vorher noch zu schwängern. Als Heinrich zwei Jahre später immer noch nicht wieder zurück ist, begibt sich Katharina auf die Suche. Tatsächlich kehren die Eltern im Spätsommer 1575 wieder zurück, doch schon im darauf folgenden Jahr zieht Heinrich Kepler erneut in den Krieg und entgeht nur knapp dem Galgen. Daraufhin findet er in den Schoß der Familie zurück und übernimmt in Ellmendingen bei Leonberg das Gasthaus „Zur Sonne". Doch es ist nicht gut bestellt um die Familie Kepler. Nach einem heftigen Streit setzt Katharina ihren Mann vor die Tür, den es jetzt, 1589, erneut auf das Feld der Ehre zieht. Dieses Mal soll er indes nicht zurückkehren. Er stirbt auf dem Rückweg in der Nähe von Augsburg.

Zu allem Elend muss der schmächtige Johannes auch noch der Mutter im Hause, auf dem Feld und später im Gasthaus helfen. Seine Abneigung gegen körperliche Arbeit hat ihn, wie er später selbst sagt, in der Schule zum Lernen angespornt. Das allein ist aber wohl nicht der Grund dafür, dass er durch ungewöhnlich gute Leistungen auffällt. Es reizt ihn, seinen Intellekt an kniffligen Aufgaben zu schärfen.

Trotz der misslichen Umstände zu Hause gibt es doch auch Ereignisse, die den Jungen tief bewegen. Insbesondere zwei Himmelsphänomene sollten ihn beeindrucken. Ende des Jahres 1577 – Johannes ist jetzt gerade sechs Jahre alt – erscheint am Himmel ein heller Komet, der die Gemüter erregt. Um ihn besser bestaunen zu können, führt ihn seine Mutter eines Abends auf einen nahen Hügel. Drei Jahre später nimmt ihn der Vater bei der Hand und führt ihn auf die Straße. Dort werden sie Zeugen, wie sich der Mond bei einer Finsternis rot verfärbt.

Die Schulausbildung verläuft in mehreren Etappen: zunächst in Leonberg Volks- und anschließend Lateinschule. Dann ein Wechsel an die Klosterschule in Adelberg, wo das Leben auch nicht eben ein Zuckerschlecken ist. Die Schüler leben in Mönchszellen, tragen schwarze Kutten, Umgangssprache ist Latein. Die strengen Erziehungsmaßnahmen garantieren indes nicht für feines Benehmen. So leidet der verhärmte Johannes ständig unter dem zänkischen Verhalten der Mitschüler. Später berichtet er, er habe Hartes erduldet und wäre von Sorgen fast verzehrt worden. „Ursache war die Bosheit und der Hass meiner Mitschüler." 1586 wechselt er an die höhere Klosterschule Maulbronn, die in dem schönen Zisterzienserkloster untergebracht ist. Hier ergeht es ihm auch nicht viel besser, zumal ihn einige seiner Peiniger aus Adelsberg begleiten. Einmal kommt es sogar zu einer Schlägerei, bei der der schwächliche Johannes den Kürzeren zieht. Kurz darauf erkrankt er an hohem Fieber, das ihn fast das Leben kostet.

Drei Jahre bleibt er in Maulbronn, dann geht er an das Tübinger Stift und schreibt sich an der Artistenfakultät ein. Auch hier lebt er wieder in einem Kloster und muss Mönchskleidung tragen. Zunächst ist er auf Almosen angewiesen, im zweiten Jahr erhält er wegen seiner überragenden Leistungen ein Stipendium von Weil der Stadt. Auf dem Stundenplan stehen hier neben den alten Sprachen auch Physik, Mathematik und Astronomie. Und hier gewinnt ein Mann für seine weitere Laufbahn einen bedeutenden Einfluss: der Professor für Mathematik und Astronomie Michael Mästlin.

Dieser aus Göppingen stammende Gelehrte hat kurz vor Keplers Eintritt in die Universität ein Lehrbuch geschrieben, in dem er neben der „klassischen" Astronomie des Ptolemäus auch die neue heliozentrische Kosmologie des Kopernikus schildert. Zwar bleibt Mästlin im geschriebenen Wort vorsichtig, seinen Schülern gegenüber aber schildert er die Vorzüge des heliozentrischen Systems deutlicher. Kepler jedenfalls, der Mästlin später als den lebendigen Quell des Stromes, der seine Felder bewässerte, beschreibt, ist von dieser neuen Sicht der Welt tief beeindruckt. „Ich ward daher von Kopernikus ... so sehr entzückt, dass ich nicht nur häufig seine Ansichten verteidigte, sondern auch eine sorgfältige Disputation über die These, dass die „erste Bewegung" von der Erde herrühre, verfasste. ... Die Lehren des Kopernikus widersprechen der Natur der Dinge nicht nur nicht, sie dienen ihr vielmehr zur Stütze." Schließlich beruft er sich auf eine philosophische Grundhaltung, die vor ihm sowohl Aristoteles für sein geozentrisches als auch Kopernikus für sein heliozentrisches System in Anspruch genommen haben: „Die Natur liebt die Einfachheit, sie liebt die Einheit." Zum Eigenstudium dient Kepler noch nicht das Originalwerk des Kopernikus *De revolu-*

tionibus, sondern eine Zusammenfassung von dessen Schüler Georg Joachim Rheticus, die *Narratio Prima*.

Dieses kompromisslose Eintreten der ungeliebten Weltsicht ist für Kepler ganz typisch. Gern zeigt er sich in der Manier des „advocatus diaboli", um eine unpopuläre Meinung vorzubringen und zäh zu verteidigen. Ohne Frage steckt hier aber mehr als die pure Opposition dahinter. Kepler ist innerlich von dem heliozentrischen System überzeugt, weil er darin die „so herrliche Ordnung der ganzen Welt" erblickt. Dies ist um so erstaunlicher, als das Kopernikanische System nicht weniger Hilfskreise benötigte als das Ptolemäische. Erst Kepler sollte es von diesem Ballast gänzlich befreien.

Kepler ist Anfang zwanzig, als seine Begeisterung für die Astronomie geweckt wird. Die Himmelsmechanik fällt ihm auch sehr leicht, so dass er häufig darum gebeten wird, Horoskope zu erstellen. Dennoch macht er keinerlei Anstalten, das „Hobby" zum Beruf zu machen. Sein Ziel ist das Pfarramt. Zum Glück für die Nachwelt kommt Kepler jedoch nicht mehr dazu, sein Theologiestudium abzuschließen. Ganz überraschend erhält er nämlich im Januar 1594 das Angebot, an der Stiftsschule in Graz Mathematiklehrer zu werden. Auf Kepler sind die Steiermärker gekommen, weil sie nicht nur einen guten Mathematikus brauchen, sondern auch einen gestandenen Protestanten. Denn in Österreich setzt zur damaligen Zeit die Gegenreformation ein mit dem Ziel, protestantische Gebiete gewaltsam zu katholisieren. Die Grazer Professoren haben sich bei Fragen der Neubesetzung immer wieder an das Tübinger Stift gewandt, das als Hochburg des lutherischen Glaubens gilt. Sicher wird Michael Mästlin entscheidend dazu beigetragen haben, dass sein Lieblingsschüler das Angebot erhält. Kepler, der sich lieber in einer gut bestellten Pfarrei gesehen hätte, sagt schließlich doch zu. Am 11. April 1594 erreicht er die steierische Residenzstadt an der Mur.

Wie schlimm es um Graz bestellt ist, weiß der arme Kepler vermutlich gar nicht. Dort haben sich die Jesuiten als Vorreiter der Gegenreformation festgesetzt und agitieren kräftig gegen die Protestanten. Zunächst einmal kann der junge Professor noch in Ruhe seiner Arbeit nachgehen, wozu es auch gehört, dass er jährlich einen Kalender mit den üblichen Horoskopen herausgibt. Für Kepler ist die Astrologie übrigens keineswegs reine Brotarbeit. Er glaubt durchaus, dass die Gestirne bei der Geburt des Menschen einen Einfluss auf dessen Leben haben. So finden sich immer wieder Äußerungen, in denen er Charaktereigenschaften von Menschen auf deren Horoskop gründet. „Und weil die himmlische Konstellation in einem Zeitpunkt geschaut wird, so entspricht ihr auch im Menschen etwas, was von Dauer ist; es ist, was ich den gemeinsamen Charakter von Seele, Körper und Schicksal genannt habe", schreibt er später einmal. Die zänkische Natur des Vaters beispielsweise weiß er darauf zurückzuführen, dass bei dessen Geburt „Saturn im Gedrittschein des Mars" stand. Er ist aber keinesfalls Fatalist, sondern vom freien Willen des Menschen überzeugt.

In Graz muss Kepler wieder zur Astronomie zurückgefunden haben, denn er beschäftigt sich mit nichts Geringerem als dem Schöpfungsplan. Der, so sagt er sich, muss doch eine verborgene Harmonie aufweisen, eine bislang unerkannte Symmetrie oder Ähnliches. Ausgerechnet er, dessen Leben alles andere als harmonisch verlaufen ist, sucht nach absoluter Harmonie im Universum. Warum gibt es beispielsweise genau sechs Planeten und nicht zwanzig oder hundert, fragt er sich, wohl wissend, dass diese Fragen noch nie jemand zu stellen gewagt hat.

Zunächst erforscht er die Größe und Bewegung der Planeten. „Zuerst habe ich die Sache mit Zahlen versucht und nachgeschaut, ob vielleicht eine Bahn das Zweifache, Dreifache, Vierfache usw. einer anderen sei. … Fast den ganzen Sommer habe ich mit dieser schweren Arbeit verloren. Schließlich kam ich bei einer ganz unwichtigen Gelegenheit dem wahren Sachverhalt näher. Ich glaube, durch göttliche Fügung ist es so gekommen", rekapituliert er später in seinem Erstlingswerk *Mysterium cosmographicum*. Die „unwichtige Gelegenheit" ist der Mathematikunterricht am 19. Juli 1595, in dem er seinen Schülern an der Tafel ein Schema anzeichnet, wie sich die Planetenkonjugationen wiederholen. Dieses Schema zeigt ineinander verschachtelt drei Kreise sowie ein Drei- und ein Viereck. Und da plötzlich schießt ihm der Gedanke durch den Kopf, ob sich die Bahnen nicht durch geometrische Körper beschreiben lassen. Welche Körper können das sein?

Zunächst probiert er sein Glück mit Vielecken, doch damit kommt er nicht weiter. Dann plötzlich: „Was sollen ebene Figuren bei den räumlichen Bahnen? Man muss eher zu festen Körpern

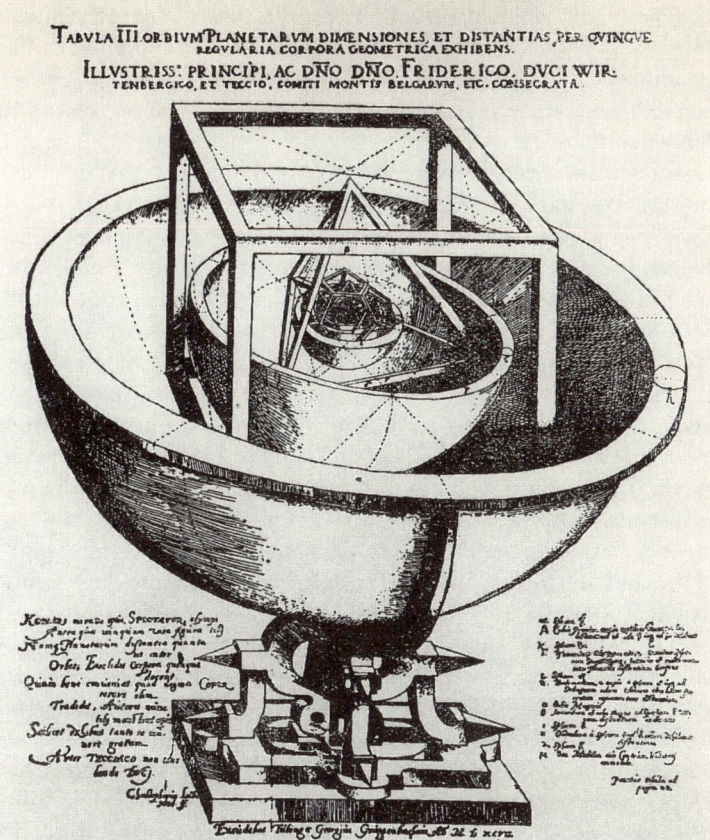

*Abb. 5: Kupferstich aus Keplers „Mysterium cosmographicum" (1597).
Er zeigt die Planetenbahnen, deren Abstände durch die Platonischen
Körper bestimmt sind.*

greifen." Tage und Nächte hindurch rechnet er, versucht die Umlaufbahnen durch geometrische Körper darzustellen, bis ihm klar wird, dass ein perfektes Universum nur nach dem Muster der Platonischen Körper konstruiert sein kann. Der griechische Philosoph hatte seine Naturphilosophie darauf aufgebaut, dass die Elemente Erde, Luft, Feuer und Wasser aus Teilchen aufgebaut sind, welche die Form dieser regelmäßigen Vielflächner besitzen.

Hiervon gibt es genau fünf: Tetraeder (dreiseitige Pyramide), Hexaeder (Würfel), Oktaeder (vierseitige Doppelpyramide), Pentagondodekaeder (Zwölfflächner) und Ikosaeder (Zwanzigflächner). Kepler verschachtelt diese Körper ineinander und konstruiert sein Universum, indem er sie von innen nach außen in der Reihenfolge Oktaeder, Ikosaeder, Pentagondodekaeder, Tetraeder, Würfel anordnet. Die dazugehörigen Planetenbahnen von Merkur, Venus, Erde, Mars, Jupiter und Saturn bilden jeweils den Äquator einer Kugel, die dem entsprechenden Körper genau eingeschrieben ist. Und die Körper umschreiben jeweils die in ihnen liegende Kugel. Dadurch ergibt sich eine perfekte, abwechselnde Schichtung aus sechs Planetensphären und fünf Platonischen Körpern. Kepler ist sich sicher, damit das *Mysterium cosmographicum*, das *Weltgeheimnis*, entdeckt zu haben. Er kann jetzt sogar erklären, warum es sechs Planeten gibt. Kepler steht selbst so fasziniert vor diesem Werk, dass er darin einen Beweis für die Richtigkeit des Kopernikanischen Weltbildes sieht.

Begeistert teilt er seinem einstigen Lehrer Mästlin die Entdeckung mit, der sich schließlich auch für die Veröffentlichung stark macht. Im Januar 1596 ist alles sorgfältig zu Papier gebracht und ein Drucker in Tübingen gefunden. Es dauert indes noch über ein Jahr, bis das Erstlingswerk erscheinen kann. Kaum hält Kepler die ersten Exemplare in Händen, verschickt er sie an Freunde und Kollegen. Eines davon geht an einen „hochgelehrten Herrn" in Padua, namens Galileo Galilei. Damit hätte ein astronomisches Doppelgestirn mit unvergleichlicher Leuchtkraft entstehen können. Aber es gehört zu Keplers eigenartigem Lebensweg, dass sich die beiden nie persönlich begegnen sollten. Außerdem erfährt Galilei erst 20 Jahre später seine Initialzündung, die ihn zum kämpferischen Kopernikaner werden lässt. Zunächst antwortet er höflich: „Ich freue mich in der Tat gar sehr, bei der Erforschung der Wahrheit einen so bedeutende Bundesgenossen zu haben, der ein Freund der Wahrheit selbst ist." Er verspricht, Keplers Werk so bald wie möglich gründlich zu studieren, da er „schon vor vielen Jahren zur Auffassung des Kopernikus gelangte". Kepler ist begeistert von Galileis Lob und antwortet postwendend: „Es ist nicht länger neu, dass sich die Erde bewegt. So wäre es vielleicht besser, durch einhellige Meinungsäußerungen diesen einmal in Bewegung gesetzten Wagen beständig weiter zum Ziel zu schleppen. ... Seid guten Mutes, Galilei, und tretet hervor!" Auf diesen Brief antwortet Galilei nicht mehr. Dass es nie zu einer Zusammenarbeit dieser beiden größten Astronomen ihrer Zeit kommt, hat neben der räumlichen Trennung mindestens zwei weitere Gründe.

Zum einen gefällt Galilei die spekulative bis mystische Denkweise des Deutschen nicht. Während Kepler versucht, das Weltgeheimnis auf der Grundlage allgemeiner philosophischer Prinzipien zu entschlüsseln, basiert Galileis Vorgehensweise auf experimentellen Tatsachen, aus denen er die Naturgesetze abzuleiten versucht. Galilei wird damit zum Begründer der induktiven Methode, in der man vom Einzelnen auf das Allgemeine schließt. Nach Keplers Tod sagt es Galilei so: „Ich habe Kepler stets wegen seines freien und feinen Verstandes geschätzt; allein, meine Art zu philosophieren ist von der seinigen durchaus verschieden."

Zum anderen agieren die beiden unter ganz unterschiedlichen politischen Verhältnissen. Kepler hat in Graz keine Repressionen von Seiten der Kirche zu befürchten. Galilei muss später in Florenz die Inquisition fürchten. Aber warum erwartet Kepler ausgerechnet von Galilei Unterstützung im Kampf für das neue Weltbild? Dieser hat sich bis dahin nämlich noch gar nicht mit astronomischen Arbeiten hervorgetan.

Galileo kam am 15. Februar 1564 im schönen Florenz zur Welt. Der Vater, ein wohlhabender Tuchhändler und erfolgreicher Musiker, sorgte für eine ordentliche Schulbildung und schickte ihn mit siebzehn Jahren an die Universität nach Pisa. Dort schrieb sich Galileo für Philosophie und Naturkunde ein, verfiel dann aber schnell der Mathematik. Fasziniert war er vor allem davon, Geometrie und Algebra auf praktische Dinge, wie Hebel und Flaschenzüge, anzuwenden. Die natürliche Folge hiervon waren eigene Arbeiten über eine hydrostatische Waage und über den Schwerpunkt von Körpern.

Nach einigen erfolglosen Versuchen gelang es ihm 1589 endlich, eine Professur für Mathematik an der Universität Pisa zu erhalten. Schon drei Jahre später wechselte er nach Padua. In der Folgezeit fiel Galilei eher als Ingenieur denn als Naturwissenschaftler auf. So konstruierte er einen geometrischen und militärischen Kompass, ein praktisches Rechengerät, das er in seiner eigenen Werkstatt herstellte und in ganz Europa verkaufte. Außerdem ließ er sich „eine Vorrichtung zur Hebung von Wasser und zur Bewässerung des Bodens" patentieren. Das alles machte ihn zu einem wohlhabenden Mann.

Was die Astronomie anbelangt, so wandelte Galilei lange Zeit auf den Spuren der antiken Gelehrten Aristoteles und Ptolemäus. Wann und warum Galilei schließlich zum Kopernikaner wurde, ist unbekannt. Jedenfalls schrieb er am 30. Mai 1597, nur zwei Monate, bevor er Keplers Buch erhielt, einen Brief, in dem er sich über seinen früheren Kollegen Jacopo Mazzoni beschwerte, der ein seiner Meinung nach falsches Argument gegen die Kopernikanische Lehre vorgebracht hatte. Veröffentlicht hatte er aber darüber nichts, was er auch in seinem Brief an Kepler betonte: „Ich habe darüber vieles an direkten und indirekten Beweisen geschrieben, aber bisher noch nicht zu veröffentlichen gewagt... Ich würde es tatsächlich wagen, mit meinen Gedankengängen an die Öffentlichkeit zu treten, wenn es mehr Leute Eurer Gesinnung gäbe; da dies nicht der Fall ist, werde ich es unterlassen."

Es ist also nicht klar, warum Kepler sein Werk auch Galilei geschickt hat. Der Mann aus Italien sollte erst viel später in das Geschehen eingreifen. Zunächst ist es Kepler, der den Wagen allein dem Ziel entgegen schleppt.

Das Jahr 1597 bringt Kepler noch eine weitere Veränderung: Er heiratet Barbara Müller. Doch privat ist und bleibt er glücklos. Schon zwei Jahre später urteilt er über Barbara: „Man schaue sich einen Menschen an, bei dessen Geburt die guten Gestirne Jupiter und Venus nicht günstig gestellt sind." Er bezeichnet sie als einfältig und dick, in allen Geschäften verwirrt und verlegen und wirft ihr vor, schwer zu gebären. Barbara bringt in 14 Jahren fünf Kinder zur Welt, von denen drei das Kindesalter nicht überleben. Seine zweite Frau Susanne Reuttinger, die er 1613 heiratet, schenkt immerhin in 17 Jahren sieben Nachkommen das Leben.

Und als ginge es dem armen Kepler nicht schon schlecht genug, ziehen nun auch noch die dunklen Wolken der Gegenreformation über Graz auf. Kirchen werden zerstört, und schließlich müssen alle protestantischen Lehrer und Pfarrer das Land verlassen. Allein Kepler kann dank des Einsatzes einflussreicher katholischer Freunde in Graz bleiben. Doch die Lage wird immer unerträglicher, so dass sich Kepler flehentlich an seinen einstigen Lehrer Michael Mästlin wendet und ihn um eine Stelle in Tübingen bittet. Doch der schweigt. Gleichzeitig hat die prekäre Situation auch ihre positive Seite. Da Kepler nicht mehr lehren darf, hat er nun mehr Zeit für astronomische Forschungen. Auch eigene Himmelsbeobachtungen stellt er an, wenngleich auch nur mit einem simplen Winkelmessgerät. „Haltet das Lachen an, Freunde, die ihr zu dem Schauspiel zugelassen seid", leitet er einen Brief an seinen Freund und Bayrischen Kanzler, Herwart von Hohenburg, ein, in dem er ihm sein Instrument aus rissigem Holz beschreibt.

Aber Kepler ist auch nicht der Mann, der nächtelang den Lauf der Sterne verfolgt. Ihn zieht es an den Schreibtisch, wo er mit gespitzter Feder seine mathematischen und philosophischen Gedanken zu Papier bringen kann. Aus einem anderen Holz ist da schon der dänische Astronom Tycho Brahe geschnitzt, der beste beobachtende Astronom der vorteleskopischen Ära. Brahe ist 25 Jahre älter als Kepler, in Knudstrup, Dänemark, geboren und hat in Kopenhagen studiert. Aus der vom Vater erhofften Karriere als Staatsmann war nichts geworden, denn eine partielle Sonnenfinsternis beeindruckte ihn derart, dass er sich fortan nur noch mit der Astronomie beschäftigte. Insbesondere befasste er sich mit dem Instrumentenbau und entwickelte dabei eine unvergleichliche Geschicklichkeit.

Nach langen Wanderjahren durch die Großstädte Europas wuchs sein Ruhm derart, dass ihm der dänische König Friedrich II. die zwischen Kopenhagen und Helsingör gelegene Insel Hven zur Lehn gab, um dort eine eigene Sternwarte zu errichten. So entstanden die Uraniborg und Stjerneborg. Hier konnte er sich ausschließlich dem Bau von Instrumenten und den astronomischen Beobachtungen widmen. Eines seiner Hauptwerke erschien 1598, also just in dem Jahr, in dem Keplers Schwierigkeiten wuchsen: ein Katalog mit tausend Sternen, deren Positionen rund hundertmal genauer vermessen waren, als die im Ptolemäischen Katalog. Eine unermessliche Fundgrube für Theoretiker.

So wundert es nicht, dass Kepler auch Brahe ein Exemplar seines Buches schickt. Der antwortet ihm brav und gratuliert zu den „geistvollen und wohlgefügten Gedanken". Was das Kopernikanische System anbelangt, so bleibt er zurückhaltend und meint: „Wenn Ihr eine durchgängige Übereinstimmung, die in keiner Weise hinkt und die nichts mehr zu wünschen übrig lässt, gefun-

den habt, so werde ich Euch für einen großen Apollo halten."
Brahe kann Keplers vorbehaltlose Sympathie für den Helio-
zentrismus gar nicht teilen, denn er hat rund zehn Jahre zuvor
selbst ein System entwickelt, das bei vielen Gelehrten hoch in
Kurs steht. Danach ruht die Erde nach wie vor im Zentrum des
Universums und wird vom Mond und der Sonne umkreist. Alle
anderen Planeten aber wandern um die Sonne herum. Brahes
System ist demnach eine perfekte Synthese aus dem geozentrischen und dem heliozentrischen System.

Als Kepler sich an Brahe wendet, weilt der allerdings nicht
mehr in Dänemark, denn der fleißige Astronom hat es mit seinem
streitsüchtigen und herrischen Temperament so weit getrieben,
dass er sich mit dem neuen König Christian IV. überwarf und
Hven nach 20 Jahren verlassen musste. Aufnahme hatte er bei
Kaiser Rudolf II. gefunden, der ihm das nahe Prag gelegene
Schloss Benatek überließ. Dorthin lud Brahe Kepler ein, der sich
nach einem neuen Wohnsitz umschaute und auch darauf hoffte,
Einsicht in Brahes Datenschatz zu erhalten. „Er ist überreich,
allein er weiß von seinem Reichtum keinen rechten Gebrauch zu
machen, wie die meisten Reichen", schreibt er.

Am 4. Februar 1600 kommt Kepler auf Benatek an. Er wird
herzlich willkommen geheißen, aber schon bald gibt es Querelen.
Kepler muss bald einsehen, dass er nicht so leicht an Brahes Beob-
achtungsschatz herankommt und dass die Daten erst mathematisch
aufbereitet werden müssen. Brahe andererseits sucht zunächst jemanden, der ihn bei der Herausgabe seiner Werke unterstützt.
Das behagt Kepler gar nicht, weil dabei für ihn selbst zu wenig
herausspringt. Außerdem leidet Kepler zunehmend unter der
Hektik, die in den hohen Räumen Benateks herrscht. Schließlich
kommt es zum Eklat, als Kepler sich eines Abends bei Tisch zu-
rückgesetzt fühlt. Wutentbrannt verlässt er das Haus. Es dauert
eine ganze Weile, bis sich die Wolken verziehen und Kepler sich
zu einem Entschuldigungsschreiben aufraffen kann. „Die sträfli-
che Hand, die neulich schneller als der Wind war, als sie verletzte,
weiß kaum, wie sie es jetzt angehen soll, wenn sie wieder gutma-
chen will", schreibt er tief zerknirscht seinem Gastgeber. Brahe
nimmt die Entschuldigung an, und so verabschieden sich die beiden großen, aber grundverschiedenen Geister in dem Einverneh-
men weiterer Zusammenarbeit.

In Graz, wohin Kepler im Juli zurückkehrt, spitzt sich die Lage mittlerweile dramatisch zu. Kepler muss weg. Mästlin in Tübingen kann ihm nach wie vor nicht helfen, dann befällt ihn auch noch eine lebensgefährliche Malaria mit schwerem Husten. Wer ihn in dieser schlimmen Situation rettet, ist Brahe: „Zögert nicht, eilt schnellstens mit Zuversicht herbei." Und so macht sich Familie Kepler am 30. September 1600 mit zwei Planwagen auf den Weg nach Prag. Brahe empfängt ihn herzlich und überträgt ihm sogleich die vom Kaiser selbst in Auftrag gegebene Herausgabe einer neuen Planetentafel, die Brahe *Rudolfinische Tafeln* nennen will. Brahes persönliches Anliegen ist es, die Bahn des Planeten Mars, ein ewiges Rätsel, neu zu berechnen. Die *Rudolfinischen Tafeln* müssen 27 Jahre lang auf ihre Veröffentlichung warten. Die Marsbahn aber sollte sich als echte Nagelprobe für das neue Weltsystem erweisen.

Doch dann kommt alles anders als gedacht. Schon ein Jahr nach Keplers Ankunft, am 24. Oktober 1601, stirbt Brahe, vermutlich an einem Blasenleiden, das bei einem Abendessen zum Ausbruch kommt, als Brahe es sich verkneift, rechtzeitig Wasser zu lassen. Damit ändert sich Keplers Leben grundlegend.

Zwei Tage nach dem Tod ernennt ihn Rudolf II. zum Kaiserlichen Mathematiker und beauftragt ihn, Brahes Arbeiten fortzuführen. Damit bezieht Kepler zwar auf dem Papier ein festes Gehalt, aber da die Hofkasse nicht immer prall gefüllt ist, muss er auch zukünftig immer wieder auf Zahlungen warten. Dennoch, jetzt hat Kepler die einmalige Chance, auf Grund göttlicher Fügung, wie er selbst es sieht, Brahes Beobachtungsdaten zu nutzen, um sein Weltsystem auf festen empirischen Grund zu stellen. Brahe selbst hat ihm noch aufgetragen, seine Daten im Sinne des Braheschen Systems auszuwerten. Daran mag Kepler indes nicht denken.

Zunächst ist er darum bemüht, alle Unterlagen an sich zu bringen, denn schon bald tauchen Brahes Erben auf, die es auf diese Dokumente ebenfalls abgesehen haben. Auch an dieser Front sollte der neue Hofmathematikus noch Jahre zu kämpfen haben. Doch es ist vor allem ein intellektueller Krieg, den er in den kommenden vier Jahren austragen muss: Der „Krieg gegen den Mars", wie er selbst einmal schreibt. Aus dem soll er siegreich hervorgehen und als Trophäe die *Astronomia nova*, die neue Astronomie, präsentieren. Dieses Werk stellt eine echte Zäsur in der Geschichte der Astronomie dar. Es markiert eine Trennung von dem Gedankengut der Antike und leitet zu einer neuzeitlichen, physikalischen Beschreibung des Himmelsgebäudes über.

Für seine Berechnungen stehen ihm vor allem Brahes Beobachtungen aus dem Zeitraum zwischen 1575 und 1600 zur Verfügung. Sie sind das Genaueste, was man sich zur damaligen Zeit vorstellen kann. Nun gilt es, die beobachtete Bewegung des Roten Planeten mit einer Theorie in Einklang zu bringen. Ptolemäus und Kopernikus mussten in ihren Modellen bereits eingestehen, dass die Erde beziehungsweise die Sonne nicht genau im Mittelpunkt der Planetenkreisbahnen ruhten. Das gefällt Kepler gar nicht. Für ihn muss unser Tagesgestirn das Zentrum des Universums sein. „Dass die Sonne schöner ist als die Erde, leugnet niemand", schreibt er später Herwart von Hohenburg.

Doch es ist nicht nur die pythagoreische Verehrung für die „Wache des Zeus". Nein, Kepler schreibt der Sonne überdies eine Kraft, einen „virtus", zu. „Was ist es denn, was die Planeten um die Sonne reißt?" fragt er und gibt selbst die Antwort: „Was ist es anderes als ein magnetischer Ausfluss der Sonne?" Damit greift Kepler die Entdeckung des Erdmagnetfeldes durch den britischen Naturforscher William Gilbert aus dem Jahre 1600 auf und überträgt ihn auf die Sonne und alle Planeten. Ein ungeheuerlicher Vorgang, ist die Physik bis dahin doch ausschließlich Vorgängen auf der Erde vorbehalten gewesen. Im Himmel hat sie nichts verloren. Zwar ist die Idee der magnetischen Kraft falsch, aber es ist der erste Versuch, die Planetenbewegung physikalisch zu erklären. Und der führt zu einem richtigen Ergebnis. Denn jetzt muss Kepler davon ausgehen, dass die Sonne das physikalische Zentrum der Planetenbahnen bildet.

Mit dieser Prämisse begibt er sich an seine Rechnungen. Als erstes setzt er voraus, dass die Ebenen, in denen die Umlaufbahnen von Mars und Erde liegen, gegeneinander um knapp zwei Grad geneigt sind, was auch dem heutigen Wert entspricht. Dann probiert er unterschiedliche Modelle aus, wobei eine Unbekannte der Abstand des Mars zur Sonne ist. Modell um Modell wird entworfen, mit den Beobachtungsdaten verglichen und wieder verworfen. Immer wieder muss er seine Forschungen unterbrechen. Einmal muss er zwei Monate lang am Hof „antichambrieren", weil sein Gehalt nicht kommt, ein anderes Mal kreuzt

Tychos Erbe, der Edelmann Tengnagel, bei ihm auf und fordert von ihm irgendwelche Dokumente. Dann wiederum ist es „der häusliche Umtrieb, der die größte Unruhe herbeiführt, die von den Weibern herrührt". Endlich, nach etwa siebzig Erklärungsversuchen scheint die Theorie mit den Messwerten überein zu stimmen. Aber auch sie wird wieder verworfen. Zwischen Beobachtung und Voraussage liegen Differenzen bis zu acht Bogenminuten, entsprechend einem Viertel des Vollmonddurchmessers. Angesichts der von Kepler angenommenen Messgenauigkeit von zwei Bogenminuten völlig inakzeptabel. Und so geht es immer weiter.

Problematisch an der kniffligen Geschichte ist vor allem die Tatsache, dass sich der Mars mit unterschiedlicher Geschwindigkeit am Himmel bewegt. Wenn nun die Sonne nicht im Mittelpunkt der Bahn steht, so schwankt während des Umlaufs der Abstand Sonne-Mars und damit auch die auf den Planeten wirkende Kraft. Könnte das nicht bedeuten, dass der Planet unterschiedlich schnell läuft? Dies widerspricht zwar dem Postulat der gleichförmigen Bewegung, aber Kepler versucht diesen Lösungsansatz. Hierbei geht er von der (falschen) Annahme aus, dass die Umlaufgeschwindigkeit umgekehrt proportional mit dem Abstand von der Sonne abnimmt. Da Kepler die Integralrechnung noch nicht kennt, muss er eine sehr mühsame Methode anwenden, um den Lauf des Planeten zu berechnen. Er unterteilt die halbe Bahn in 180 Abschnitte, berechnet in jedem Abschnitt erst den Abstand Sonne-Mars und dann die Geschwindigkeit. So setzt er die gekrümmte Bahn aus vielen Segmenten zusammen.

Hierbei fällt ihm etwas auf. Denkt man sich eine Linie von der Sonne zum Planeten, so überstreicht diese während der Planetenbewegung eine bestimmte Fläche. Sie ist ein direktes Maß für die Umlaufgeschwindigkeit. Jetzt macht Kepler die Annahme, dass dieser Fahrstrahl in gleichen Zeitabschnitten gleiche Flächen überstreicht. Dafür gibt es keinen Beweis, Kepler nimmt es nur an. Dieses Postulat wird sich später als richtig erweisen und als zweites Keplersches Gesetz in die Geschichte eingehen. Als er bemerkt, dass die Annahme einer ungleichförmigen Geschwindigkeit recht gut die Beobachtungen wiedergibt, geht er noch einen Schritt weiter und behauptet: Die Bahn ist oval. Dieser entscheidende Durchbruch gelingt ihm im Sommer des Jahres 1602. Die exakte Bahnform hat er damit noch nicht, aber die ist durch den Flächensatz festgelegt.

In den zwei kommenden Jahren treibt er seine Rechnungen immer weiter voran. „Hierbei musste ich, glaubt es mir, mindestens in 40 Fällen je 181 mal die gleiche Rechnung ausführen", schreibt er 1605 dem dänischen Astronomen Longomontanus. Schließlich findet er nach unzähligen Versuchen die richtige Bahnform: die Ellipse. Jetzt passen die Beobachtungen im Mittel bis auf drei Bogenminuten mit seinem Modell überein. Bis dahin füllen seine Rechnungen 900 Seiten.

Die Erkenntnis, dass die Planetenbahnen Ellipsen sind, wird später zum ersten Keplerschen Gesetz. Es ist ihm klar, dass die Sonne in einem der Brennpunkte der Ellipse steht. Ausdrücklich schreibt er dies allerdings erst in seinem Spätwerk *Epitome astronomiae copernicae*. Der Schritt vom Kreis zur Ellipse ist weit mehr als ein Detail. Es ist die Rettung des Kopernikanischen Systems, denn erst dadurch ist das Weltmodell wirklich einfach und harmonisch geworden. Man benötigt nun keinerlei Epizykel mehr. „Ihr habt meine ovale Bahn geschmäht; ich habe Euch die hundertmal törichteren Spirallinien der Alten entgegen gehalten, denen auch Tycho folgt. … Das heißt doch, jemanden verurteilen, der einen riesigen Karren Mist zurückgelassen hat, während er den übrigen Augiasstall gereinigt hat", schreibt er Longomontanus, womit er seine ovalen Bahnen als den Karren Mist bezeichnet.

Je stärker die Planetenbahn von der Kreisform abweicht, desto überzeugender wird Keplers Beschreibung. Dies ist insbesondere beim sonnennächsten Planeten Merkur der Fall. Für dessen Bahn mussten Keplers Vorgänger immer besonders große Epizykel annehmen. Das ist nun vorbei. Merkur ist jetzt ein Planet wie alle anderen auch, nur mit einer stärker ausgeprägten Ellipsenbahn. Kepler sagt sogar einen Durchgang des Planeten vor der Sonnenscheibe für das Jahr 1631 voraus. Er selbst sollte dieses Ereignis nicht mehr erleben. Der französische Astronom Pierre Gassendi wird es aber beobachten und feststellen, dass Keplers Rechnung bis auf ein zehntel Grad stimmte – und das über einen Zeitraum von 25 Jahren im Voraus.

Zu Beginn des Jahres 1606 hat Kepler sein wegweisendes Werk fertig. Doch, wie könnte es bei ihm anders sein: Der Veröffentlichung stehen finanzielle Probleme im Weg, denn des Kaisers Kasse ist notorisch leer. Volle drei Jahre muss er taktieren und verhandeln. Schließlich findet er in Heidelberg einen Drucker, der sein Werk herausgibt, unter der Voraussetzung, dass Kepler ihm die ganze Auflage überlässt. Zur Frankfurter Frühjahrsmesse erscheint endlich die *Astronomia nova*. Doch wie enttäuschend: Die Resonanz bleibt aus. Es mag an der epischen Darstellung des Themas liegen, denn Kepler lässt den Leser wie in einem Tagebuch an all seinen Wegen und Irrwegen teilhaben, so dass die wirklichen Perlen zuweilen gut versteckt sind. Andererseits gibt es auch kaum Astronomen, die von dem gewohnten Ideal kreisförmiger Bahnen abrücken wollen.

Aufregend wird es für ihn ein Jahr nach der Herausgabe der *Astronomia nova*. Anfang April erreicht ihn die Kunde, Galileo Galilei habe mit einem „Perspicillum" vier unbekannte Planeten entdeckt. Am 8. April weiß er es genauer, denn ein toskanischer Gesandter überbringt ihm den *Siderius nuncius, Sternenboten*, in dem Galilei seine ersten Beobachtungen mit einem selbstgebauten Fernrohr schildert. Er beschreibt die Gebirgslandschaften auf dem Mond, beweist, dass die Milchstraße „nichts anderes als eine Ansammlung zahlloser, haufenförmig angeordneter Sterne" ist, und er beschreibt die vier Sterne, die den Jupiter umkreisen. Diese Erfindung des Fernrohrs sollte die Astronomie von Grund auf revolutionieren, und sie sollte Galileis Leben entscheidend verändern. Denn die Entdeckung der Jupitermonde beweist, dass sich Himmelskörper auch um ein anderes Zentrum als die Erde drehen können, was die Kopernikanische Lehre stützt.

Während sich die Gelehrten in Galileis Heimat weitgehend gegen ihn stellen, ist Kepler begeistert. Innerhalb von elf Tagen schreibt er eine *Dissertatio*, in der er das Potenzial dieses neuen Instruments heraufbeschwört. Allerdings kann er sich in seiner typischen Ehrlichkeit eine Kritik an Galilei nicht verkneifen: „Auch glaube ich nicht, dass sich der Italiener Galilei um mich Deutschen so sehr verdient gemacht hat, dass ich ihm dafür schmeicheln müsste, indem ich die Wahrheit und meine innerste Überzeugung nach ihm einrichte." Aber „hier sind alle Freunde der wahren Philosophie zusammengerufen, um den Anfang großartiger Betrachtungen mitzuverfolgen". Gleichzeitig ahnt er auch, dass Galilei das Fernrohr nicht erfunden, sondern allerhöchstens weiterentwickelt hat. Dennoch lässt er sich zu der Spekulation hinreißen, dass auch die anderen Planeten Monde besitzen könnten, und ruft euphorisch dazu auf: „Baue Schiffe oder Segel, die für die Lufthauche des Himmels geeignet sind, und es wird Menschen geben, die sich nicht scheuen, in diese Weite vorzudringen."

Galilei bedankt sich in einem Brief dafür, dass Kepler als erster und fast einziger seinen Aussagen vollen Glauben schenkt. Gleichzeitig führt er auch Zeugen an, die seine Beobachtungen bestätigen. Ansonsten aber haben „in Pisa, Florenz, Bologna, Venedig, Padua sehr viele die Planeten gesehen; sie schweigen alle und zaudern. Der größte Teil von ihnen kann weder Jupiter noch Mars, ja kaum den Mond als Planet unterscheiden. ... Wir wollen über die ausnehmende Menge der Dummheit lachen, mein Kepler", schreibt Galileo im August 1610.

Galilei hat, so weit bekannt, Keplers Arbeiten nie aufgegriffen und nie zu den Planetengesetzen Stellung bezogen, obwohl er sie nachweislich gekannt hat. Auch hat Galilei stets an der Kreisform der Planetenbahnen festgehalten. Das wirft eine deutliches Licht auf Keplers tragische Existenz: Er hat seine Erkenntnisse in weitgehender Isolation, ohne Kontakt zu den großen Astronomen seiner Zeit, gewonnen.

Kepler arbeitet aber unverdrossen weiter, macht Vorschläge, wie man den Galileischen Teleskoptyp verbessern könnte, und baut eigene Fernrohre. Hier profitiert er von einer Arbeit, die er schon vor Jahren fertiggestellt hat, die *Paralipomena*, der Grundstein der modernen Optik. Ausführlich beschäftigt er sich darin mit der Brechung von Licht sowohl in der Atmosphäre als auch in Glaslinsen. Dabei prägt er den Begriff des Brennpunktes, den er später in seiner Theorie über die Planetenbewegung auf Ellipsen wieder aufgreifen sollte. Interessanterweise geht er in diesem Zusammenhang auch ausführlich auf die Entstehung des Bildes im Auge ein und erklärt das Phänomen von Kurz- und Weitsichtigkeit im Rahmen seiner Linsentheorie. Jetzt, sechs Jahre später, überträgt er seine Kenntnisse auf die neuen Fernrohre. Innerhalb von nur zwei Monaten stellt er die *Dioptrice* fertig, das wegweisende Werk für den zukünftigen Fernrohrbau. Was bis dahin von den Optikern im Versuch-und-Irrtum-Verfahren zusammengebastelt wird, lässt sich nun systematisch konstruieren und optimieren.

Dass die ersten Beobachtungsversuche noch ernüchternd sind, liegt dann auch eher an der Unkenntnis der Handwerker in Prag als an Keplers theoretischen Fähigkeiten. Mitte 1611 aber projiziert er mit einem Fernrohr das Bild der Sonne auf einen Schirm und erkennt auf ihr dunkle Flecken. „Diese bleiben höchstens 14 Tage lang auf der sichtbaren Sonnenseite", berichtet er und schließt daraus, dass sich die Sonne innerhalb von 25 bis 28 Tagen um die eigene Achse dreht, womit er den wahren Wert von 27 Tagen (aus der Sicht der Erde) trifft. Kepler sieht dies als Bestätigung für seine Theorie der magnetischen Kraft, bei der er sich vorgestellt hatte, sie würde von der Sonne aus wie mit Armen die Planeten erfassen und durch die eigene Umdrehung mit herumreißen. Dazu bedarf es allerdings einer aufwendigen Hypothese, um zu erklären, warum die Planeten dann nicht alle mit derselben Periode die Sonne umlaufen.

Während Galilei weitere Entdeckungen macht, wie die Phasen der Venus und den Roten Fleck auf Jupiter, geht es für Kepler privat schon wieder bergab. Truppen fallen in Prag ein und bekämpfen Rudolf II. Eines von Keplers Kindern stirbt an den Pocken, wenig später folgt die Frau nach. Als schließlich sein Gönner Rudolf II. besiegt wird und ebenfalls stirbt, verlässt Kepler 1612 verzweifelt die Goldene Stadt. In Linz findet er eine Anstellung als Landschaftsmathematiker und wird mit der Aufgabe betreut, eine Landkarte Oberösterreichs anzufertigen – Brotarbeit, zudem auch noch schleppend bezahlt. Außerdem wird er als Experte zu einer schon lange geplanten Kalenderreform hinzugezogen. Eine wichtige Angelegenheit, die Papst Gregor XIII. zur Chefsache erhoben hat, schließlich geht es nicht nur einfach um die richtige Festlegung der Jahreslänge, sondern vor allem um die exakte Berechnung des Osterfestes. Die Reform sollte dann scheitern. Und als wäre Kepler mit diesen Aufgaben nicht schon gestraft genug, kommt auch noch eine weitere private Katastrophe hinzu: Seine Mutter wird in Leonberg der Hexerei bezichtigt.

Ausgelöst hat die üble Verleumdungskampagne eine Neiderin aus dem Ort, Ursula Reinbold, die mit der Keplerin in Streit geraten ist. Flugs verbreitet sie die Lüge, Katharina Kepler habe sie mit einem Zaubertrank vergiften wollen. Kaum ist das Gerücht in der Welt, melden sich rasch Andere, die der Alten schon lange eins auswischen wollten. Und plötzlich wissen alle: Mit der

Keplerin stimmt etwas nicht. Einem Lehrer fällt ein, dass nach einem üblen Getränk der Katharina sein eines Bein erlahmt sei, ein Metzger habe vom bösen Blick Magenkrämpfe erlitten, Kühe seien allein durch die Nähe der Frau erkrankt usw. usw. Wie man mit einer solchen Frau umzugehen hat, das können die Richter im „Hexenhammer" nachlesen.

Kepler erfährt von der Hexenjagd im Jahre 1615 und setzt nun alles daran, seiner Mutter zu helfen. Er besorgt Rechtsanwälte und setzt sich persönlich bei einflussreichen Freunden für Katharina ein. Erst im Mai 1618 kommt es zur ersten Verhandlung, die gewichtige Verdachtsmomente zu Tage fördert. Das Verfahren zieht sich, bis es im August 1620 auf des Messers Schneide steht: Die 73 Jahre alte Frau wird im Leonberger Gefängnis einer „eindringlichen Befragung" im Angesicht der Folterwerkzeuge unterworfen. Sie bezeichnet sich in allen 49 Anklagepunkten als un-

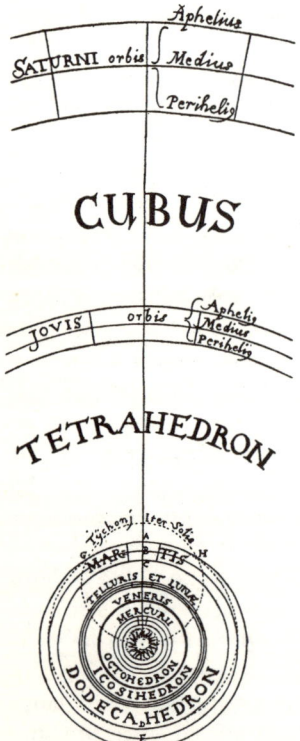

schuldig und wird zunächst wieder ins Gefängnis geworfen. Ein Jahr später – ihr Sohn hat mittlerweile eine ausführliche Verteidigungsschrift eingereicht – wird sie erneut im Folterraum verhört. Sie bleibt standhaft. Und wie durch ein Wunder spricht sie der Herzog frei. Lange kann Katharina ihre Freiheit indes nicht genießen. Schon ein halbes Jahr nach ihrer Entlassung stirbt sie.

In all diesen Wirren gelingt Kepler noch einmal ein großer Wurf. Jahrelang arbeitet er an einem großen Werk, das 1619 erscheint, die *Harmonice mundi*, *Weltharmonik*, ein aus heutiger Sicht ebenso schwieriges wie schwergewichtiges Werk. Hierin diskutiert Kepler noch einmal seine alte Idee von einem harmonischen

Abb. 6: Die Abstandsverhältnisse der Planetenbahnen in Keplers „Harmonice mundi" (1619).

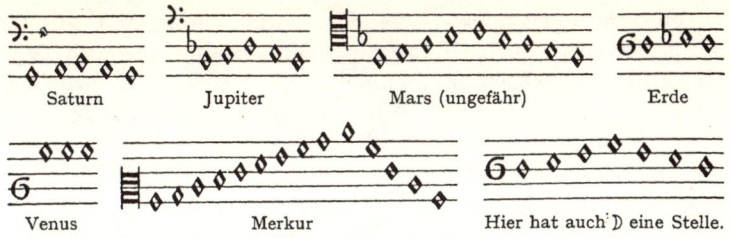

Abb. 7: Keplers Darstellung der Planetenbewegungen als harmonische
Tonintervalle in „Harmonice mundi" (1619).

Aufbau des Universums, basierend auf den Platonischen Körpern.
Stellvertretend für seine Philosophie zitiert er eingangs den Neu-
platoniker Proklus Diadochus: „Für die Betrachtung der Natur
leistet die Mathematik den größten Beitrag, indem sie das wohl-
geordnete Gefüge der Gedanken enthüllt, nach dem das All gebildet ist."

Das dritte der insgesamt fünf Bücher der *Weltharmonik* ist
wohl das überraschendste. Hier geht Kepler auf die Musiklehre
ein, die sich auf die harmonische Saitenteilung der Pythagoreer
gründet. Anfangs erhält der Leser eine gründliche Einführung in
die Harmonielehre, in der Kepler weit über Pythagoras hinaus-
geht. Hier erfährt man alles, was ein Musiker über die Oktaven-
teilung oder die Tongeschlechter Dur und Moll wissen muss. Im
fünften Buch dann wendet er diese Harmonielehre auf die Bewegungen und Bahnen der Planeten an. In den Umlaufperioden
findet er keine „harmonischen Proportionen". Nun vergleicht er
aber die von den Planeten täglich auf ihrer Bahn zurückgelegten
Wege und spürt dort Tonintervalle auf. Er treibt die Analyse so
weit, dass er den Planeten sogar Singstimmen zuordnet. So findet
er die Eigenschaften des Bass „in gewisser Weise auch bei Jupiter
und Saturn, die des Tenors bei Mars, die des Alts bei Erde
und Venus, die des Diskants bei Merkur". Für ihn sind damit
„die Himmelsbewegungen nichts anderes als eine fortwährende
mehrstimmige Musik (durch den Verstand, nicht das Ohr fass-
bar)". Und damit glaubt er, die von den Pythagoreern erträumte
Sphärenmusik mathematisch exakt nachgewiesen zu haben. Hier
offenbart sich ihm Gottes Partitur der vollkommenen Schöp-
fungssymphonie.

Von diesem gewaltigen Werk ist bis heute ein einziger Absatz übrig geblieben, in der Sprache der Mathematik sogar nur eine kleine Gleichung. Sie stellt einen Zusammenhang her zwischen dem mittleren Bahnradius eines Planeten und dessen Umlaufperiode. Genauer: Die Quadrate der Umlaufzeiten verhalten sich wie die dritten Potenzen ihrer mittleren Abstände. Diesen fundamentalen Zusammenhang, der heute als drittes Keplersches Gesetz bezeichnet wird, findet er erst, als er die *Weltharmonik* schon in weiten Teilen geschrieben hat. Er muss deswegen sogar das letzte Buch noch im Druck überarbeiten, um die Entdeckung mit aufzunehmen. Wie üblich, lässt uns Kepler an seiner Entdeckung teilhaben. „Am 8. März dieses Jahres 1618 ... ist sie in meinem Kopf aufgetaucht. Ich hatte aber keine glückliche Hand, als ich sie der Rechnung unterzog, und verwarf sie als falsch. Schließlich kam sie am 15. Mai wieder und besiegte in einem neuen Anlauf die Finsternis meines Geistes, wobei sich ... eine so treffliche Übereinstimmung ergab, dass ich glaubte, ich hätte geträumt ...“

Kepler ist begeistert, spricht gar von „heiliger Raserei“ und fühlt sich hingerissen „von einem unsäglichen Entzücken über die göttliche Schau der himmlischen Harmonie“. Für ihn ist es nicht nur ein Gesetz zur Beschreibung der Planetenbewegung. Vielmehr erkennt er genau darin das Bindeglied zwischen Weltharmonik und Himmelsmusik. Das Zahlenverhältnis der Exponenten von zwei zu drei entspricht nämlich der Quint, die in der pythagoreischen Tonskala eine besondere Rolle spielt.

In der modernen Astronomie spielt das dritte Keplersche Gesetz eine bedeutende Rolle. Es ermöglicht es, die Umlaufsdauer eines Körpers, beispielsweise eines neu entdeckten Asteroiden, zu berechnen, wenn dessen Abstand von der Sonne und die Bahnform bekannt sind. Außerdem ist es mathematischer Ausdruck eines bemerkenswerten Phänomens: Auf einer bestimmten Umlaufbahn kann sich ein Körper nur mit einer bestimmten Geschwindigkeit bewegen. Für zwei Objekte ist es unmöglich, sich auf der selben Bahn einzuholen oder voneinander zu entfernen. Wird einer von ihnen schneller, steigt er automatisch auf eine weiter außen liegende Bahn auf, bremst er ab, wandert er näher an den Zentralkörper heran. Will beispielsweise eine Weltraumfähre an eine Weltraumstation andocken, muss sie sich zunächst auf einer weiter innen liegenden Bahn so weit wie möglich der Station nähern und erst in unmittelbarer Nähe beschleunigen, um dann „von unten" kommend anzuschließen.

Für Newton ist das dritte Keplersche Gesetz ein halbes Jahrhundert später sogar die Grundlage für sein Gravitationsgesetz. An Edmond Halley schreibt er 1686: „Die doppelte Proportion [das $1/r^2$-Gesetz der Gravitation] lernte ich aus Keplers Theorem vor ungefähr zwanzig Jahren." Ein Jahr darauf liest sich die Reminiszenz an Kepler in seinem Werk *Philosophiae naturalis principia mathematica*, kurz *Principia*, so: „Dieses von Kepler gefundene [3/2-] Verhältnis ist bei allen außer Zweifel."

Interessanterweise endet die Geschichte der Suche nach der himmlischen Harmonie nicht mit Kepler. Rund anderthalb Jahrhunderte später findet der Mathematiker Johann Daniel Titius, dass die Abstände der Planeten von der Sonne erstaunlich genau einer einfachen Zahlenreihe folgen. Der deutsche Astronom Johann Elert Bode greift diese Idee auf und macht sie populär. Später wird sie durch die Entdeckung des Uranus und der Planetoiden bestätigt. Ob sie eine physikalische Ursache hat oder doch nur Zufall ist, ist bis heute ungeklärt. Jedenfalls sollte die Titius-Bode-Reihe bei der Suche nach Neptun eine entscheidende Rolle spielen.

Elf Jahre sollten Kepler nach der Veröffentlichung seiner *Weltharmonik* noch bleiben, elf harte Jahre, in denen er zwischen zäher Arbeit an astronomischen Werken, finanziellen Nöten und Streit mit der Kirche hin und her taumelt. In den Jahren 1620 und 1621 erscheinen die *Epitome astronomiae copernicae*, eine Einführung in die heliozentrische Astronomie und die Planetenbewegungen. Und 1627 werden endlich die *Rudolfinischen Tafeln* gedruckt, jenes Tabellenwerk für die Berechnung der Gestirnspositionen, dessen Vollendung er Brahe auf dem Sterbebett versprochen hatte. Möglich wird dies erst, nachdem er auf Reisen nach Wien, Augsburg, Kempten, Memmingen und Nürnberg Geld für den Druck erbittet. Dieses Werk sollte über hundert Jahre lang die Grundlage aller Berechnungen im Sonnensystem sein. Es wird nicht nur von Astronomen und Astrologen, sondern auch von Seefahrern für die Ortsbestimmung verwendet.

Noch während er an den *Tafeln* arbeitet, holt ihn die Gegenreformation mit ihren üblichen Repressalien auch in Linz ein. Bald muss er die Stadt verlassen. Von der Frankfurter Messe, wo die

Tafeln erschienen sind, reist er über Ulm und Regensburg nach Prag, um dem Kaiser ein Exemplar zu überreichen. Zufällig hält sich zu dieser Zeit auch der Feldherr Wallenstein in Prag auf. Ihm hat Kepler schon zwanzig Jahre zuvor ein Horoskop gestellt. Nun fordert dieser ein neues an. Das befriedigt Wallenstein indes gar nicht. Keplers Angaben sind ihm zu vage. Er hätte gern mehr Details seines zukünftigen Lebenslaufs gewusst, wie lange der Krieg noch dauert, wie und wo er sterben würde usw. Das entspricht aber überhaupt nicht Keplers Auffassung von einem Horoskop, was er dem großen Feldherrn auch deutlich zu verstehen gibt. Wer so fragt, „ist noch nie recht in die Schul gegangen und hat das Licht der Vernunft, das ihm Gott angezündet, noch nie recht geputzet", urteilt er. Wallenstein findet trotzdem Gefallen an dem forschen Astronom und bietet ihm eine Stelle an. Dieser fühlt sich zwar etwas unwohl, als „Kostgänger des Krieges", sagt aber zu. Und so kommt er im Juli 1628 in Sagan, einer kleinen Stadt im heutigen Polen, an.

Im Oktober des folgenden Jahres begibt er sich auf eine Reise nach Regensburg. Kurz nach seiner Ankunft bekommt er wieder einen seiner gefürchteten Fieberanfälle, diesen sollte er nicht überleben. Am 15. November stirbt er kurz vor seinem 59. Geburtstag. Sein Grab verwüsten drei Jahre später schwedische Horden in dem seit längerem schon tobenden Dreißigjährigen Krieg. Seitdem ist es unauffindbar. Die Grabinschrift hat er selbst noch bestimmt:

> Himmel hab ich vermessen,
> jetzt mess ich die Schatten der Erde;
> himmlisch erhoben der Geist,
> sinkt nieder des Körpers Schatten.

Kepler hat Zeit seines Lebens unter der Kirche gelitten. Nicht wegen seiner eindeutigen Stellungnahme zur Kopernikanischen Lehre, sondern weil er Protestant am falschen Ort war. Galilei hingegen sollte wegen seines entschiedenen Eintretens für die Bewegung der Erde um die Sonne büßen und wurde so zum Märtyrer. Für ihn begann der Kampf mit der Erfindung des Fernrohrs.

Als Erster kommt wohl ein gewisser Hans Lippershey im holländischen Middelburg auf die Idee, zwei Linsen so hintereinander anzuordnen, dass sie entfernte Gegenstände nahe heran holen.

Die ersten Fernrohre sind 1609 über Frankreich nach Italien gekommen, wo auch Galilei davon hört. Kaum hat er das Prinzip erfahren, baut er selbst ein solches „Perspicillum". Als „ein Rohr aus Weißblech, außen mit einem Überzug von karmesinrotem, mit Baumwolle gemischten Wollstoff bekleidet, etwa dreiundeinhalbviertel Elle [etwa 60 Zentimeter] lang, von der Breite eines Scudo, mit zwei Gläsern, von denen das eine hohl war, das andere nicht", beschreibt Antonio Priuli das Fernrohr bei einer spektakulären Vorführung am 21. August 1609 in Venedig. Galilei hat hierfür sieben Patrizier auf den Glockenturm von San Marco geladen, um die wunderbare Wirkung zu demonstrieren. Galilei genießt den großen Auftritt und weiß die durchschlagende Wirkung auch sogleich für seine weitere Karriere zu nutzen. In untertänigstem Tone breitet er dem Dogen von Venedig die Vorteile dieses Instrumentes aus, insbesondere bei der Kriegsführung, denn schließlich könne man „von einer beliebigen, auch weit entfernten Anhöhe aus oder sogar auf offenem Feld in den Festungen, Quartieren und Unterschlüpfen des Feindes jede seiner Bewegungen und Vorbereitungen zu unserem großen Vorteil erkennen".

Das zieht natürlich, und so wird Galileis zeitlich befristeter Vertrag auf dem Lehrstuhl in Padua auf Lebensdauer umgeschrieben und auch gleich das Gehalt erhöht. Der große Mann ist schließlich bereits 45 Jahre alt und darauf bedacht, seinen Ruhesitz zu sichern. Der sollte allerdings gänzlich anders aussehen als erhofft. Das Teleskop wird für ihn zur Wendemarke in seinem Leben.

Als erster Mensch sieht er in der Milchstraße die Fixsterne und auf dem Mond die „steilen Felsen mit schroffen und kantigen Klippen" und Berge, die bis zu viermal höher sind als auf der Erde. Und am 7. Januar 1610 macht er vier „Wandelsterne" aus, die, wie er in den darauf folgenden Nächten feststellt, den Jupiter umkreisen. Das ist die entscheidende Entdeckung, die ihn dazu veranlasst, jetzt eindeutig für die Kopernikanische Lehre einzutreten: „Wir haben hiermit einen ausgezeichneten und glänzenden Beweis, um denen jeden Vorbehalt zu nehmen, die im Kopernikanischen System die Umdrehung der Planeten um die Sonne gleichmütig hinnehmen. ... Unseren Sinnen zeigen sich vier Sterne, die Jupiter umkreisen wie der Mond", schreibt er. Zu diesem Zeitpunkt bestätigen die venezianischen Behörden, einschließlich des

Inquisitors, dass in dem kleinen Büchlein *Sternenbote* nichts zu finden sei, was „gegen den heiligen Katholischen Glauben, die Oberen und die guten Sitten" verstoßen würde.

Das schmale Bändchen macht in Europa schnell seine Runde. Es trifft dabei nicht nur auf Begeisterte, wie Kepler, sondern fordert auch zu leidenschaftlichem Widerspruch heraus. Einige vermuten schlicht täuschende Reflexionen in dem neuen Instrument, durch das sie selbst nie geschaut haben. Galilei nutzt den frisch erworbenen Ruhm, um sich aus dem gerade abgeschlossenen Vertrag zu lösen und nach Florenz zu gehen, wo ihm Großherzog Cosimo II. eine Stelle als „Erster Mathematiker und Philosoph" anbietet. Auf das Lehramt in Padua verzichtet er leichten Herzens, weil er die mühseligen Vorlesungen ohnehin leid ist. Und nun geht es Schlag auf Schlag.

Im August 1610 übermittelt Galilei Kepler eine Nachricht mit einer verschlüsselten Botschaft: Smaismrmilmepoetaleumibunenvgttavrias. Was kann das bedeuten? Kepler rätselt und rätselt, kommt aber nicht auf die Lösung. Erst im November lässt Galilei Kepler wissen: Es handelt sich um einen lateinischen Satz, dessen Buchstaben er vertauscht hat. Auf Deutsch lautet er: „Den obersten Planeten habe ich dreigestaltig gesehen." Kurz zuvor hat er erstmals Saturn durch sein kleines Fernrohr beobachtet und gemeint, zwei Monde entdeckt zu haben. Rätselhaft wird die Geschichte jedoch, als die Begleiter einige Zeit später verschwunden sind. Galilei ist ratlos und meint scherzhaft, ob Chronos seine Kinder verschlungen habe. Chronos ist der griechische Name des römischen Saturn. Tatsächlich hat er damals die Saturnringe gesehen. Da die Ringebene gegen die Ebene der Erdumlaufbahn geneigt ist, sieht man zu verschiedenen Zeiten in unterschiedlichen Winkeln auf die Ringe. Blickt man unmittelbar auf die Kante des Systems, sind die dünnen Ringe nicht mehr erkennbar. Erst der holländische Astronom Christiaan Huygens sollte das Rätsel ein halbes Jahrhundert später lösen.

Im Dezember narrt Galilei seinen Kollegen in Graz erneut mit einem Rätsel, und da er auch noch dazu vermerkt, ihm sei eine Beobachtung gelungen, „aus der sich die Entscheidung der größten Streitfragen in der Astronomie ergibt", ist Kepler völlig außer sich vor Spannung, und da er das Wortspiel wieder nicht zu lösen vermag, bittet er Galilei um rasche Aufklärung. Dieses Mal muss er sich nur einen Monat gedulden, dann verkündet Galilei, er habe gesehen, dass die Venus je nach Stellung zur Sonne Phasen zeige wie der Mond. Das lässt sich ganz einfach und wunderbar im Kopernikanischen Weltsystem erklären, nicht aber im Ptolemäischen. Galilei hat seine Entdeckungen nicht verschlüsselt, um die Zeitgenossen mutwillig zu verwirren. Er will damit verhindern, dass andere von seinem Ergebnis zu früh erfahren und sich auf die eigene Fahne schreiben. Die Chiffrierkunst ist für ihn also ein Mittel zur Prioritätssicherung.

Bislang hat Galilei die neue Kosmologie unbehelligt verteidigen können, ja er hat sogar viele Bewunderer unter den katholischen Geistlichen gewonnen. Jetzt will er die scheinbar günstigen Umstände nutzen, um die Kopernikanische Lehre von der Kirche offiziell anerkennen zu lassen. Dafür muss er zum Papst. In der letzten Märzwoche schaukelt er in einer großherzoglichen Sänfte gen Rom, wo er tatsächlich eine Audienz bei Papst Paul V. erhält. Der hört sich die astronomischen Ausführungen des gelehrten Mannes interessiert an und entlässt ihn anschließend freundlich. Es sieht gut aus. Auch Kardinal Maria dal Monte spricht davon, dass Galileis Entdeckungen „von allen Männern von Verdienst und Sachkenntnis in dieser Stadt ... als völlig wahr und wirklich ... anerkannt werden". Wenige Tage später wird Galilei auch noch die Ehre zuteil, in die Accademia dei Lincei (der Luchsäugigen) aufgenommen zu werden. Dies ist eine von Adeligen gegründete Gemeinschaft, die es sich zur Aufgabe gemacht hat, die „verborgenen Ursachen der Naturvorgänge" zu ergründen.

Doch hinter seinem Rücken beginnt schon die Spinne ihr Netz zu weben. Kardinal Robert Bellarmin, der schon beim Prozess gegen Giordano Bruno sein ganzes Können gezeigt hat, lässt heimlich ein Gutachten über den forschen Astronomen aus Florenz anfertigen. Das fällt zwar auch günstig aus, aber Bellarmin besteht darauf: „Wenn Galileis Treiben hier zu weit geht, so würde man nicht umhin können, ihn zur Rechenschaft zu ziehen." Paolo Gualdo, ein befreundeter Priester in Padua, erfährt von den Machenschaften und warnt Galilei. Doch dieser wähnt sich in absoluter Sicherheit.

Im März 1613 macht Galilei mit der nächsten streitbaren Schrift auf sich aufmerksam: *Über die Sonnenflecken*. Hierüber kommt es sogar zu einem Prioritätenstreit mit dem Jesuiten Christoph

Abb. 8: Galileo Galilei (1564–1642), Kreidezeichnung von Guido Reni.

Scheiner in Ingolstadt, der unter dem Pseudonym Apelles schon
ein Jahr zuvor die Entdeckung solcher Flecken veröffentlicht hat.
Während Scheiner jedoch davon ausgeht, dass es sich um bislang
unentdeckte Planeten handelt, die vor der Sonne vorbeiziehen, ist
Galilei davon überzeugt, dass es wolkenähnliche Gebilde sind, die
zur Sonne gehören, und dass sie ein Beweis für die Rotation der
Sonne sind. Was Scheiner und Galilei nicht wissen: Schon 1611 hat
Johann Fabricius in Wittenberg Sonnenflecken beobachtet. Er
deutet sie in ähnlicher Weise wie Galilei. Kepler, der sich selbst im
Bau von Fernrohren übt, kommt zu dem selben Schluss und leitet
aus ihrer Sichtbarkeit die Umdrehungsdauer des Tagesgestirns ab.
Für Galilei fügt sich eins ins andere, und das Kopernikanische

Weltbild kann seiner Meinung nach nur noch die gläubige „Bande der Peripatetiker", wie er die Anhänger des Aristoteles schimpft, leugnen.

Während Galilei in Florenz eine Erfolgsmeldung nach der anderen absetzt, formiert sich in Rom der Widerstand. Als besonders eifrig erweisen sich hier die Dominikaner und Jesuiten. Wie schon fast hundert Jahre zuvor Luther und Melanchthon, so finden sie jetzt die Kopernikanische Lehre von der bewegten Erde in deutlichem Widerspruch zu der Heiligen Schrift. Jetzt beruft man sich zum Beispiel auf das zehnte Kapitel Josua, in dem es heißt: „Josua sprach vor dem gegenwärtigen Israel: Sonne stehe still!" Wenn Gott den Lauf der Sonne anhalten soll, dann muss sie sich klarerweise zuvor bewegt haben. Galilei sagt aber mit Kopernikus, die Sonne stehe still, und die Erde bewege sich. Der dominikanische Pater Niccolo Lorini findet diesen Widerspruch unerträglich und wendet sich damit an den Kardinalsekretär der römischen Inquisition, der daraufhin ohne Galileis Wissen eine Gerichtsverhandlung anberaumt. Gern hätte man es gesehen, dass er die Kopernikanische Lehre als rein mathematisches Hilfsmittel interpretiert, so wie es Osiander im Vorwort des *De revolutionibus* gewollt hat. Das aber liegt Galilei völlig fern: „Man muss ihn [Kopernikus] entweder ganz verdammen oder ihn lassen, wie er ist."

Als die Kritik an Galilei weiter um sich greift, erhält er auch zunehmend Warnungen von befreundeten Geistlichen. Bald fühlt er sich bemüßigt, Verteidigungsschreiben zu verschicken, so zum Beispiel an die einflussreiche Großherzogin-Mutter der Toskana, Christine. Noch immer ist Galilei durchdrungen von dem Gedanken, dass die Wahrheit sich durchsetzen muss. Er beschließt, sich erneut auf den Weg nach Rom zu machen, um den Papst, der ihm beim letzten Mal so artig zugehört hat, für sich zu gewinnen. Ende 1615 kommt er dort an, wird erneut in allen Ehren empfangen und kann völlig ungestört Vorträge halten. Insbesondere versucht er, Bellarmin auf seine Seite zu ziehen. Doch das misslingt. Am 19. Februar 1616 beginnt die Demontage.

An diesem Tag beauftragt der Papst elf Gelehrte – fast ausschließlich Dominikaner und Jesuiten – Galileis Kernaussagen zu prüfen: Ist die Sonne das Zentrum der Welt, und dreht sich die Erde um die Sonne und um die eigene Achse? Das Urteil ist eindeutig: Die Lehre widerspricht der Heiligen Schrift und ist insofern ketzerisch. Am 26. Februar wird Galilei in Bellarmins Palast vorgeladen, wo er ermahnt wird, diese Lehre aufzugeben. Galilei erklärt, dass er sich dieser Weisung unterwirft. Am 5. März wird das Dekret gegen den Kopernikanismus veröffentlicht. Gleichzeitig werden Kopernikus' Werke so lange verboten, bis sie „korrigiert" sind. Galilei selbst kommt indes glimpflich davon. Seine Bücher, die doch ein ganz eindeutiges Bekenntnis zur Kopernikanischen Lehre sind, bleiben merkwürdigerweise von der Zensur verschont.

Galilei hat das erste Mal die Macht der Kirche zu spüren bekommen und sich eingestehen müssen, dass wissenschaftliche Erkenntnis gegen kanonischen Glauben nichts auszurichten vermag. Ernüchtert kehrt er nach Florenz zurück, wo er nach wie vor uneingeschränkt arbeiten kann. Und er bleibt hellwach und streitbar.

Im Jahre 1618 erscheinen am Himmel drei Kometen. Anlass, über neues Unheil in der Welt zu diskutieren, was sich denn auch prompt in Form des Dreißigjährigen Krieges einstellt. Horatio Grassi, ein Jesuitenpater aus Rom, bringt zwei Schriften heraus, in denen er die himmlische Erscheinung in ein eigenwilliges System einordnet, das sowohl Tycho Brahe als auch Aristoteles gerecht wird. In der zweiten Schrift *Astronomische und philosophische Waage* – eine Anspielung auf das Sternzeichen, in dem der hellste Komet erschienen ist – stichelt er gegen Galilei persönlich, was dieser nicht auf sich sitzen lassen kann. Rasch verfasst er eine Gegenrede mit dem Titel *Il Saggiatore*, etwa *Der Prüfer*, der auf der Goldwaage wägt, weshalb die Schrift nur *Die Goldwaage* genannt wird. In einer Mischung aus wissenschaftlichem Scharfsinn und polemischer Gegenrede widerlegt Galilei jedes von Grassis Argumenten und gibt ihn dem Spott preis. Ganz eindeutig legt er hier seine Grundeinstellung zur neuen Naturforschung vor: „Das Buch der Natur ist in der Sprache der Mathematik geschrieben."

Das Buch macht selbstredend die Runde und sorgt allenthalben für Furore. Selbst der Papst, dem Galilei *Die Goldwaage* gewidmet hat, lässt es sich bei Tisch mit Freude vorlesen. Überhaupt scheint sich für Galilei das Blatt zu wenden, denn seit dem 6. August 1623 sitzt der ehemalige Kardinal Barberini auf dem Heiligen Stuhl. Er hat Galilei zu dessen Entdeckung der Jupitermonde sogar ein

Sonett gewidmet. Der neue Papst also ein Förderer des neuen Weltbildes? Galilei hofft dies wohl, als er sich 1624 erneut auf den Weg nach Rom macht, um die Aufhebung des Dekrets gegen die Kopernikanische Lehre zu erbitten. Wieder wird er großzügig empfangen – sein Ansinnen aber freundlich abgewiesen.

Spätestens jetzt hätte Galilei klar sein müssen, dass der Papst und damit die gesamte katholische Kirche nicht mit sich diskutieren lässt. Die Kopernikanische Lehre widerspricht dem Wort der Bibel und damit ist sie abzulehnen. Dabei ist Galilei ebenso wie der entfernte Kepler, der wenige Jahre zuvor seine *Weltharmonik* veröffentlicht hat, durchaus gläubig. Aber beide stimmen in einem Punkt völlig überein: „In der Theologie gilt das Gewicht der Autoritäten, in der Philosophie das der Vernunftgründe" und „die Bibel ist kein Lehrbuch der Optik und Astronomie", schreibt Kepler. In Rom aber denken so nicht alle. Das sollte Galilei im letzten Akt des Dramas zu spüren bekommen.

Immer wieder tauchen Schriften gegen die Erdbewegung auf. Schon 1616 hat ein gewisser Francesco Ingoli, ein Rechtsanwalt in Ferrara, eine solche verfasst, und Galilei zum Widerspruch gereizt. Jahrelang hält der still, doch dann entschließt er sich zu einer Gegenrede, dem *Dialog über die zwei hauptsächlichen Weltsysteme das Ptolemäische und das Kopernikanische*, ein rhetorisches Meisterwerk, wissenschaftlich brillant. Galilei ist jetzt bereits Mitte 60, aber keineswegs müde.

Im *Dialog* lässt er drei Personen diskutieren: Simplicio – der Einfache oder Einfältige – ist der streitbare Aristoteliker, Sagredo ein Wissensdurstiger, der durch geschickte Fragen den Disput weiterführt, und schließlich Salviati, der gelehrte Kopernikaner, sprich Galilei. Vier Tage lang diskutieren die drei über die Aristotelische Bewegungslehre und das Ptolemäische System. Der gesamte zweite Tag dient dazu, das Argument aus dem Weg zu räumen, die Erde könne sich nicht mit rasender Geschwindigkeit um die eigene Achse und um die Sonne bewegen, ohne dass wir etwas davon bemerken. Dem hält Salviati ein Gedankenexperiment entgegen: Hängt man im Innern eines Schiffes einen Eimer mit einem Loch im Boden an die Decke und füllt ihn mit Wasser, so werden die Tropfen senkrecht nach unten fallen. Fährt das Schiff mit konstanter Geschwindigkeit auf hoher See, wird sich daran nichts ändern. Man kann also gar nicht feststellen, „ob das Schiff

fährt oder stille steht". Und genau so verhält es sich mit der Erdbewegung. Auch sie verspüren wir nicht. „Die tägliche Bewegung
wird dem Erdball und demnach allen seinen Teilen als etwas ihnen
Eigentümliches und Natürliches beigelegt. Von der Natur ihnen
eingepflanzt, haftet sie unvertilgbar an ihnen." Damit ist das alte
Argument des Aristoteles gegen die Erdbewegung hinfällig, was
Sagredo ironisch so ausdrückt: „So möchte ich nach dem ersten
allgemeinen Eindruck die Ansicht, welche das ganze Weltall sich
bewegen lässt … für noch unvernünftiger halten als wenn jemand
auf die Spitze Eurer Kuppel stiege, bloß zu dem Zweck, um eine
Aussicht auf die Stadt und ihre Umgebung zu haben, und nun
verlangte, dass man die ganze Gegend sich um ihn drehen lasse,
damit er nicht die Mühe hätte, den Kopf zu wenden." Am dritten
und vierten Tag behandeln die drei die Himmelsphänomene, bis
die „bewundernswerte, wahrhaft himmlische Lehre" des Kopernikus erschlossen ist.

Um die Jahreswende 1629/1630 ist das Manuskript fertig, jetzt
beginnt der Kampf um die Druckerlaubnis. Im Mai 1630 beschließt Galilei, zum vierten Mal nach Rom zu reisen, um die Ge-
nehmigung persönlich beim Papst zu erwirken. Er wird wie ge-
wohnt höflich empfangen. Es wird heftig diskutiert und Galilei
wird gedrängt, Änderungen vorzunehmen. So soll er zum Beispiel
vom Papst eigens aufgetragene Worte übernehmen, was Galilei
auch tut. Allerdings legt er sie ausgerechnet Simplicio in den
Mund. Das ist ebenso witzig wie riskant. Die Druckfreigabe zieht
sich. Plötzlich bietet die Republik Venedig an, das umstrittene
Werk drucken zu lassen. Und tatsächlich erscheinen die ersten
Exemplare im Februar 1632.

Die Freigeister nehmen den *Dialog* begeistert auf, feiern es als
Buch des Jahrhunderts. Doch Papst und Inquisition sind ver-
stimmt. Ein halbes Jahr nach dem Erscheinen wird die Schrift
verboten, Galilei vor das Inquisitionstribunal nach Rom zitiert.
Im Februar 1633 trifft er dort ein und wird dieses Mal gar nicht
freundlich behandelt. Er muss in das Haus des Florentinischen
Gesandten, wo er unter Hausarrest steht. Am 12. April beginnt
der Prozess. Der Aufrührer soll ein für alle Mal zum Schweigen
gebracht werden.

Am 17. April prüfen drei Kardinäle den *Dialog* und finden heraus, dass der Angeklagte gegen das Dekret der Indexkongregation

aus dem Jahre 1616 verstoßen habe. Als Beweis legt man Galilei eine Protokollnotiz vor, der zu Folge er sich damals verpflichtet habe, die Kopernikanische Lehre „nicht zu lehren, in keiner Weise, weder in Wort noch Schrift". An dieses ausdrückliche Verbot vermag Galilei sich nicht zu erinnern, „denn diese Angelegenheit liegt viele Jahre zurück". Es geht nicht so recht voran, weshalb der Kommissar der Inquisition, Vincenzo Maculano da Firenzuola, selbst aktiv wird. Er besucht Galilei in dessen Unterkunft und diskutiert mit ihm. Am 28. April berichtet er Kardinal Barberini: „Nachdem viele, sehr viel Argumente und Widerlegungen zwischen uns hin- und her gegangen waren, erreichte ich durch Gottes Gnade mein Ziel, denn ich brachte ihn zur vollen Einsicht seines Irrtums."

Welcher Art sind Maculanos Argumente? Hat er Galilei angeboten, er können den *Dialog* nach Anbringung einiger Korrekturen wieder veröffentlichen? Oder hat er ihm eine härtere Gangart im Verhör angedroht? Galilei ist ein gebrechlicher Mann im 69. Lebensjahr, ein starkes Hüftleiden setzt ihm so stark zu, dass er das Bett kaum mehr verlassen kann. Will er einfach nur wieder nach Hause? Jedenfalls bereitet er eine Rede vor, in der er schließlich erklärt: „Ich habe also einen Irrtum begangen, und zwar, wie ich bekenne, aus eitlem Ehrgeiz, reiner Unwissenheit und Unachtsamkeit." Und als wäre dies nicht schon der Schmach genug, bietet er noch an, dem *Dialog* „einen oder zwei ‚Tage' hinzuzufügen. So verspreche ich, die zu Gunsten der besagten falschen und verdammten Meinung angeführten Gründe nochmals aufzunehmen und sie auf die wirksamste Weise, die mir der barmherzige Gott schon eingeben wird, zu widerlegen." Wie schwer mag dem bis dahin so streitbaren Geist diese Lüge gefallen sein.

Am 10. Mai trägt Galilei dem Tribunal seine Verteidigungsrede vor, in der er noch einmal betont, nicht wissentlich gegen das Dekret von 1616 verstoßen zu haben und gibt vor, dass ihm die „Verstöße … aus eitlem Ehrgeiz … aus Versehen aus der Feder geflossen sind". Am 16. Juni ordnet der Papst ein Verhör an, in dem Galilei mit der Folter gedroht werden solle, falls er nicht abschwöre. Fünf Tage danach muss er vor dem Tribunal gestehen: „Ich hielt und halte noch heute für unbedingt wahr und unbezweifelbar die Lehre des Ptolemäus, das heißt die Ruhe der Erde und die Bewegung der Sonne." Zur Sicherheit droht man ihm noch einmal mit der Folter, doch der arme alte Mann gesteht: „Ich bin hier, um zu gehorchen."

Damit ist der Wille des einst so polemischen Kämpfers gebrochen. Am 22. Juni 1633 kommt das beschämende Ende. Im schlichten Büßerhemd führt man ihn durch den Säulengang des Dominikanerklosters Santa Maria sopra Minerva in einen Saal, der heute überwiegend als Sakristei dient. Dort erwarten ihn die Kardinäle und Beamten der Inquisition in ihren geistlichen Gewändern. Vor ihrem Tisch bleibt er stehen, genau an jener Stelle, an der 33 Jahre zuvor Giordano Bruno sein Todesurteil entgegengenommen hat. Noch einmal wird klar gemacht, dass die im *Dialog* vorgebrachten Thesen eindeutig der göttlichen Schrift widersprechen. Es wird aber eingeräumt, dass Galilei sich womöglich nicht in allen Einzelheiten an das Dekret von 1616 erinnert habe. Dennoch müsse der schändliche Fehltritt gesühnt werden. Der *Dialog* wird verboten und dem widerspenstigen Verfasser als abschreckendes Beispiel eine heilsame Buße auferlegt. Von den zehn als Richter fungierenden Kardinälen unterschreiben interessanterweise nur sieben das Urteil. Es enthalten sich: der Neffe des Papstes, Francesco Barberini, der wie Galilei Mitglied der Accademia dei Lincei ist, Gaspare Borgia, der sich zuvor bereits für Galilei eingesetzt hat, als es um ein neues Verfahren zur Bestimmung der geographischen Länge auf See ging, sowie Laudivio Zacchia, der aber vermutlich gar nicht anwesend ist.

Den Schuldspruch nimmt Galilei stehend entgegen, doch jetzt muss er niederknien und den erniedrigenden Abschwur leisten, ein wenige Minuten dauerndes Bekenntnis mit dem Kernsatz: „Daher schwöre ich mit aufrichtigem Sinn und ohne Heuchelei ab, verwünsche und verfluche jene Irrtümer und Ketzereien und darüber hinaus ganz allgemein jeden irgendwie gearteten Irrtum, Ketzerei oder Sektiererei, die der Heiligen Kirche entgegen ist. … Ich, Galileo Galilei, habe abgeschworen und eigenhändig unterzeichnet." Dass er danach den berühmten Satz: „Und sie bewegt sich doch!" gesprochen haben soll, gehört ins Reich der Legenden.

Galilei darf gehen, wird aber nach kurzem Aufenthalt im Palast des Erzbischofs Ascanio Piccolomini in Siena in eine wenige Kilometer von Florenz entfernte Villa in Arcetri verbannt. Nicht weit von dort entfernt liegt ein Kloster, in dem seine älteste

Tochter Virginia lebt. Die beiden besuchen sich häufig, doch die Freude währt nur ein Vierteljahr, dann stirbt sie im Alter von nur 32 Jahren.

Galilei ist ein gebrechlicher Mann, der unter chronischen Hüftschmerzen, schwerem Rheuma und zunehmender Verschlechterung des Augenlichts leidet. Gebrochen ist er jedoch nicht. Kaum in seiner neuen Villa angekommen, sorgt er schon dafür, dass sein *Dialog* heimlich über die Grenze nach Frankreich gebracht wird, von wo er weiter nach Holland gelangt. Dort wird das Buch ins Lateinische übersetzt und verbreitet. Da in einem neuen Vorwort behauptet wird, der Nachdruck geschehe ohne Wissen des Autors, ist Galilei aus dem Schneider. Ermutigt von dieser List und der Hoffnung, dass sein Werk nun doch den Weg der Geschichte gehen wird, greift er sogar noch einmal zur Feder und schreibt sein letztes Buch: Die *Unterredung und mathematische Demonstration über zwei neue Wissenschaften*, auf Italienisch kurz *Discorsi*. Wieder treten die alten Bekannten Salviati, Sagredo und Simplicio auf, dieses Mal, um sich über die Mechanik und die Fallgesetze zu unterhalten. Galilei enthält sich hier jeder Aussage über die Kopernikanische Lehre und legt stattdessen die Grundlage für die neue Lehre der mathematischen Mechanik. Auf geometrischem Wege beschreibt er seine Erkenntnisse über den freien Fall, das Abrollen einer Kugel auf einer schiefen Ebene oder das Pendelgesetz und schafft somit gewissermaßen das erste Lehrbuch der modernen Physik. Es erscheint ebenfalls in Holland.

Doch Anfang 1637 ist Galileis Sehkraft so weit geschwunden, dass er sich Assistenten suchen muss. Einer von ihnen, Evangelista Torricelli, sollte später bedeutende Beiträge zur Physik leisten und Galileis offizieller Nachfolger als Hofmathematiker in Florenz werden. Im Jahre 1638 erblindet Galilei vollständig, bleibt aber wissenschaftlich rege. Bis zum November 1641 sucht er nach einer Methode zur Längengradbestimmung und stellt noch eine Arbeit über den Mond fertig. Dann aber muss er sich geschlagen geben. Am 8. Januar 1642 stirbt er in Il Gioiello, der Juwel, wie seine Villa heißt. Seine Schüler, sein Sohn und seine Schwiegertochter, der Pfarrer und – zwei Vertreter der Inquisition versammeln sich an seinem Bett, als er stirbt.

Selbst nach seinem Tod hat die katholische Kirche noch ein Auge auf ihren einstigen Widersacher und verhindert, dass die

Florentiner ihn neben Michelangelo in Santa Croce zur Ruhe betten und ihm ein angemessenes Denkmal setzen. Stattdessen beerdigen sie ihn in einer kleinen Kammer neben der Kapelle des Noviziats. Erst 1736, also nahezu hundert Jahre danach, wird er in das Hauptschiff umgebettet. 1835 wird sein *Dialog* zusammen mit Keplers *Epitome* und Kopernikus' *De revolutionibus* vom Index getilgt. 1992 rehabilitiert Papst Johannes Paul II. Galilei – über 350 Jahre nach dem unseligen Prozess.

„Ich habe tiefer in den Raum hineingeschaut
als jemals ein Mensch vor mir."

Friedrich Wilhelm Herschel (1738–1822)

Wenn wir in einer klaren Sommernacht in nördliche Richtung schauen, erkennen wir über dem Horizont das Sternbild des Großen Bären, weiter oberhalb davon liegt der Kleine Bär oder Kleine Wagen, an dessen Deichselende der Polarstern blinkt. In diesem Bereich der Himmelssphäre sind die Sterne verhältnismäßig dünn gesät. Legen wir den Kopf in den Nacken und drehen uns etwas nach Osten, so fällt das kreuzförmige Sternbild Schwan mit dem hellsten Stern Deneb auf. Das aber liegt nicht auf dem tiefen Schwarz des Nachthimmels, sondern in einer milchig trüben Umgebung – der Milchstraße. Diese ist ein schwach schimmerndes Band, das sich über das gesamte Firmament zieht. Links vom Schwan durchquert es das große W des Sternbildes Kassiopeia und anschließend den Perseus. Rechter Hand spaltet sich das Lichtband in zwei Stränge auf, durchläuft zunächst den Adler mit seinem hellsten Stern Atair und anschließend den schon nahe am Horizont liegenden Schützen. Unter dem Horizont setzt sich die Milchstraße fort und durchläuft am Südhimmel Sternbilder wie den Skorpion, Kreuz des Südens und Segel. Wie ein Gürtel umspannt sie die gesamte Himmelssphäre. Worum handelt es sich bei diesem fahlen Lichtband?

Die Welt der Sagen und Mythen hält viele Möglichkeiten parat. Die Indianer Nordamerikas sahen darin eine Straße, auf der die Geister ihren Weg ins Jenseits gingen, bei den Eskimos war es ein Pfad aus glühender Asche, bei den australischen Aborigines ein Emu. Den heute noch gebräuchlichen Namen gaben ihr aber die Griechen. Bei ihnen hieß sie noch Kiklos Galaxias, Milchkreis, und später bei den Römern Via Lactae, Milchstraße.

Aus der an allzu Menschlichem reichen griechischen Mythologie ist uns eine phantasievolle Entstehungsgeschichte der Milchstraße überliefert worden. Demnach war Göttervater Zeus als

Folge einer seiner zahlreichen Seitensprünge wieder einmal Vater geworden. Alkmene, die Frau des Amphitryon, gebar ihm Herakles. Aus Angst vor dem nicht ganz unberechtigten Zorn seiner Frau Hera legte Zeus den Neugeborenen seiner Frau nachts heimlich zum Stillen an die Brust. Der Junge, zwar klein, aber offenbar schon mit der ihm später eigenen Wildheit und Kraft ausgestattet, saugte so stark, dass Hera aufschreckte und den Bastard von sich schleuderte. Hierbei spritzte ihre Muttermilch über den Himmel, wo wir sie noch heute bewundern können.

Während die griechischen Poeten schon früh Erklärungen für die Milchstraße hatten, taten sich die Gelehrten damit schwer. So sollen die Pythagoreer geglaubt haben, die Milchstraße sei eine Bahn von Sternen, die irgendwo herausgefallen seien, oder sie sei die Spur der Sonne, die sie zu Vorzeiten herausgebrannt habe, als sie noch auf einer anderen Bahn am Himmel lief als heute. Letzteres verwarf Aristoteles jedoch mit dem Argument, dass dann die heutige Sonnenbahn, die Ekliptik, erst recht verbrannt sein müsse. Von den Atomisten Leukipp (um 450 v. Chr.) und Demokrit (470 bis 380 v. Chr.) berichtet Aristoteles, sie hätten in der Milchstraße das Licht von Sternen gesehen.

Aristoteles selbst brachte die Milchstraße mit der Erscheinung der Kometen, die er Haarsterne nannte, in Verbindung. In seinem geozentrischen System war die Erde von einer Reihe konzentrischer Kugelschalen umgeben, auf denen alle Himmelskörper die Erde umkreisen. Nach seiner Meinung besitzt die „äußerste Schale der Luft die Wirkung von Feuer". Sie reibt sich an der nächsten Schale. Entzündet sich die Luft unter der Einwirkung eines Sterns an einer Stelle, weil „von unten her gerade Gas in rechter Mischung nachströmt, dann wird dies ein Haarstern". Während das Feuer des Kometen wieder verlöscht, brennt das der Milchstraße unentwegt weiter. Da der „Kreis der Milchstraße" der „Bezirk voll der größten und leuchtendsten Sterne" ist, findet man hier nach Aristoteles den größten Schweif.

Dass Demokrit und Leukipp mit ihrer Ansicht richtig lagen, ließ sich erst eindeutig bestätigen, als zweitausend Jahre später Galileo Galilei als erster Mensch ein Fernrohr auf den Himmel richtete. Begeistert berichtete er am 30. Januar 1610 aus Venedig seinem Freund Belisario Vinta: „Ich habe mich dessen versichert, was allezeit strittig zwischen Philosophen gewesen, nämlich, was die Milchstraße sei." Und in seinem berühmten Werk *Sidereus Nuncius, Sternenbote*, schrieb er im selben Jahr: „Die Galaxis ist nämlich nichts anderes als eine Ansammlung zahlloser, haufenförmig angeordneter Sterne."

Galilei hatte damit zweifelsfrei geklärt, woraus die Milchstraße besteht. Was er aber nicht wissen konnte ist, warum so viele Sterne in diesem Lichterband konzentriert sind und in welchem räumlichen Gesamtsystem sie angeordnet sind. Dafür fehlte ihm eine ganz wesentliche Kenntnis: die Entfernung der Himmelslichter.

In den hundert Jahren nach Galilei entwickelten die Optiker und Astronomen immer leistungsfähigere Teleskope. Die Linsen wurden aus reinerem Glas gefertigt und mit stetig verfeinerten Methoden poliert. Um die Vergrößerung hochzutreiben, ging man zunächst den Weg, die Brennweiten zu vergrößern, sprich immer längere Fernrohre zu bauen. Galilei verwendete etwa 1,5 Meter lange „optische Rohre", deren Objektivlinsen er wegen ihrer schlechten optischen Qualität auf Durchmesser von 1,5 bis 2,5 Zentimeter abblenden musste. Damit erzielte er eine 15- bis 30-fache Vergrößerung.

Der niederländische Forscher Christiaan Huygens baute 1656 ein bereits sieben Meter langes Fernrohr, mit dem er eine rund hundertfache Vergrößerung erzielte. Nun schien geradezu ein Wettrennen um das größte und leistungsstärkste Teleskop einzusetzen. Kurios war das Ungetüm von Johannes Hevelius in Danzig. Er konstruierte ein über 40 Meter langes Fernrohr. Bei ihm hatte er den geschlossenen Tubus durch ein lichtdurchlässiges Holzgerüst ersetzt. Diese Konstruktion wurde jedoch bald verworfen, weil sich Objektiv und Okular nicht über längere Zeit präzise zueinander ausrichten ließen und die langen Instrumente beim geringsten Luftzug gefährlich schwankten. Huygens hatte sogar gänzlich auf eine durchgehende Halterung verzichtet. Er befestigte das Objektiv auf einem hohen Pfahl oder einem Gebäude und suchte am Boden mit dem Okular das Bild. Diese „Luftteleskope" bildeten nur eine Übergangsphase, waren sie doch völlig unpraktikabel.

Die bahnbrechende Erfindung machte um das Jahr 1668 Isaac Newton: das Spiegelteleskop. Das erste Exemplar war nur 15 Zentimeter lang, erzielte aber eine 150-fache Vergrößerung. In ihm bündelte ein fünf Zentimeter großer Hohlspiegel das Licht. Ein zweiter, ebener Spiegel lenkte es seitlich aus dem Tubus heraus, wo man das entstehende Bild durch ein Okular betrachtete. Dieses „Wunderwerk" machte auf die Herren der Royal Society so großen Eindruck, dass es Newtons Eintrittskarte in diese erlauchte Gesellschaft wurde.

Den Spiegel hatte der englische Forscher aus einer selbst entwickelten Kupfer-Zinn-Legierung gegossen und ihn anschließend so geschliffen, dass er eine sphärische Hohlform besaß. Sechzig Jahre später berichtete John Conduitt, der Mann von Newtons Nichte, über den Meister, der weiß Gott nicht frei von Eitelkeiten war: „Ich fragte ihn [Newton], wo er es habe anfertigen lassen. Er sagte, er habe es selbst gemacht. Und als ich ihn fragte, wo er sein Werkzeug her habe, sagte er, er habe es selbst gemacht, und fügte lachend hinzu: Wenn ich gewartet hätte, bis andere Leute mir Werkzeug und andere Dinge herstellen, hätte ich nie etwas zustande gebracht."

Newton hatte damit den Prototyp des modernen Teleskops geschaffen. Ein Jahrhundert später sollte Friedrich Wilhelm Herschel dieser Erfindung zu ungeahnter Blüte verhelfen. Doch mit den neuen Instrumenten allein ließ sich die Frage nach der räumlichen Struktur der Milchstraße noch nicht beantworten. Hierzu bedurfte es zudem einer Idee und eines systematischen Forschungsprogramms.

Thomas Wright of Durham war wohl der erste, der Mitte des 18. Jahrhunderts mit einer konkreten Vorstellung aufwartete. 1711 als Sohn einfacher Leute geboren, absolvierte er zunächst eine Uhrmacherlehre, beschäftigte sich aber schon früh mit den Sternen. Der junge Wright war sehr begabt, wurde von höheren Kreisen protegiert und eignete sich bald ein so großes Wissen an, dass er Unterricht in Navigation geben konnte. 1742 gab er einen *Schlüssel zum Himmel* heraus, eine über zwei Quadratmeter große Karte, die seine Vorstellung vom Universum darstellte. Acht Jahre später folgte sein berühmtestes Werk *An Original Theory or New Hypothesis of the Universe*. Nun hatte Thomas Wright sowohl die Bibel als auch Newtons *Principia* gründlich studiert. Um beidem gerecht zu werden, schuf er ein Bild des Universums, in dem der Schöpfer im Mittelpunkt des Universums thront, der aber gleichzeitig auch das Schwerkraftzentrum ist. Um diesen

Kräftepunkt drehten sich das Sonnensystem und alle anderen Sterne. Die Bewegung – das hatte Wright von Newton gelernt – war deshalb nötig, weil ansonsten alle Himmelskörper ins Zentrum hineinstürzen würden. Außerdem hatten Edmund Halley und etwas später auch Jacques Cassini bei den hellen Sternen Aldebaran, Arcturus und Sirius beobachtet, dass diese sich sehr langsam gegenüber den anderen Sternen bewegen. Diese Eigenbewegung identifizierte Wright mit dem Umlauf der Gestirne um das Zentrum des Universums.

Die räumliche Form der Milchstraße dachte sich Wright anfänglich als weit ausgedehnte Scheibe. Schaut man in Richtung der Ebene, so sieht man die vielen in ihr enthaltenen Sterne, senkrecht dazu nimmt man nur wenige Sterne wahr. In welcher Weise aber drehen sich dann die Sterne um die Schwerkraftnabe? Entweder, so dachte Wright, sind die Himmelskörper in Ringen angeordnet, ähnlich wie die Teilchen in den Saturnringen. Oder die Sterne und mit ihnen auch die Sonne sind in einer Kugelschale verteilt. Die größte Sternenfülle erblickt man in diesem Falle dann, wenn man tangential zu dieser Kugel an den Himmel schaut. In einem nachfolgenden Werk geht Wright noch weiter und spekuliert darüber, dass es viele dieser Sternkugeln gibt, die um ein gemeinsames Zentrum kreisen. Er vermutete sogar, dass einige der Nebel, die man durch große Teleskope wahrnahm, diese fernen Welteninseln sind. Eine gewagte Hypothese, die erst Edwin Hubble über 150 Jahre später zweifelsfrei klären sollte.

In seinem Heimatland England fanden Wrights Bücher kaum Beachtung. In Königsberg stieß indes 1751 der junge Philosoph Immanuel Kant in der Zeitschrift *Freye Urtheile und Nachrichten* auf einen Artikel, in dem der Autor Wrights Ideen und Gedanken in stark verkürzter Form zusammengefasst hatte. Dieser Aufsatz beeindruckte den jungen Kant offenbar sehr, denn in seinem Werk *Allgemeine Naturgeschichte des Himmels* aus dem Jahre 1755 beruft er sich auf den Wright von Durham: „Dessen Abhandlung ... hat mir zuerst Anlass gegeben, die Fixsterne nicht als ein ohne sichtbare Ordnung zerstreutes Gewimmel, sondern als ein System anzusehen, welches mit einem planetischen die größte Ähnlichkeit hat." Kant verglich also den Umlauf der Sterne um ein Zentrum mit den Bahnen der Planeten um die Sonne und kam daher zwingend zu dem Schluss, dass die Sterne der Milchstraße in einer

Scheibe angeordnet sind. Und da Kant eingeschworener Newtonier war, verlangte auch er, dass „alle Sonnen des Firmaments Umlaufsbewegungen entweder um einen allgemeinen Mittelpunkt oder um viele" aufweisen. „Ich habe … keine anderen Kräfte als die Anziehungs- und Zurückstoßungskraft zur Entwicklung der großen Ordnung der Natur angewandt. … Beide sind aus der Newtonischen Weltweisheit entlehnt." Und auch Kant sah in einigen der rätselhaften Nebel sehr ferne, unserer Milchstraße ähnliche Sternensysteme. Kants großartige Gedankenleistung bestand darin, „das gesamte Universum, das All der Natur, in einem einigen System durch die Verbindung der Anziehung und der fliehenden Kraft" erklären zu können.

Sechs Jahre nach Kants Arbeit, aber ohne Kenntnis von dessen Überlegungen, hatte Johann Heinrich Lambert, ein aus dem Elsass stammender Naturforscher, ein ähnliches Weltmodell entworfen. Er nahm für die Milchstraße eine linsenförmige Struktur an. In der Mitte des 18. Jahrhunderts lag also das heutige Bild der Milchstraße schon in der Luft. Aber keiner der Forscher konnte seine Ideen durch Beobachtungen untermauern, geschweige denn eine Vorstellung von der Größe des Systems äußern. Rund 30 Jahre nach Kant und Wright sollte ein erfolgreicher Musiker und Komponist das Rätsel lösen.

Im Jahre 1714 geht die britische Krone laut Erbfolgevertrag auf das Haus Hannover über, und mehr als hundert Jahre lang soll der König von England gleichzeitig Kurfürst von Hannover sein – eine nicht immer ganz konfliktfrei funktionierende politische Regelung. Hannover ist in dieser Zeit eine funkelnde Residenzstadt mit seinem Schloss Herrenhausen als Sommersitz. In den weithin berühmten Herrenhäuser Gärten finden Theateraufführungen statt, und hier spielt hin und wieder auch die hannoveranische Militärkapelle auf. Im Königlichen Garderegiment hat 1731 der Oboist Isaak Herschel eine Anstellung gefunden. Gekommen ist er aus Prina, nahe Dresden, wo er eigentlich Gärtner werden sollte. Aber seine Leidenschaft ist die Musik und so ist er mit seiner ersten eigenen Oboe zunächst nach Berlin und anschließend nach Potsdam gezogen, um sich schließlich in Hannover niederzulassen – und eine Familie zu gründen. Und was für eine. Zehn Kinder sollen aus der Ehe mit seiner Frau Anna Ilse hervorgehen, wovon allerdings vier früh sterben. Der berühmteste Spross der Familie kommt am 15. November 1738 zur Welt und wird auf den Namen Friedrich Wilhelm getauft. Eine besondere Bedeutung soll für ihn später die jüngere Schwester Caroline Lucrezia erlangen, die am 16. März 1750 geboren wird.

Im Hause Herschel steht alles im Zeichen der Musik. Entweder übt der Vater auf der Oboe oder er schreibt eifrig Noten. Ansonsten ist er ein sehr maßvoller und korrekter Mensch, der sich als einziges Laster eine Pfeife gönnt. Kein Wunder, dass sich seine Leidenschaft für die Musik auch auf seine Kinder überträgt. Die Mutter hingegen kennt allein die Hausarbeit und kann nicht einmal lesen und schreiben. Neben der Musik interessiert sich der Vater aber offenbar auch für andere Belange des Lebens und ist stets darauf bedacht, seine Kinder geistig anzuregen, zum Beispiel indem er ihnen einen Kometen am Himmel zeigt.

Auf der Garnisonsschule, wo Friedrich Wilhelm seine Ausbildung erhält, erweist er sich als hervorragender Schüler, der den Elementarunterricht spielend meistert. Nebenbei lernt er Violine und Oboe spielen, womit er 1753 – er ist jetzt 15 Jahre alt – den kommandierenden General von Sommerfeld so beeindruckt, dass dieser ihm sofort eine Stelle in der Militärkapelle anbietet. Damit ist die Existenz dieses Jungen schon mal gesichert. Nun verfügen die Musiker der Militärkapelle zur damaligen Zeit durchaus über reichlich Freizeit. Die lässt sich so oder so verbringen. Friedrich Wilhelm nutzt sie, um sich weiter zu bilden. Jede freie Stunde nutzt er, um Sprachen zu lernen: zunächst Englisch, dann Italienisch, Lateinisch und kurze Zeit auch Griechisch.

Gleichzeitig stürzt er sich in die Philosophie, und da beschäftigt er sich besonders mit Musiktheorie in Verbindung mit Mathematik, mit Symmetrien und Harmonien, ein Thema, das ihn noch lange verfolgen soll. Zu Hause diskutiert der Vater mit seinen Söhnen leidenschaftlich darüber. Friedrich Wilhelms Schwester Caroline schreibt später in ihrem Tagebuch: „Mein Bruder Wilhelm und mein Vater stritten sich zuweilen so heftig, dass das Einschreiten meiner Mutter notwendig wurde, denn die Namen Leibniz, Euler und Newton flogen für die Ruhe der Kleinen, die morgens um sieben Uhr zur Schule mussten, zu laut hin und her." Zwar ist Friedrich Wilhelm der Meinung, die Mathematik könne weder helfen, „eine Melodie zu erfinden, noch sie zu beurteilen".

Zumindest aber billigt er ihr zu, auf den Komponisten „einigen Einfluss auszuüben und spekulativ und scharfsinnig zu machen". Der älteste Bruder, Jakob – seit einigen Jahren Organist in der neuen Garnisonskirche –, ist jedoch fest davon überzeugt, dass die Mathematik nichts mit Musik zu tun hat. Musik kann man nur empfinden und nicht verstehen.

1756 muss Friedrich Wilhelm mit seinem Regiment nach England übersetzen, kehrt aber schon nach einem halben Jahr wieder in die Heimat zurück. Im Marschgepäck befindet sich John Lockes *Versuch über den menschlichen Verstand*, worin ihn der englische Philosoph der Aufklärung davon überzeugt, dass des Menschen Schicksal keineswegs mit der Geburt festgelegt wird, sondern sich jedes Individuum unabhängig vom gesellschaftlichen Stand frei entwickeln kann, sofern man ihm dies ermöglicht.

Als der 19-Jährige nach Deutschland zurückkehrt, ist dort der Krieg mit den Franzosen ausgebrochen, den man später den Siebenjährigen nennen wird. Unter zeitweilig unerträglichen Bedingungen muss Friedrich Wilhelm im Feld aushalten, im strömenden Regen marschieren und auf schlammigem Boden kampieren. Auch der Vater und Bruder Jakob müssen ins Feld ausrücken. Der Höhepunkt der Schinderei ist am 26. Juli 1757 erreicht. In der Schlacht von Halstenbeck scheint alles verloren. „Von der Armee kamen nur schlechte Nachrichten, und wir befanden uns ganz in der Hand der Franzosen", schildert Caroline später. Hannover steht kurz vor der Einnahme der feindlichen Truppen. Da rät der Vater den Söhnen, das Land zu verlassen. Caroline: „Ich saß auf der Schwelle des Hauses, als er [Wilhelm], in einem grauen Rock gekleidet, wie ein Schatten davonschlich." Dennoch gilt Wilhelm nicht als Deserteur. Er hat gar keinen Fahneneid geleistet, weil er als 14-Jähriger hierfür zu jung gewesen ist. Der Vater kehrt als gebrochener Mann aus dem Krieg nach Hause. Schweres Asthma zwingt ihn, den Beruf als Musiker aufzugeben und fortan als Musiklehrer und Notenschreiber seinen Lebensunterhalt zu verdienen.

Im Oktober 1757 schiffen sich Wilhelm und Bruder Jakob in Hamburg ein und überqueren den Ärmelkanal. Im Herzen tiefer Abschiedsschmerz, im Gepäck eine Violine und eine Oboe. So wollen die beiden Brüder in England ein neues Leben anfangen. Das ist jedoch gar nicht einfach, denn sie sind nicht die einzigen

Kriegsflüchtlinge. Wilhelm geht direkt vom Hafen zu einem Musikalienhändler, der ihn tatsächlich als Kopist einstellt. Jakob gibt privaten Unterricht. Doch das Schicksal meint es gut mit den Herschel-Brüdern. Jakob bietet man bald aus dem mittlerweile befriedeten Hannover eine Stelle in der Königlichen Militärkapelle an, so dass er in die Heimat zurückkehrt. Wilhelm bleibt allein zurück.

Sein Talent als Musiker wird entdeckt, und bald gibt er erste Konzerte auf ländlichen Gütern. Endlich bietet ihm Graf von Darlington eine Stelle in seinem kleinen Privatorchester an. Sein Talent spricht sich bald herum, und nach kurzer Zeit kennt ihn der gesamte Adel der Umgebung. „Ich bin anjetzo ganz Musik …", schreibt er an Jakob. Mehr noch. Er hat Zeit und nutzt sie, um zu komponieren. Von 1760 bis 1762 schreibt er 18 kleine Sinfonien. Es folgen Konzerte und Sonaten für Violine, Militärmärsche, mehrstimmige Gesänge, Orgelwerke, Oratorien und anderes. Herschel versteht es, den Geschmack des Publikums zu treffen, und so werden seine Konzerte landauf landab große Erfolge. Weiterhin gibt er auch Privatunterricht, für den er oft weite Wege auf dem Pferd zurücklegen muss – bei Wind und Wetter.

Dennoch befallen ihn hin und wieder Zweifel: „Schade, daß die Musik nicht noch eine hundertmahl schwehrere Wißenschaft sey. … Was können wir Komponisten nunmehro weiter thun als zu der schon so alten Harmonie neue Melodien zu erfinden." Vergegenwärtigt man sich die weitere Entwicklung der Musik über Mozart, Beethoven, Brahms und andere, wird klar, dass Herschel zwar ein guter, aber kein genialer Musiker ist. Dass seine Wissenschaft die Astronomie werden würde, ist ihm nicht klar, obwohl er hin und wieder schon mit ihr geliebäugelt hat. So hat er auf dem Gut von Sir Bryan Cook die Venus beobachtet. Und Ansätze zu einer Harmonie zwischen Musik und Astronomie finden sich in den Worten: „Ein jeder Moll- u. Dur-Ton hat einen hauptnahen Satelliten, welche alle in ihrer gehörigen Ordnung um die 6 Planeten herum stehen."

Nebenbei studiert Wilhelm auch wieder. Sein Zimmer ist übersät mit Büchern der Mathematik, Physik und Philosophie. Und an Jakob schreibt er einmal: „Ich habe die Größe aufgegeben und werde mich zufrieden geben, im Dunkel der Masse der Menschheit unbekannt zu leben." Wenn er wüsste! Zunächst klettert er auf der Musikerleiter weiter nach oben. Ein Konzert in Leeds macht ihn so berühmt, dass er den Posten als Musikdirektor der Stadt erhält. Doch schon kurze Zeit später übersiedelt er nach Halifax, um den Posten eines Organisten zu übernehmen. Auch hier bleibt er nur drei Monate, als er ein Angebot als Organist an der neu erbauten Oktagonkirche in Bath annimmt. Hier soll sein unstetes Leben in ruhigeres Fahrwasser gelangen. Am 10. Dezember 1766 erreicht er den eleganten Kurort am Avon, dessen Spielhallen, Heilbäder, Tea-Rooms, Theater und Konzerthallen Bath den Beinamen „Tempel des Vergnügens" gegeben haben.

Die Einweihung der Oktagonkirche begeht Herschel mit einer grandiosen Aufführung des damals unvermeidlichen Händelschen „Messias". Schnell macht sich der neue Musikus einen Namen und eigentlich könnte er sich nun ein geruhsames Leben einrichten. Über viele Jahre hinweg ist er *der* Musiker in Bath. Er verfügt über ein gutes Einkommen, das er nach wie vor mit Privatunterricht aufbessert. Bis zu acht Schüler hat er täglich.

Doch das Glück bleibt nicht ungetrübt. Im Herbst 1767 stirbt im heimischen Hannover der Vater. Sofort entschließt sich der gutsituierte Wilhelm, seine Geschwister nach England zu holen. Als erster kommt Jakob, dann folgen Dietrich und Alexander. 50 Jahre lang sollte Alexander als Musiker in Bath bleiben. Für Wilhelm am folgenreichsten aber wird die Übersiedelung seiner Schwester Caroline. Am Sonntag, dem 16. August 1772, verlässt sie ihr Zuhause. Sechs Tage und Nächte benötigt sie bis zum Hafen von Helvotsluis, wo sie sich aufs Postschiff begibt. Die Überfahrt ist fürchterlich stürmisch, und „schließlich mußten wir wieder ein offenes Boot besteigen, um uns an der Küste von Yarmouth auszuschiffen, oder vielmehr wie Warenballen durch zwei englische Matrosen ans Land werfen zu lassen, denn das Schiff war beinahe ein Wrack und besaß keinen einzigen seiner Masten mehr", schildert sie später. Und der Plagen nicht genug, gehen die Pferde ihrer Postkutsche nach Bath plötzlich durch und werfen das ganze Gefährt um. „Mein Bruder, vier andere Personen und ich wurden herausgeschleudert; ich flog in einen trockenen Graben, aber wir kamen alle mit dem Schrecken davon."

Für Caroline muss der Neuanfang in Bath trotz des Abschiedsschmerzes von ihrer Mutter auch wie eine Befreiung gewirkt haben.

Abb. 9: Friedrich Wilhelm Herschel (1738–1822):
„Wilhelm Herschel entdeckt den Planeten Uranus", aus: Camille
Flammarion, Astronomie populaire, Paris 1884.

Sie, die wie ihre Brüder sehr musikalisch ist, hat nie eine Chance
gehabt, das Talent zu nutzen, ihre Wirkungsstätte sind immer
Heim und Herd gewesen: „Meine Mutter hatte fest beschlossen,
daß ich ein roher Klotz sein und bleiben sollte, allerdings ein
nützlicher." Doch nun wird es anders. Sie erhält eine Gesangsaus-
bildung, lernt Englisch und auch Arithmetik. Und ihr Herz, das

schlägt einzig für den älteren Bruder Wilhelm, der ihre Ausbildung finanziert. Ihm assistiert sie und führt sie den Haushalt. Und „zur Erholung sprachen wir von Astronomie".

Im Frühjahr 1773 bricht sich die schlummernde Leidenschaft Bahn. In kurzer Folge kauft sich Wilhelm einen Quadranten, mit dem sich Sternpositionen messen lassen, ein Fernglas und zahllose Linsen und mietet ein kleines Spiegelteleskop. Aus Büchern bezieht er das astronomische Wissen, das nicht selten auf Mutmaßungen und Spekulationen fußt. Doch er will es genauer wissen: „Ich hatte mir vorgenommen, nichts auf puren Glauben hinzunehmen, sondern mich von allem, was andere vor mir gesehen, mit eigenen Augen zu überzeugen."

Was ihm die Optiker an Fernrohren anbieten, kann ihn auf Dauer nicht befriedigen, und da bleibt ihm nichts anderes übrig, als selbst Hand anzulegen. Wie man das macht, entnimmt er dem Buch *A complete System of Opticks* von Robert Smith. Abends legt er sich ins Bett, neben sich eine Schale Milch oder ein Glas Wasser, um sich dann in die Meister zu vertiefen, bis ihm die Augen zufallen. Zunächst müssen Werkzeuge her: eine Drehbank, um Formen herzustellen und Okularlinsen zu schleifen, eine Form, in die er das glühende Metall für die Spiegel gießt und Diverses mehr. Was nun folgt, ist eine unvorstellbare Energieleistung. Tagsüber erledigt er sein Organistenamt und fertigt die Schüler ab, abends baut er Fernrohre, eines nach dem anderen. Ohne seine sorgende Schwester wäre das allerdings kaum möglich gewesen. Die schreibt später: „Jetzt verwandelte sich zu meinem Kummer jedes Zimmer in eine Werkstätte. ... Wilhelm nahm sich nicht einmal die Zeit, die Kleider zu wechseln, und manche Spitzenmanschette wurde zerrissen oder mit geschmolzenem Pech oder Harz befleckt, ganz abgesehen von der Gefahr, welcher er sich unaufhörlich durch die ungewöhnliche Hast und Eile aussetzte, mit welcher er Alles that." Ein Musikschüler berichtet später, Herschels Wohnung sei „angehäuft mit Erdkugeln, Sternkarten, Teleskopen, Spiegeln usw., unter denen ein Klavier verborgen war, das Violoncello wie eine Puppe, mit der niemand mehr spielen wollte, um die Ecke verbannt".

Im Jahre 1775 beginnt er damit, am gesamten Himmel alle Sterne bis zur 4. Größe zu erfassen und zu katalogisieren. Ein Unternehmen, das zunächst keinen wissenschaftlichen Fortschritt bringt und auch nicht bringen muss, denn schließlich ist er ja Musiker und kein Astronom. Im Jahre 1779 kommt es jedoch zu einer merkwürdigen Begebenheit. Herschel hat sein etwa zwei Meter langes Teleskop vor dem Haus aufgebaut und betrachtet Gebirge auf dem Mond, als plötzlich ein Unbekannter ihn anspricht mit der Bitte, auch einmal durchschauen zu dürfen. Herschel, von Natur aus freundlich, stimmt zu, und die beiden kommen ins Gespräch. Am nächsten Morgen besucht ihn der Herr, ein Arzt mit Namen William Watson, um sich zu bedanken. Gleichzeitig unterbreitet er Herschel, er habe ihn bei der „Literarischen Gesellschaft" als neues Mitglied vorgeschlagen. Gleichzeitig gehört Watson der Royal Society of London und der Philosophical Society of Bath an, so dass die neue Freundschaft, die ein Leben lang halten soll, für Herschel die Eintrittskarte in das wissenschaftliche Leben bedeutet. Schnell ist die Gelehrsamkeit des Herrn aus Hannover bekannt, und so hält er wissenschaftliche Vorträge, muss aber seine Popularität immer öfter damit bezahlen, dass ihn Passanten des Nachts um einen Blick durchs Perspektiv bitten.

Seine Beobachtungen werden nun auch zielgerichteter. So bestimmt er die Höhe der Mondberge aus deren Schattenlänge und verfolgt die Helligkeitsvariationen des Sterns Mira Ceti. Über diese beiden Beobachtungen schreibt er sogar zwei Arbeiten, die mit Watsons Unterstützung in den renommierten *Philosophical Transactions* der Royal Society veröffentlicht werden. Damit hat Herschel aus eigenem Antrieb den für ihn bedeutsamen Schritt in die wissenschaftliche Öffentlichkeit getan. Dass er dies nicht zuletzt seinem Geschick als Teleskopbauer verdankt, ist ihm vollkommen klar. In der Abhandlung über die Mondberge schreibt er: „Ich glaube, daß dies Instrument an Schärfe der Bilder allen bis jetzt gemachten ebenbürtig ist."

1779 beginnt Herschel mit einer neuen Himmelsdurchmusterung. Jetzt will er alle Sterne bis zur 8. Größe erfassen. Sein Ziel ist es, durch Vergleich mit älteren Katalogen Sterne zu finden, die sich langsam am Himmel bewegen und der Sonne daher wohl verhältnismäßig nahe sind. Anschließend will er versuchen, bei ihnen die Parallaxen zu messen. Dies ist ein auf der Erdbewegung basierender perspektivischer Effekt, der es erlaubt, Entfernungen von Sternen zu bestimmen. Diese große Leistung soll ihm indes verwehrt bleiben. Dann kommt der Tag, an dem sich Herschels Leben von Grund auf verändern sollte.

Am 13. März 1781 sitzt er wieder einmal am Teleskop, einem zwei Meter langen Reflektor mit einem Spiegel von etwa 15 Zentimetern Durchmesser – für heutige Verhältnisse also ein Anfängerinstrument. Plötzlich, zwischen 22 und 23 Uhr, entdeckt er im Sternbild Zwillinge nahe dem Stern H Geminorum einen Stern, der ihm sichtbar größer erscheint als die anderen. Herschel weiß, dass Sterne immer gleich groß erscheinen, unabhängig davon, welche Vergrößerung man am Teleskop wählt. Bei diesem Himmelskörper ist es anders: Mit steigender Vergrößerung wird auch sein Bild größer. Die naheliegendste Vermutung ist, dass es sich um einen Kometen handelt. Und daher reicht Herschel der Royal Society am 26. April seinen *Bericht über einen Kometen* ein. Zur damaligen Zeit ist eine solche Entdeckung noch eine große Sache, und so versuchen auch andere Astronomen, den vermeintlichen Kometen zu beobachten. Gleichwohl bleibt das Objekt mysteriös. Es zeigt beispielsweise keinen Schweif. Der Kometenjäger Charles Messier schreibt denn auch an Herschel: „Ich verwundere mich immer mehr über diesen Kometen. Er lässt keine der für einen Kometen charakteristischen Eigenschaften erkennen. … Sie [die Entdeckung] gereicht Ihnen um so mehr zur Ehre, als die Auffindung des Objekts außerordentlich schwierig ist."

Herschels wundersamer Fund macht auch die Runde in Deutschland, wo der Direktor der Berliner Sternwarte, Johann Elert Bode, verzweifelt wissen möchte, wie der „aufmerksame Liebhaber der Astronomie" denn nun eigentlich heißt: Mersthel, Hertschel, Herthel, Herrschel oder Hermstel? Es wird indes nicht mehr lange dauern, bis er den richtigen Namen erfährt.

Ein Problem besteht darin, dass nur wenige Astronomen in der Lage sind, das Objekt überhaupt aufzufinden, denn es gibt gar nicht viele Observatorien, deren Teleskope mit denen von Herschel konkurrieren können. Bald bemerken aber auch die Kollegen, dass es sich um einen Kometen wohl nicht handeln kann, denn obwohl sich der Himmelskörper der Sonne zu nähern scheint, bildet sich partout kein Schweif aus. Je länger die Astronomen die Bewegung des merkwürdigen Wandelsterns am Himmel beobachten, desto deutlicher zeichnet sich das Unglaubliche ab. Im Juni 1781 gelingt es Anders Lexell in St. Petersburg, die

Bahn des Objekts zu bestimmen. Das erstaunliche Ergebnis: Der vermeintliche Komet umkreist die Sonne in zwanzigmal größer Entfernung als die Erde und benötigt für einen Umlauf über 82 Jahre. Damit gibt es keinen Zweifel mehr: Herschel hat einen neuen Planeten jenseits des Saturn entdeckt. Jahrtausendelang haben die Menschen geglaubt, es gäbe neben der Erde nur noch fünf weitere Planeten. Nun sind es sechs.

Bode, der diesen unglaublichen Gedanken mit Vehemenz vertritt, spricht denn auch von der „wichtigsten Entdeckung unter allen, die jemals am Himmel gemacht worden" ist. Bode hat übrigens einen ganz triftigen Grund, an die Existenz dieses Planeten zu glauben. Knapp zehn Jahre zuvor hat er in der Abstandsfolge der Planeten eine Gesetzmäßigkeit gefunden, die später als Titius-Bode-Reihe bekannt wird. Warum sollte diese Reihe beim Saturn enden? „Können nicht doch noch mehrere große Planetenkugeln jenseits des Saturns, immer von Menschen ungesehen, ihre weiten Kreise um die Sonne beschreiben?" hat er damals geschrieben. Nach dieser Reihe hätte sich der unsichtbare Planet neunzehnmal weiter von der Sonne befinden müssen als die Erde.

So ungesehen war der neue Planet gar nicht gewesen. Spätere Forschungen zeigen, dass er schon vor Herschel über zwanzigmal beobachtet und irrtümlicherweise als Fixstern in Katalogen verzeichnet worden ist.

Um den Namen entbrennt nun, wie auch nicht anders zu erwarten, ein leidenschaftlicher Streit. Herschel will ihn dem englischen König Georg III. zu Ehren Georgium Sidus nennen. Die Franzosen nennen ihn den Herschelschen Planeten, gleichzeitig geistern auch Vorschläge wie Astraea, Cybele, Rhea und Neptun durch die Fachwelt. Bode ist es schließlich, der den heute noch gültigen Namen vorschlägt: Uranus. Er beruft sich dabei auf die griechische Mythologie, nach der bereits die anderen Planeten benannt sind. Uranus ist Saturns Vater und dieser wiederum ist Jupiters Vater. So folgen aufeinander – sehr passend – drei Generationen griechischer Götter.

Herschel ist über Nacht weltberühmt geworden. Die ehrwürdige Royal Society nimmt ihn nicht nur als neues Mitglied auf, sondern verleiht ihm auch spontan die höchste Ehrung, die goldene Copley-Medaille. Einige Astronomen sprechen – nicht ohne Neid – gern von einer Zufallsentdeckung, die dem Amateur gelungen sei. Das trifft den Kern der Sache jedoch nicht. Die Entdeckung des Uranus ist eine Folge der systematischen Himmelsdurchmusterung und der exzellenten Qualität der Herschelschen Teleskope. Herschel selbst fasst es später einmal sehr treffend so zusammen: „Ich habe Seite für Seite im großen Buch des Schöpfers der Natur gelesen, und mußte so zwangsläufig auf jene Seite stoßen, die den siebten Planeten enthielt."

Die Musik bleibt auch nach dieser Entdeckung sein Broterwerb, aber der Teleskopbau vereinnahmt ihn zusehends, wobei er seine Ziele immer höher steckt. Herschel hat nun sogar einen eigenen Schmelzofen im Haus, der es ihm ermöglicht, verschiedene Legierungen auszuprobieren. Meistens bestehen sie etwa zu einem Drittel aus Zinn und zwei Dritteln Kupfer. Kurz nach seiner Entdeckung macht er sich daran, einen Spiegel mit fast zehn Metern Brennweite und einem Durchmesser von einem halben Meter zu gießen. Zusammen mit seinem Bruder Alexander, den er mittlerweile mit seiner Astronomiebesessenheit angesteckt hat, und einigen Arbeitern beginnt er alles zum Guss in die aus getrocknetem und gepresstem Pferdedung bestehenden Form zu gießen, als es plötzlich passiert. Die Form wird undicht, das glühende Metall läuft aus und explodiert mit lautem Getöse. Bis hinauf zur Decke schießen die Splitter. Die Männer können sich gerade noch durch die Türen nach draußen flüchten, wo der arme Herschel erschöpft vor Anstrengung auf einen Ziegelsteinhaufen hinsinkt.

Der Astronom Herschel lebt also nicht ganz ungefährlich zur damaligen Zeit. Aber er hat auch Annehmlichkeiten. Im Frühjahr des kommenden Jahres lädt ihn der König auf sein Schloss ein, damit er der Familie den Himmel erkläre. Das dauert rund ein Vierteljahr. Herschel nutzt diese Zeit auch, um sein Teleskop, das er mitgebracht hat, dem königlichen Astronomen Nevil Maskelyne an der Sternwarte von Greenwich vorzuführen. „Wir haben unsere Instrumente verglichen, und es fand sich, daß das meinige viel besser war, als irgend eins des Königlichen Observatoriums", stellt Herschel fest. Armer Maskelyne.

Der König jedenfalls ist von dem deutschen Sternenforscher so angetan, dass er ihm eine Stelle als Hofastronom anbietet. Mit dem Jahresgehalt von 200 Pfund würde er zwar nur halb so viel verdienen wie in Bath als Musiker und Konzertdirektor, aber

Herschel sagt zu. Gemeinsam mit Caroline verlässt er im Sommer 1782 Bath und übersiedelt nach Datchet, das nahe von Schloss Windsor liegt. „Das neue Daheim war geräumig, aber sehr vernachlässigt. Das Haus im kläglichen Verfall, Garten und Hof von Unkraut überwuchert. ... Aber diese Dinge hatten bei meinem Bruder kein Gewicht", erinnert sich Caroline. Die Schwester sorgt sich zwar um den Haushalt, gleichzeitig bildet Wilhelm sie aber als astronomische Assistentin aus, und bald beobachtet sie auch selbst den Sternenhimmel.

Als Astronom des Königs hat Herschel einerseits die Aufgabe, seinen Arbeitgeber hin und wieder in der Himmelskunde zu unterrichten, aber im Wesentlichen kann er frei über seine Zeit verfügen. Kein Grund für ihn, sich auf die faule Haut zu legen. Im Gegenteil. Er beginnt mit dem Bau neuer Teleskope, die er auch verkauft. Bald hat sich sein Name in ganz Europa verbreitet, so dass ein schwunghafter Handel einsetzt. Insgesamt stellt er mit Hilfe seiner Geschwister bis 1795 430 Fernrohre mit Brennweiten zwischen zwei und sechs Metern und Spiegeldurchmessern zwischen etwa 12 und 20 Zentimetern her. Nicht nur die Spiegel kommen aus seiner Werkstatt, sondern auch die meisten anderen Bauteile der Instrumente. Das macht ihn zu einem vermögenden Mann. So verkauft er dem spanischen König beispielsweise ein Teleskop mit 7,5 Metern Brennweite für 3150 Pfund, entsprechend über 15 Jahresgehältern. Am häufigsten sind aber kleinere Fernrohre mit etwa zwei Metern Brennweite, die um die hundert Pfund kosten. Eine wohl unvollständige Liste bescheinigt ihm jedenfalls Gesamteinnahmen von 15 000 Pfund, also 75 Jahresgehältern. Dafür bietet er seinen Kunden aber auch eine hervorragende Qualität, die sicher nicht jeder Besitzer zu schätzen, geschweige denn sinnvoll einzusetzen vermag.

Doch für diese Arbeit gibt er wirklich alles. Ständig experimentiert er mit neuen Metalllegierungen und unterschiedlichen Aufbauten. Im Laufe von etwa 30 Jahren beschreibt er in seinem Laborbuch über 2000 Versuche. Wenn er einen Spiegel poliert, liest ihm Caroline vor, oder muss ihm sogar „die Speisen bissenweise in den Mund geben, um ihn am Leben zu erhalten. Dies war namentlich einmal der Fall, als er in der Vollendung eines siebenfüßigen Spiegels begriffen, denselben sechzehn Stunden lang nicht aus der Hand legte." Aber es kommen auch Zweifel auf. Vier

Jahre später spürt er, „wie großes Unrecht er sich selbst und der Sache der Astronomie zufügen würde, wenn er seine Zeit damit hinbrächte, Telescope für Andere anzufertigen".

Die Belastung muss wirklich enorm sein, denn er versäumt keine klare Nacht, um seine Studien weiter voran zu treiben. Und da steht nach wie vor die große Himmelsdurchmusterung an. Herschel fällt bei der sorgfältigen Katalogisierung der Sterne auf, dass häufig zwei Sterne nahe beieinander stehen. Die überwiegende Zahl der Astronomen geht zu dieser Zeit davon aus, dass diese Gestirne in Wirklichkeit verschieden weit von der Erde entfernt sind und nur zufällig als zusammengehörig erscheinen. Es gibt allerdings einige wenige, die es durchaus in Betracht ziehen, dass zumindest einige dieser Paare durch die Schwerkraft aneinander gebunden sind. Ist dies der Fall, so müssen sie einander umkreisen, andernfalls würden sie unaufhaltsam aufeinander zustürzen und kollidieren.

Als Herschel etwa ein Jahr nach seiner Uranusentdeckung seinen Sternkatalog publiziert, finden sich darin 269 Sternpaare. Seiner Meinung nach zu viele, um sie allein durch den Zufall erklären zu können. Allerdings bleibt er vorsichtig mit der Interpretation und verweist auf spätere Beobachtungen. Denn wenn die Sterne tatsächlich einander umkreisen, müsste man dies im Laufe mehrer Jahre feststellen können. Dies sollte ihm 25 Jahre später auch gelingen. Im Jahre 1785 bringt er einen neuen Katalog mit 434 Paaren heraus und 1803 ist es klar, dass manche dieser Sterne „wirklich durch das Band der Anziehung miteinander in Verbindung stehen". Bei insgesamt 50 Doppelsternen gelingt es ihm, die Bewegung umeinander nachzuweisen.

Beim Vergleich der von ihm gemessenen Sternpositionen mit denen in älteren Katalogen fallen ihm einige Sterne auf, die sich in der Zwischenzeit eindeutig bewegt haben. Schon 1781 schließt er daraus, dass sich nicht nur diese Sterne bewegen, sondern „dass auch unsere Sonne, mit all ihren Planeten und Kometen ebenfalls eine Bewegung auf einen gewissen Punkt am Himmel hat". Die Idee ist nicht neu. Schon Edmond Halley 1718, Bernhard de Fontenelle 1738 und Tobias Mayer 1760 haben diese Vermutung geäußert. Herschel geht aber noch weiter und leitet aus allen bis dahin bekannten Eigenbewegungen ab, dass die Sonne sich auf einen Punkt nahe dem Stern Lambda im Sternbild Herkules zubewegt. Angesichts des dürftigen Datenmaterials überrascht es, dass der von Herschel berechnete Fluchtpunkt nur etwa fünf Grad von der heute gesicherten Position abweicht.

Mit diesen beiden bedeutenden Arbeiten hat sich Herschel nicht nur mehr Anerkennung verschafft, vielmehr muss er auch eine immer konkretere Vorstellung von der Anordnung der Sterne im Raum und deren Bewegungen bekommen haben. Diese zu ergründen ist sein nächstes großes Ziel. Er ist damit der erste Astronom überhaupt, der den Versuch unternimmt, den Aufbau des Universums über das Sonnensystem hinaus systematisch und mit einer stichhaltigen Methode zu erforschen. Wie geht er hierbei vor?

Die wichtigste Größe bei diesem Problem ist die Entfernung der Sterne. Würde man die von allen Himmelskörpern kennen, ließe sich natürlich deren räumliche Verteilung leicht erkunden. Entfernungsbestimmungsmethoden gibt es aber nicht. Herschel geht bei seinem ersten Versuch ganz pragmatisch vor, und macht zwei grundlegende Annahmen: Erstens sind alle Sterne gleich hell, und zweitens erfüllen sie gleichmäßig den Raum. Für diese beiden Hypothesen gibt es keinerlei Beweise, es sind lediglich die einfachsten aller denkbaren Voraussetzungen. Dann zählt Herschel die Sterne in Himmelsfeldern einer bestimmten Größe. In Feldern mit vielen Sternen ist dann der Rand der Milchstraße weiter von der Sonne entfernt als in jenen mit wenigen Sternen. Praktisch geht das so: Herschel zählt im Blickfeld seines Teleskops, das einen Durchmesser von einem viertel Grad (also dem halben Vollmonddurchmesser) besitzt, alle Sterne. Diese befinden sich nun innerhalb eines Volumens von der Form eines Kegels, dessen Spitze im Fernrohr liegt. Die Anzahl der pro Bildfeld sichtbaren Sterne wächst proportional mit dem Kegelvolumen und damit mit der dritten Potenz der Entfernung an. So erhält er aus der Anzahl der Sterne die relative Längenausdehnung des Kegels im jeweiligen Himmelsfeld. Und da er meint, wirklich alle Sterne zu erblicken, steckt er damit die äußeren Grenzen des die Sonne umgebenden Sternsystems ab. Mit diesem Verfahren, dass er Sterneichungen nennt, wird er zum Begründer der so genannten Stellarstatistik.

Diese Mammutaufgabe lässt sich gar nicht bewältigen, wollte er die gesamte Himmelssphäre auszählen. Stattdessen wählt er aus den theoretisch insgesamt nötigen 850 000 Feldern einen repräsentativen Bereich aus, der 3400 Felder gleicher Größe beinhaltet. Diese überdecken einen 75 Grad langen und 2,5 Grad breiten Streifen. So sitzt er nun Nacht für Nacht an seinem größten Teleskop, das eine Brennweite von sechs Metern und einen Spiegeldurchmesser von einem halben Meter aufweist, und zählt die Sterne im Gesichtsfeld. Dass Wilhelm und Caroline hierbei nicht ernsthaft erkranken, grenzt geradezu an ein Wunder, denn die Luft des nahe der Themse gelegenen Datchet ist oft unangenehm feucht und kalt. So schreibt er am 28. Dezember 1782 in sein Tagebuch: „Das Kondenswasser fließt nach wie vor am Rohr meines Teleskops herab. … Dabei war der Boden so feucht am Morgen, dass die Leute glaubten, es habe in der Nacht in Strömen geregnet." Um sich nicht zu erkälten, reibt sich Wilhelm Gesicht und Hände mit rohen Zwiebeln ein.

Unerschütterlicher Wille und eiserne Konstitution benötigt er zweifelsohne für seine große Sterneichung. Im Juni 1784 veröffentlicht er in den *Philosophical Transactions* ein Zwischenergebnis. Hierin betont er, dass sein neues Teleskop die „via lactae" vollständig in kleine Sterne auflöst, auch dort, wo sein vorheriges Fernrohr nicht dazu in der Lage war. Vor allem aber stellt er bereits fest: „Es ist sehr wahrscheinlich, dass das Stratum [eine flache Schicht], genannt Milchstraße, dasjenige ist, in dem sich die Sonne befindet, wenngleich auch nicht im Zentrum seiner Dicke." Außerdem vermutet er, dass sich diese Sternebene nicht weit von der Sonne entfernt verzweigt. Prinzipiell könnten die Sterne der Milchstraße auch einen Ring bilden. Dies aber schließt Herschel weitgehend aus mit dem bemerkenswerten Argument, dass die Sonne in keinster Weise gegenüber den anderen Sternen ausgezeichnet ist: „Es müsse etwas ganz außerordentliches seyn, daß die Sonne, die eben ein solcher Fixstern ist, als jene, die den eingebildeten Ring ausmachen, sich gerade in dem Mittelpunkte einer solchen Menge von Himmelskörpern befinden sollte, ohne daß sich irgend ein Grund zu diesem sonderbaren Vorzug absehen ließe."

Schon ein halbes Jahr später, im Februar 1785, schickt er an die selbe Zeitschrift seinen legendären Aufsatz *On the Construction of the Heavens*. Hierin veröffentlicht er das Ergebnis seiner Sternzählungen in einem umfangreichen Tabellenwerk. Und hieraus leitet er ein detailliertes Bild der Milchstraße ab. Bei seinen

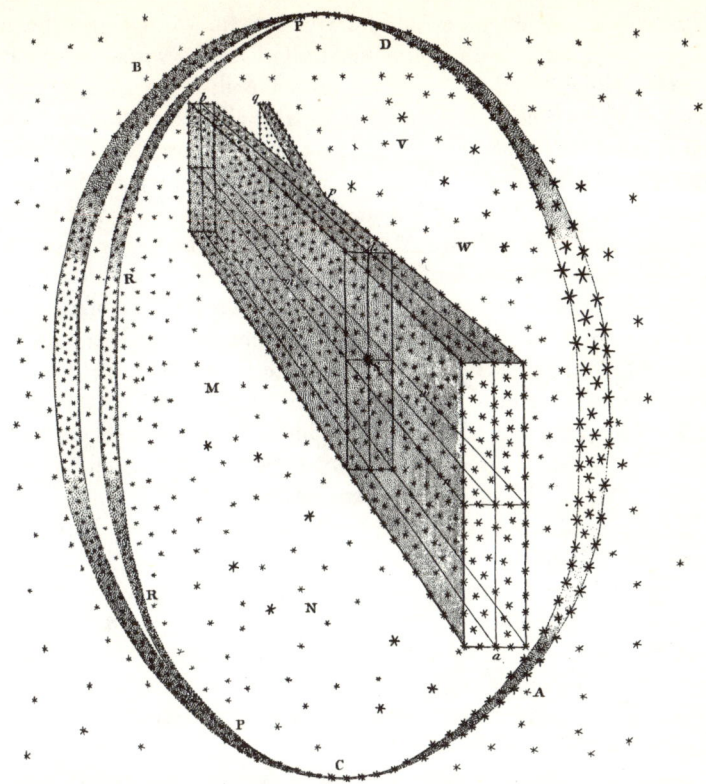

Abb. 10: Herschels erste Darstellung des Milchstraßensystems. Hier sind die Sterne in einer Ebene angeordnet und von einem Ring umgeben.

Sternzählungen ist er auf Gebiete fernab der Milchstraße gestoßen, in denen er nur einen oder gar keinen Stern gefunden hat. Um auch hier eine zuverlässige Anzahl zu erhalten, fasst er mehrere Felder zusammen und bildet einen Mittelwert. Je näher er dem schimmernden Band gekommen ist, desto mehr Sterne sind im Blickfeld des Fernrohrs aufgetaucht. In einem Fall waren es sogar 588. In einem der dichtesten Gebiete der Milchstraße sind im Verlaufe nur einer Viertelstunde sage und schreibe 116 000 Sterne durch sein Blickfeld gewandert.

Seine zentrale Schlussfolgerung ist: „Unser Nebel … ist eine sehr ausgedehnte, verzweigte Ansammlung von vielen Millionen

Sternen." Das von ihm ermittelte Sternsystem weist eine nahezu elliptische Form mit unregelmäßigem Rand auf. Zwar scheint das Sonnensystem fast im Zentrum dieses Gebildes zu stehen, aber das ist lediglich eine Folge dessen, dass er alle Entfernungen von seinem Beobachtungsstandort Erde aus bestimmt. Da Herschel aber glaubt, mit seinem Teleskop wirklich alle Sterne sehen zu können, muss er davon ausgehen, dass er tatsächlich die äußersten Grenzen des Sternsystems Milchstraße ausgelotet hat, und insofern sollte die Stellung der Sonne auch der Realität entsprechen.

Herschels Zeichnung des Milchstraßensystems lässt einige heute wohlbekannte Phänomene deutlich erkennen. So gabelt es sich an seinem linken Ende. Diese Zweiteilung erkennt man am Abendhimmel auch mit bloßem Auge in den Sternbildern Schwan und Adler. Heute ist bekannt, dass sich hier das Milchstraßensystem nicht aufspaltet, sondern dass sich dort sehr dichte Staubwolken befinden, die das Licht hinter ihnen liegender Sterne verschlucken.

Herschel gibt sich keineswegs mit einer qualitativen Beschreibung der Milchstraße zufrieden. Setzt er die Zahl der sternärmsten Felder zu den sternreichsten in Beziehung, so ergibt sich ein maximaler Durchmesser der Galaxis, der etwa der 830-fachen Entfernung Sonne-Sirius entspricht. Sirius wird zu Herschels Zeit von den Astronomen als eine Art Standard verwendet. Er ist der hellste Stern am Himmel und somit nach damaliger Ansicht auch der nächste. Nun gibt es allerdings zu Herschels Zeit keine Möglichkeit, die „Sirius-Weite", wie das Standardmaß genannt wird, absolut zu bestimmen. Rund hundert Jahre zuvor haben dies James Gregory und Christian Huygens versucht. Sie haben für die Sirius-Weite den 83 190-fachen beziehungsweise 27 664-fachen Abstand Erde-Sonne ermittelt. Allein die Unterschiede dieser beiden Werte verdeutlichen bereits die Unzulänglichkeit damaliger Mittel. Tatsächlich soll es erst 60 Jahre später dem Königsberger Astronomen Friedrich Wilhelm Bessel gelingen, die Entfernung eines Sterns zweifelsfrei zu messen.

Im heutigen Sprachgebrauch entsprechen diese beiden Werte Entfernungen von etwa einem Viertel beziehungsweise einem Lichtjahr. Damit hätte Herschels Milchstraßensystem eine Ausdehnung von einigen hundert Lichtjahren. Dass dieser Wert viel zu gering ist, hat zwei Gründe: Zum einen ist Sirius in Wirklichkeit knapp neun Lichtjahre entfernt und zum anderen hat Herschel mit seinem

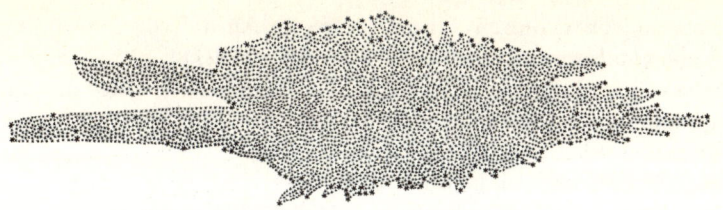

*Abb. 11: Umriss der Milchstraße nach Herschels „Sterneichungen".
Der etwas größere Stern ein wenig rechts vom Zentrum kennzeichnet den
Standort der Sonne*

Teleskop bei weitem nicht alle Sterne der Milchstraße erfasst. Er ist also mit seinem Fernrohr gar nicht bis zum Rand dieses riesig ausgedehnten Systems vorgestoßen, sondern hat aus heutiger Sicht lediglich die Sonnenumgebung erkundet.

Dennoch hat der fleißige Sternenforscher ein für seine Verhältnisse ungewöhnlich genaues Bild von der Milchstraße gezeichnet. Vor allem aber hat er erstmals die Vermutungen von Wright, Kant und Lambert mit einer wissenschaftlichen Methode bestätigen können. Erstaunlich ist überdies, dass die falsche Annahme, alle Sterne seien an sich gleich hell, das Gesamtbild offenbar gar nicht sehr stark verfälscht. Einer der Gründe hierfür ist die Tatsache, dass die Häufigkeit der Sterne mit wachsender Leuchtkraft rasch abnimmt, es also gar nicht sehr viele wesentlich leuchtkräftigere Sterne als die Sonne gibt. Erstaunlich ist allerdings, dass Herschel überhaupt auf der Annahme einer universellen Helligkeit aufgebaut hat. Schließlich hat er zur selben Zeit über 400 Doppelsternpaare gefunden. Die beiden Mitglieder in einem jeweiligen System müssen aber gleich weit von der Erde entfernt sein. Da es sehr viele Paare gibt, in denen die beiden Komponenten unterschiedlich hell erscheinen, müssen sie auch an sich verschieden hell sein. Vermutlich ist sich Herschel dieser Schwäche durchaus bewusst, wenn er schreibt: „Da dieser Gegenstand ganz neu ist, so sehe ich das hier Vorgetragene zum Theil nur als eine Probe an, den Geist der Methode ins Licht zu setzen."

Der Fortschritt ist jedoch so gewaltig, dass ihn Friedrich Wilhelm Bessel sechzig Jahre später in der *Königsberger Allgemeinen Zeitung* als Herschels „großartigste Leistung" würdigt. Tatsächlich soll erst Herschels Sohn John ein halbes Jahrhundert nach des

Vaters Großtat dessen Arbeit fortsetzen. An der von ihm in der Nähe von Kapstadt erbauten Sternwarte beobachtet er 3000 Sternfelder des Südhimmels und kann so die Sterneichung auf die gesamte Hemisphäre ausweiten. Vater und Sohn haben diese Methode auf Anhieb so weit ausgeschöpft, dass sie erst zu Beginn des 20. Jahrhunderts Jakob Kapteyn verfeinern kann und zu wesentlich weitreichenderen Schlussfolgerungen gelangt.

Neben dieser fundamentalen neuen Erkenntnis fördert Herschel noch ein weiteres bemerkenswertes Ergebnis zu Tage. Bei seiner Himmelsdurchmusterung ist er auch auf über 900 Sternhaufen und Nebel gestoßen. Bei den Letzteren vermutet er, dass auch sie aus Sternen bestehen, die aber auf Grund der enormen Entfernung nicht mehr einzeln erkennbar sind. Sie sind seiner Meinung nach Sternsysteme außerhalb der Milchstraße. Auf Grund ihrer Größe und Erscheinung leitet er ab: „Von einem vollkommen milchig erscheinenden Nebel müssen wir annehmen, dass er mindestens 6000- bis 8000-mal weiter entfernt ist als Sirius." Ein Paradebeispiel ist der ovale Nebel im Sternbild Andromeda. Für ihn leitet er eine Entfernung von 2000 Sirius-Weiten ab. Obwohl Herschel die Distanz weit unterschätzt, ist doch die Schlussfolgerung revolutionär. Schließlich behauptet er, das Universum bestünde nicht nur aus unserer Milchstraße, sondern aus vielen Sternsystemen dieser Art. Hundertfünfzig Jahre später soll ein Streit über die Natur des Andromeda-Nebels als „Große Debatte" in die Astronomiegeschichte eingehen. Eine Lösung wird erst Edwin Hubble im Jahre 1923 finden.

Herschel ist jetzt 47 Jahre alt und auf der Höhe seines Ruhmes. Aber der Unermüdliche träumt von noch Größerem, nämlich einem Teleskop mit vierzig Fuß, also zwölf Metern, Brennweite und einem Spiegel mit 1,22 Metern Durchmesser. Ein Abenteuer, an dem er fast scheitern sollte. Zunächst einmal ziehen er und Caroline wieder um. Im April 1786 richten sie sich in einem kleinen Haus in dem Städtchen Slough westlich von London ein. Im Garten soll der Gigant entstehen. Die Finanzierung scheint gesichert, denn der König hat Herschel 2000 Pfund für den Bau genehmigt und die selbe Summe für später noch einmal in Aussicht gestellt. Doch der Aufwand, ein Teleskop dieser Größe zu bauen, ist enorm. Caroline erinnert sich an ein „Chaos von Arbeit" und schreibt: „Es wimmelte im Garten und in den Werkstätten von

Arbeitern; Schmiede und Zimmerleute gingen zwischen der Schmiede und der Maschinerie zu dem Vierzigfüßigen hin und her. ... Eine Zeitlang waren nicht weniger als vierundzwanzig Mann (zwölf und zwölf lösten sich immer ab) Tag und Nacht mit Schleifen beschäftigt, und mein Bruder verließ sie dabei niemals und aß und trank, ohne sich die Zeit zum Niedersitzen zu gönnen. ... Der Garten glich zu dieser Zeit einem einzigen Bauplatz."

Der Spiegel wiegt eine halbe Tonne und droht unter dem eigenen Gewicht zu verbiegen. Das zwölf Meter lange Rohr aber ist die eigentliche Attraktion. Eines Tages erscheint der König mit einigen Bediensteten sowie dem Erzbischof von Canterbury, um den Fortgang des Wunders von Slough zu begutachten. Da das Rohr gerade am Boden liegt, schlägt der König vor, im Gänsemarsch hindurch zu marschieren. Als der Erzbischof zögert, lockt ihn der König mit den Worten: „Kommen sie nur, Mylord Bischof, ich will ihnen den Weg zum Himmel zeigen."

Im Frühjahr 1787 ist das Instrument endlich fertig, und Herschel beobachtet als erstes den Orion-Nebel. Seine erste Reaktion: Das Bild sei zwar noch lange nicht vollkommen, aber besser als erwartet. Doch auch nach weiteren Versuchen muss er eingestehen, dass der Spiegel nicht optimal ist. Selbst mit größter Mühe lässt er sich nicht so justieren, dass er ein absolut fehlerfreies Bild entwirft. Herschel entschließt sich, einen zweiten Spiegel herzustellen. Der zerspringt ihm jedoch beim Abkühlen. Der dritte Spiegel gelingt ihm zwar, und mit einer Dicke von neun Zentimetern ist er auch stabiler als der erste, aber er wiegt bereits eine Tonne. Obwohl Astronomen aus aller Welt nach Slough reisen, um das Wunderwerk zu bestaunen, muss Herschel sich eingestehen, dass der „Vierzigfüßer" nur bedingt tauglich ist. Neben optischen Problemen ist er auf seiner 18 Meter hohen Montierung nicht präzise zu handhaben. Zwar wird er das behäbige Ungetüm immer wieder für Beobachtungen nutzen, aber sein Arbeitspferd bleibt doch der kleinere „Zwanzigfüßer".

Es sind vor allem die Nebel, die Herschel in den folgenden Jahren außerordentlich interessieren. In seiner Arbeit aus dem Jahre 1785 beschreibt er einige von ihnen und versucht, sie in drei Kategorien einzuteilen. Nicht so recht einzuordnen vermag er sechs Himmelsgebilde, die kreisrund, ähnlich wie Planeten erscheinen.

Dass es sich weder um Sterne, noch um Kometen handelt, findet er bald heraus. „Dann müssen sie aus Sternen bestehen, die im höchsten Maße angehäuft und zusammengedrängt sind", folgert er. Herschel ist davon überzeugt, dass alle Nebel in Wirklichkeit Ansammlungen von Sternen sind. Damals prägt er den noch heute gebräuchlichen Begriff Planetarischer Nebel. Die moderne Forschung hat jedoch herausgefunden, dass diese runden Gebilde aus Gas bestehen, das von einem heißen Zentralstern zum Leuchten angeregt wird.

1786 veröffentlicht er einen Katalog mit den Positionen und Kurzbeschreibungen von sage und schreibe tausend Nebeln. Drei Jahre später fügt er tausend und 1802 weitere fünfhundert hinzu. Nun ist es Herschels Art nicht, einfach nur Beobachtungsdaten in ungeahntem Ausmaß anzuhäufen. Nein, er interpretiert auch, und dies in einer gewagten Weise wie niemand zuvor. In gewisser Hinsicht könnte man ihn den Charles Darwin der kosmischen Evolution nennen.

Schon 1785 sieht er in den Sternhaufen und Nebeln „Laboratorien des Universums". Und diese Laboratorien entwickeln sich nach den Schwerkraftgesetzen Newtons. Er vergleicht das Universum und seine Nebel mit einem üppigen Garten, in dem eine Vielzahl von Pflanzen wachsen, die sich jedoch in unterschiedlichen Reifestadien befinden. „Und ist es nicht beynahe eynerlei, ob wir fortleben, um nach und nach das Aussprossen, Blühen, Belauben, Fruchttragen, Verwelken, Verdorren und Verwesen einer Pflanze ansehen, oder ob eine große Anzahl von Exemplaren, die aus jedem Zustande, den die Pflanze durchgeht, erlesen, auf einmal uns vor Augen gebracht werden?" Herschel scheint es also einleuchtend, dass alle Veränderungen im Kosmos so langsam ablaufen, dass sie innerhalb eines Menschenalters nicht wahrgenommen werden können. Wohl aber ließe sich aus dem Beobachten von Sternansammlungen in unterschiedlichen Entwicklungsstadien deren gesamte Evolution nachvollziehen, wenn man die diversen Momentaufnahmen in die richtige Reihenfolge bringt. Genau dieses Verfahren wenden Astronomen heute an, wenn sie beispielsweise die Entstehung von Sternen aus großen Staubwolken verstehen wollen.

Für die Naturforscher des ausgehenden 18. Jahrhunderts allerdings ist diese Vorstellung denn doch zu gewagt, auch wenn sie von dem großen Herschel stammt. Besondere Brisanz erhält diese Hypothese noch dadurch, dass Herschel in einigen Nebeln Sternsysteme wie unsere Milchstraße vermutet. Und so ist es für ihn gewiss, „dass, eben so wie das Aufbrechen der Milchstraße in einzelne Theile uns einen Beweis giebt, dass sie nicht ewig dauern kann, auf gleiche Weise es uns Zeugnis giebt, dass ihre Vergangenheit nicht unendlich angenommen werden kann". Der Gedanke, dass sich das gesamte Universum, die darin enthaltenen Sterne und Sternhaufen langsam entwickeln sollten, ist damals noch undenkbar. Selbst seine Nachfahren, wie Bessel oder Olbers, können diese kühne Hypothese nicht anerkennen, und sprechen von übereilten und gewagten Schlüssen, die der „große und verdiente Mann" aus seinen Beobachtungen gezogen hat. Noch ein Jahrhundert später soll es sogar Anfeindungen von der Kirche geben, die in Herschels Sicht eines evolutionären Universums die Schöpfungsaussagen der Bibel in Frage gestellt sieht.

Wenngleich auch Herschel mit seinen Ansichten seiner Zeit weit voraus ist, werden seine beobachterischen Leistungen doch uneingeschränkt anerkannt, zumal sich zu den Nebeln noch weitere Aufsehen erregende Entdeckungen gesellen: 1787 findet er zwei Uranusmonde, Oberon und Titania, 1789 spürt er die Saturnmonde Mimas und Enceladus auf, und schließlich bestimmt er die Rotationsdauer des Planeten Jupiter. Im Jahre 1800 gelingt ihm etwas ganz Außergewöhnliches. Mit einem Prisma spaltet er das Sonnenlicht in seine Spektralfarben auf. Das sichtbare Spektrum endet mit der roten Farbe. Als er jedoch ein Thermometer neben das rote Ende hält, bemerkt er, dass es eine höhere Temperatur anzeigt als sonst irgendwo im Raum. Herschel schließt daraus, dass es jenseits des Roten unsichtbares Licht mit der „Kraft von wirkender Hitze" geben muss. Er hat die Infrarotstrahlung entdeckt.

Immer wieder aber stößt er die Astronomenzunft mit gewagten Meinungen vor den Kopf. So vermutet er 1801, dass der elfjährige Sonnenaktivitätszyklus, der sich durch eine variierende Zahl der Sonnenflecken äußert, einen Einfluss auf das Erdklima ausübt. Außerdem ist er davon überzeugt, dass Sonne, Mond und Mars und auch ferne, unbekannte Himmelskörper bewohnt sind: „So können wir uns ... eine zahllose Menge zu Wohnsitzen lebendiger Wesen dienender planetarischer Körper vorstellen", schreibt er einmal. Manchmal erntet er mit diesen Hypothesen offen Spott und Hohn, meistens halten sich die Kollegen aber vornehm zurück. Und da es an seiner beobachterischen Leistung nichts zu deuteln gibt, wird er mit Ehrungen überhäuft. Nahezu alle großen Gesellschaften wählen ihn zu ihrem Ehrenmitglied, 1821 wird er Präsident der erst kurz zuvor gegründeten Astronomical Society. Die aus englischer Sicht sicher größte Würdigung erfährt er indes 1816 als ihn George III. adelt. Von nun an darf er sich Sir William Herschel nennen.

Aus dem begabten Musiker und Komponisten Friedrich Wilhelm Herschel ist in den acht Jahren von der Entdeckung des Uranus bis zur Fertigstellung seiner Arbeit *Über den Bau des Himmels* der berühmteste Astronom seiner Zeit geworden. Er ist vermögend, und seinen Geschwistern hat er eine sorgenfreie Existenz sichern können. Was noch fehlt, ist eine liebende und fürsorglich ergebene Frau. Schon als 25-Jähriger hat er seinem Bruder geschrieben: „Seitdem ich zu reifen Jahren gekommen bin, [habe ich] keine Gelegenheit gehabt mich zu verlieben." Und das hat sich auch bis zum 50. Lebensjahre nicht geändert. Fürs leibliche Wohl sorgt schließlich seine Schwester Caroline. Der Ehe abgeneigt ist der viel beschäftigte Mann indes nicht. Mit einer Gemahlin „werden wir wenigstens in Gesellschaft leben; wir gehen nicht in Einsamkeit durchs Leben. Wir können zumindest sicher sein, daß es eine Person gibt, die unsere Fehler verzeiht und die uns liebt." Eine solche Lebensgefährtin findet Herschel in der Nachbarin Mary Pitt. Diese ist zunächst noch verheiratet mit einem wohlhabenden und kultivierten Kaufmann. Herschel schätzt das Ehepaar Pitt sehr und ist häufiger bei ihm zu Gast. Plötzlich stirbt Herr Pitt und hinterlässt eine Witwe, die nicht nur trauert, sondern auch einsam ist.

Die Melancholie der Witwe Pitt suchen Friedrich Wilhelm und Caroline gemeinsam nachmittags bei Tee und Gebäck oder des Abends beim Dinner zu vertreiben. Bei Wilhelm stellt sich aber offenbar neben dem Mitleid noch ein weiteres, zarteres Gefühl ein, und schließlich macht er ihr einen Heiratsantrag. Mary ist durchaus geneigt, lediglich über die weitere Rolle der Schwester können sie sich zunächst nicht einigen. Während Mary sie nicht in ihrem gemeinsamen Haus haben möchte, will Wilhelm auf sie als Assistentin nicht verzichten. Caroline verlässt einen Tag nach der Heirat, die am 7. Mai 1792 stattfindet, sichtlich erzürnt das Haus und zieht in eine Mietwohnung. Dennoch kommt sie an jedem klaren Abend in das Haus herüber, um ihrem Bruder wie gehabt beim Beobachten zu assistieren. Schließlich entspannt sich das Verhältnis der beiden Frauen wieder, und bald pflegen sie sogar einen liebevollen Umgang miteinander.

Mary bringt neuen Schwung in Wilhelms Leben. Sie lädt Musiker zu kleinen Konzerten ins Haus ein, so dass auch Wilhelm bald wieder zur Violine oder Oboe greift. Außerdem gehen sie auf Reisen, zum Beispiel nach Paris, wo Herschel mit Größen wie Messier und Laplace zusammenkommt. Den Höhepunkt aber bildet eine Audienz bei Napoleon.

Der Astronomie bleibt er dennoch treu. In seiner letzten Veröffentlichung aus dem Jahre 1818 beschäftigt er sich mit den Entfernungen der Sterne. Er ist bereits 80 Jahre alt. Doch seine Lebenskräfte schwinden seit einigen Jahren zusehends, er wird schneller müde und schläft viel. Caroline und Mary kümmern sich nach Kräften um den armen Mann. Im Juli 1822 befällt ihn zudem ein Gallenfieber, und am 15. August stirbt er. Beigesetzt wird er in der Kapelle St. Lorenz in Upton, einem Stadtteil von Slough. Die Grabinschrift in lateinischer Sprache lautet: „Er durchbrach die Schranken des Himmels."

Herschels astronomisches Werk ist geblieben und hat reiche Blüte getrieben. Und was blieb von seiner Musik, den 24 Sinfonien, 14 Konzerten, 44 Kammermusikstücken, 129 Orgelwerken und 10 Vokalstücken? So gut wie nichts. Die Partituren sind bis auf drei Ausnahmen lediglich als Manuskripte erhalten. Aus der jüngeren Vergangenheit sind nur zwei Aufführungen bekannt. Im Jahre 1961 spielte ein Orchester anlässlich der Generalversammlung der Internationalen Astronomischen Union in Kalifornien ein Viola- und ein Violinkonzert, und auf der Jahrestagung der Astronomischen Gesellschaft 2000 in Bremen wurde ein Oboen-Konzert vorgetragen.

Sein Lebenswerk fortsetzen sollte sein Sohn John, der 1792 zur Welt gekommen war. John hatte seinem Vater zunächst am Fernrohr und beim Teleskopbau assistiert. Nach einer Schulausbildung in Cambridge und einem Mathematik- und Chemiestudium, das er mit glänzenden Noten abschloss, ging er bei seinem Vater als Astronom und Teleskopbauer in die Lehre. Nachdem er zunächst die Sternwarte in Slough weiter betreut hatte, übersiedelte er für mehrere Jahre nach Südafrika, wo er an der Kapsternwarte die vom Vater für den Nordhimmel vorgenommene Himmelsdurchmusterung auf den Südhimmel ausdehnte. Das Ergebnis war ein Katalog mit 1700 bis dahin unbekannten Sternhaufen und Nebeln sowie 2000 Doppelsternen. Ihm gebührte später der Ruhm, als einer der Ersten die Fotografie in die Astronomie eingeführt zu haben.

Bewundernswert ist auch der Werdegang der Schwester Caroline. Schon während ihrer Assistentenzeit bei ihrem Bruder – und sie selbst hat nie mehr darin gesehen – hatte sie auch eigenständig beobachtet. Und prompt entdeckte sie am 1. August 1786, als Wilhelm für einige Zeit außer Hauses war, einen Kometen. Es sollte nicht der letzte bleiben. Bis 1797 folgten sieben weitere Schweifsterne. Damit war sie die erfolgreichste Kometenjägerin ihrer Zeit. Außerdem hatte sie einen Sternkatalog von John Flamsteed überarbeitet und korrigiert und 1798 herausgegeben. Eine bewundernswerte Aufgabe, die ihr großes Lob einbrachte. Später bearbeitete sie den 2500 Nebel umfassenden Nebelkatalog ihres Bruders und stellte ihn ihrem Neffen John zur Verfügung. Kurz: Caroline Herschel hatte sich, so weit es zur damaligen Zeit eben ging, emanzipiert und einen über die Grenzen des Vereinigten Königreichs reichenden Ruf erworben. Später wurde sie mit Ehrungen verschiedener Gesellschaften geradezu überhäuft, wobei die Verleihung der Goldmedaille der Königlich Astronomischen Gesellschaft in London 1828 den Höhepunkt darstellte. Nie zuvor war diese höchste astronomische Auszeichnung an eine Frau vergeben worden.

Zu dieser Zeit war Caroline aber schon in Hannover. Kurz nach dem Tod ihres Bruders hatte sie ihre Sachen gepackt und sich auf den Weg in die Heimat gemacht. Eine folgenschwere Entscheidung, denn immerhin hatte sie ein halbes Jahrhundert in England verbracht. Freunde und Verwandte fand sie bei ihrer Rückkehr kaum vor. Zwar wurde sie in der Stadt als Berühmtheit gefeiert, dennoch sahen die meisten in ihr nur die Schwester des berühmten Astronomen. Sie nahm weiterhin Anteil am kulturellen Leben in Hannover und blieb vor allem in ständigem Briefkontakt mit ihrem Neffen John. Als sie am 9. Januar 1848 starb, war sie 98 Jahre alt.

*„So groß ist das Universum, zu dessen Ermessung
wir endlich die Mittel erfunden haben."*

Friedrich Wilhelm Bessel (1784–1846)

Die Tiefen des Kosmos zu vermessen, seine Dimension zu be-
greifen, diesen Wunsch verspüren die Astronomen seit mindestens
zweieinhalb Jahrtausenden, seit jenen Zeiten der Antike, als griechische Gelehrte damit begannen, sich ein räumliches Modell vom
Kosmos zu schaffen. Wie schwierig dieses Unterfangen ist, verspürt jeder, der in einer klaren Nacht den Himmel beobachtet. In
der dünnen Luft hoher Berge wird man überwältigt von der un-
ergründlich scheinenden Weite. Wie soll es da möglich sein, die
Entfernungen dieser glitzernden Lichtpunkte zu messen?

Um dieses hochgesteckte Ziel zu erreichen, unternahmen die
Astronomen enorme Anstrengungen. Von Jahrhundert zu Jahrhundert wurde immer deutlicher, dass die Sterne viel weiter entfernt sind als sie vermutet hatten. In dem selben Maße wie diese
Erkenntnis wuchs, mussten die Astronomen ihre Instrumente
verbessern und zu ungeahnter Präzision treiben. Erst Mitte des
19. Jahrhunderts gelang es Friedrich Wilhelm Bessel in Königsberg erstmals, die Entfernung eines Sterns unzweifelhaft zu
bestimmen.

Der erste bekannte Versuch, die Tiefen des Universums auszu-
loten, geht auf Aristarch von Samos zurück, jenen genialen Astronomen, der im dritten Jahrhundert vor Christus bereits ein heliozentrisches Weltsystem vertrat und aufgrund dessen „Kopernikus
der Antike" genannt wird. Aristarch hatte sich ein geometrisches
Verfahren überlegt, mit dem es möglich war, bei Halbmond das
Verhältnis der Entfernungen Erde-Mond zu Erde-Sonne zu bestimmen. Seine Methode funktionierte unabhängig davon, ob die
Erde sich um die Sonne dreht oder die Sonne um die Erde.

Aristarch musste hierfür den Zeitpunkt des Halbmondes exakt
bestimmen und in diesem Moment mit einem Winkelmessgerät
den Abstand von Sonne und Mond am Himmel messen. Dadurch

hatte er das Dreieck Erde-Mond-Sonne bestimmt und konnte die Seitenverhältnisse errechnen. Es ist bis heute unklar, wie Aristarch diese Aufgabe bewältigte. Allein den Moment des Halbmondes zu bestimmen, erscheint aus heutiger Sicht nahezu ausgeschlossen. Aus den wenigen erhaltenen Schriften des Aristarch geht jedoch hervor, dass er den Winkelabstand zu 87 Grad ermittelte. Aus diesem Wert ergab sich, dass die Sonne zwanzigmal weiter von der Erde entfernt ist als der Mond.

Heute wissen wir, dass Aristarch mit seiner Messung relativ weit daneben lag. Der wirkliche Winkelabstand zwischen Sonne und Mond beträgt bei Halbmond 89,8 Grad, und damit ist die Sonne knapp vierhundertmal weiter von der Erde entfernt als der Mond. Dennoch markiert dieser Versuch eine entscheidende Wende in der Geschichte der Astronomie: Erstmals hatte ein Mensch versucht, mit der damals bekannten Mathematik und einem üblicherweise für irdische Anwendungen vorgesehenen Instrument den Kosmos zu vermessen. Überdies konnte Aristarch aus seinen Entfernungsdaten auch die Größen der Himmelskörper abschätzen. Danach hatte die Sonne einen sechs- bis siebenmal größeren Durchmesser als die Erde. Historiker haben darüber spekuliert, ob diese völlig neue Erkenntnis Aristarch dazu veranlasste, von dem geozentrischen Weltsystem abzurücken und die Sonne ins Zentrum des Universums zu stellen, denn warum sollte sich ein größerer Körper um einen kleineren drehen.

Spätere griechische Astronomen haben mit einer anderen Methode die Entfernung des Mondes im Verhältnis zum Erddurchmesser bestimmt. Hipparchos im zweiten Jahrhundert vor Christus und etwa 250 Jahre später Ptolemäos kamen dabei dem wahren Wert schon recht nahe. Alle diese Verfahren beschränkten sich jedoch auf die unmittelbare kosmische Umgebung. Keines der damals möglichen Verfahren war auch nur annähernd in der Lage, die Frage nach den Entfernungen der Planeten oder gar der Fixsterne zu klären. Sie erfuhr erst im 16. Jahrhundert eine völlig neue Qualität, als Nikolaus Kopernikus in seinem Werk *De revolutionibus orbium coelestium* das heliozentrische Weltbild vorschlug.

Sollte sich die Erde tatsächlich auf einer Kreisbahn um die Sonne bewegen, so müsste dies einen perspektivischen Effekt hervorrufen, den die Astronomen Parallaxe nennen. Sie funktioniert nach folgendem Prinzip: Die nächtliche Drehung des Sternenhimmels ist schlicht eine Folge der Erddrehung um die eigene Achse. Zudem läuft die Erde um die Sonne, wodurch man die Sterne im Abstand von einem halben Jahr von zwei unterschiedlichen Orten auf der Erdbahn sieht. Dies sollte zur Folge haben, dass die Positionen der Sterne geringfügig schwanken. Genau genommen sollten sie im Laufe eines Jahres am Himmel eine kleine Ellipse beschreiben. Je näher ein Stern ist, desto größer erscheint diese jährliche Verschiebung.

Ein Vergleich veranschaulicht die Parallaxe: Hält man einen Finger seiner Hand vor sein Gesicht und betrachtet ihn abwechselnd mit dem linken und dem rechten Auge, so scheint der Finger vor dem Hintergrund hin und her zu springen. Die Augen entsprechen den beiden Erdpositionen auf der Umlaufbahn und der Finger dem nahen Stern. Der Winkel, um den dieser sich verschiebt, ist die Parallaxe.

Nun hatte zu Kopernikus' Zeiten kein Astronom jemals eine solche Fixsternparallaxe beobachtet. Kopernikus überzeugte dies jedoch keineswegs davon, dass sein System falsch sein könnte. Vielmehr war er überzeugt, dass die Parallaxe unmessbar klein ist, weil die Sterne zu weit entfernt seien. In *De revolutionibus* schrieb er: „Deshalb scheint es also hinreichend bewiesen, dass der Himmel unermesslich ist und den Anschein einer unendlichen Größe gewinnt und dass sich die Erde zum Himmel wie … ein endlich Großes zu einem unendlich Großen verhält." Mit diesem Argument konnte Kopernikus zwar einerseits den Gegnern des heliozentrischen Weltbildes entgegentreten. Andererseits wäre aber der Nachweis der Fixsternparallaxe der eindeutige Beweis dafür gewesen, dass sich die Erde um die Sonne dreht. Aus diesem Grunde sahen die Kopernikaner in der Entdeckung dieses Phänomens eine der zentralen astronomischen Aufgaben. Die erwies sich indes als so schwierig, dass sie sich erst dreihundert Jahre später lösen ließ, zu einer Zeit also, als ohnehin schon jeder vom heliozentrischen Weltbild überzeugt war.

Fast jeder berühmte Astronom versuchte sich zeitweilig an diesem Problem. Da war zunächst Tycho Brahe, der größte beobachtende Astronom seiner Zeit. In seinem Observatorium Uraniborg (Himmelsburg) auf der dänischen Insel Hven installierte er die damals genauesten Instrumente, vor allem den größten Mauerquadranten der damaligen Zeit. Hierbei handelte es sich um ein an einer Wand angebrachtes Winkelmessgerät mit Visiereinrichtung. Hiermit war es möglich, die Positionen heller Sterne bis auf etwa eine halbe Bogenminute genau zu bestimmen. Zum Vergleich: Die Vollmondscheibe besitzt einen Durchmesser von 30 Bogenminuten. Brahe war ein großer Bewunderer von Kopernikus, ohne allerdings dessen heliozentrisches System zu akzeptieren. Er bestimmte nun einige Male den Winkel zwischen dem Polarstern und dem Zenit. Auf Grund der Parallaxe hätte der Zenitabstand im Laufe eines Jahre geringfügig schwanken müssen. Nichts dergleichen ließ sich feststellen. Wie sich später zeigte, musste die Messgenauigkeit erst um das Hundertfache gesteigert werden, um den winzigen Effekt entdecken zu können.

Brahe hatte einen sehr talentierten Assistenten, dem er 1601 auf dem Totenbett seine Nachfolge als Kaiserlicher Mathematiker am Hofe Rudolf II. in Prag übergab. Es war der geniale Johannes Kepler, der glühende Kopernikaner, dem die Parallaxenbestimmung ein Herzensanliegen war. Vier Jahre zuvor, im Oktober 1597, hatte sich der erst 26-Jährige an Galilei in Padua mit der Bitte gewand, am 28. September und am 26. Dezember den Zenitabstand des Polarsterns zu messen. Er selbst besaß keine geeigneten Messinstrumente hierfür. Galilei hat, so weit bekannt, nie einen Versuch unternommen, die Fixsternparallaxe nachzuweisen. Schließlich machte sich Kepler selbst an die Arbeit.

Zunächst betrachtete er die Frage unter einem philosophischen Aspekt. Stets auf der Suche nach Harmonien im Kosmos, vermutete er, die Fixsternsphäre könnte hundertmal weiter von der Erde entfernt sein als die Sonne. Dann ergäben sich für die Sphären der Planeten Erde und Saturn (den man damals für den äußersten Planeten hielt) und die der Fixsterne das Abstandsverhältnis 1:10:100. „Wäre dieses Verhältnis richtig", so teilte Kepler seinem Freund, dem Bayrischen Kanzler Herwart von Hohenburg am 16. Dezember 1598 mit, „so würde die Differenz der verschiedenen Höhen des Polarsterns ungefähr ein halbes Grad betragen". Mit einem höchst wackeligen und groben Gerät, einem frei aufgehängten Dreieck aus Holz mit Visiervorrichtung, beobachtete Kepler im Oktober und Dezember 1597 sowie im März und September des folgenden Jahres die Position des Polarsterns. Das Ergebnis widerlegte seine schöne Hypothese. Von Hohenburg musste er mitteilen: „Durch Vergleich aller drei Beobachtungen konnte ich mit Sicherheit feststellen, dass die Differenz in den Höhen des Polarsterns, falls eine solche auftritt, kleiner als acht Bogenminuten ist. Daher beträgt der Halbmesser der Erdbahn weniger als den 500. Teil des Halbmessers der Fixsternsphäre." Über 20 Jahre später erklärte Kepler in seinem Werk *Epitome*: Der von der ganzen Welt eingenommene und von der Fixsternsphäre begrenzte Raum „scheint wirklich fast unendlich, da ihm gegenüber der Abstand Sonne – Erde … unmerklich ist".

Angesichts dieser Fehlschläge suchten einige Forscher nach anderen Möglichkeiten, die kosmischen Weiten zu vermessen. Im 17. Jahrhundert keimte erstmals die Idee auf, dass die Helligkeit der Sterne den Hinweis auf ihre Entfernung enthalte. Die Idee geht möglicherweise auf Galileo Galilei zurück, der 1632 in seinem *Dialog über die beiden hauptsächlichsten Weltsysteme* behauptete: „Meiner Ansicht nach sind die Sterne nicht über eine einzige Kugelfläche hin zerstreut und gleich weit entfernt von einem Mittelpunkte, sondern ihre Abstände von uns sind sehr verschieden, so dass etliche wohl zwei- oder dreimal weiter entfernt sein mögen als gewisse andere." Dies bedeutete bereits einen Wandel in den Vorstellungen vom Aufbau des Universums. Bis dahin waren die Astronomen davon ausgegangen, dass die Sterne auf einer Kugelschale die Erde umgeben und demnach alle gleich weit von uns entfernt sind. Einzig der 1600 als Ketzer verbrannte Philosoph Giordano Bruno glaubte bereits an ein unendliches, mit Sternen angefülltes Universum. Bei den Astronomen setzte sich diese Vorstellung langsamer durch.

Nun war zu Galileis Zeiten die einfachste Annahme, dass alle Sterne Himmelskörper wie unsere Sonne sind, sie also die selbe Größe und Leuchtkraft besitzen. Das bedeutete: Je weiter ein Stern entfernt ist, desto lichtschwächer erscheint er am Himmel, wobei die Helligkeit quadratisch mit der Entfernung abnimmt. Die Aufgabe bestand nun darin, das Helligkeitsverhältnis eines Sterns im Vergleich zur Sonne zu bestimmen. Daraus ließe sich leicht errechnen, um wie viel weiter der Stern von der Erde entfernt ist als die Sonne. Das große Problem war aber, die Helligkeit eines Sterns im Verhältnis zur Sonne zu bestimmen – allein mit dem Auge als Messgerät.

Als Erster versuchte sich vermutlich der schottische Astronom und Mathematiker James Gregory an diesem Unterfangen, wofür er Sirius, den hellsten Stern am Himmel, auswählte. Im Jahre 1668 teilte er das Ergebnis mit. Demnach war Sirius 83190-mal weiter von der Erde entfernt als die Sonne. Dreißig Jahre später kam der niederländische Wissenschaftler Christiaan Huygens bei dem selben Gestirn auf eine Entfernung von lediglich 27664 Erdbahnradien. Huygens, einer der berühmtesten Astronomen seiner Zeit, hatte hierfür im Innern seines Fernrohrs ein dünnes Metallblech angebracht. In dieses stach er verschieden große Löcher und betrachtete dadurch „mit ganz verhülletem Kopfe, damit nichts von dem Tageslicht ins Auge fallen möchte" die Sonne. Als eines der Löcher nur noch 1/27664 der Fläche der Sonnenscheibe einnahm, schien es Huygens, als habe das hier hindurchschimmernde Sonnenlicht die Helligkeit des Sirius. Daraus ergab sich die Entfernung des Sterns. Auch Huygens' Zeitgenosse Isaac Newton beschäftigte kurzfristig das Problem der Sternentfernungen. Mit einer etwas abgewandelten Methode kam er zu dem Ergebnis, Sirius müsse eine Million Mal weiter von der Erde entfernt sein als die Sonne.

Heute ist bekannt, dass uns von Sirius 540000 Erdbahnradien, entsprechend 8,6 Lichtjahre, trennen. Die Astronomen lagen damals also noch recht weit daneben. Außerdem wichen ihre Ergebnisse so stark voneinander ab, dass man gewiss nicht von einer sicheren Methode sprechen konnte.

Blieb die Frage nach der Größenskala quantitativ unbeantwortet, so setzte sich doch die Erkenntnis durch, dass sich zwischen dem äußersten Planeten Saturn und den Sternen eine ungeheure Kluft auftut. Zu Kopernikus' Zeiten, als die nicht messbare Parallaxe zu dieser Schlussfolgerung zwang, wurde diese Vorstellung als wichtiges Argument gegen das heliozentrische Weltsystem vorgebracht. Da Gott nämlich der alten Autorität Aristoteles zufolge nichts zwecklos und umsonst erschafft, schien der unermessliche Raum zwischen den Planeten und den Sternen nutzlos und vergeudet. Für Tycho Brahe war dieses philosophische Dogma sogar eines der entscheidenden Argumente gegen das kopernikanische System. „Das allein pflegte mir Tycho entgegenzuhalten", beklagte sich Kepler 1603 gegenüber Herwart von Hohenburg und fuhr fort: „Er sagte, es gebe in der Natur nirgends etwa Ähnliches, wie dieses ungeheure, zu nichts dienende Vakuum." Kepler konterte: „Wenn das nutzlose Vakuum beseitigt werden will, so mag man auch das immer noch ungeheure Vakuum zwischen den Planeten, besonders zwischen Jupiter und Mars, beseitigen." Später, als die Tatsache des „nutzlosen Vakuums" nicht mehr zu leugnen war, kehrte man den Spieß einfach um und meinte, wie Huygens, dass doch wohl keine Zahl „für zu groß zu achten ist, wenn wir die Macht Gottes sehen". Kepler hatte es ketzerischer formuliert: „Allein, es schafft keine geringe Erleichterung, wenn ich bedenke, dass wir uns nicht so über die ungeheure, geradezu unendliche Weite des äußersten Himmels wundern müssen, als vielmehr über die Kleinheit von uns Menschen, die Kleinheit dieses unseres so winzigen Erdkügelchens."

Die auf den Helligkeiten beruhenden Entfernungsmessungen litten damals nicht nur an messtechnischen Schwierigkeiten. Vielmehr war die entscheidende Voraussetzung, dass nämlich alle Sterne gleich hell wie die Sonne sind, äußerst fragwürdig und grundsätzlich nicht überprüfbar. Allein aus diesem Grunde musste die Parallaxenmessung die Entscheidung bringen. Als rein geometrisches Verfahren funktionierte sie gänzlich frei von unbekannten astronomischen Größen.

Eine neue Ära brach an, als Astronomen in Frankreich und England um 1667 damit begannen, ihre Winkelmessgeräte mit Fernrohren auszustatten, wodurch die Messungen wesentlich genauer wurden. Mit einem derartigen Instrument versehen, ging der englische Naturforscher Robert Hooke das Problem der Parallaxenmessung an und beobachtete den Stern Gamma Draconis, der von London aus das ganze Jahr über sichtbar ist. Vom 6. Juli bis zum 21. Oktober des Jahres 1669 verfolgte er die Position dieses Sterns und kam schließlich zu dem Ergebnis, dass dessen Abstand zum Zenit um 23 Bogensekunden schwankte, wobei Hooke die Genauigkeit seiner Messungen mit einer Bogensekunde angab. Handelte es sich bei dieser Bewegung um die Parallaxe, so wäre der Stern etwa zehntausend Erdbahnradien entfernt. Die Kollegen der Royal Society blieben jedoch skeptisch und trauten Hookes Instrument nicht die erforderliche Genauigkeit zu. Sie sollten Recht behalten. Tatsächlich waren die Astronomen noch immer weit von der Lösung entfernt.

In der Folgezeit versuchten sich viele Astronomen an der Parallaxenmessung. Das Register liest sich wie das Who is Who der Astronomie: Giovanni Domenico Cassini in Paris, John

Flamsteed in Greenwich, Ole Römer und dessen Schüler Peder Horrebow in Kopenhagen. Später scheiterten auch Berühmtheiten wie Friedrich Wilhelm Herschel in England, Johann Hieronymus Schroeter in Lilienthal oder Giuseppe Piazzi in Sizilien an dem Problem. Horrebow veröffentlichte sogar auf Grund einer vermeintlichen Parallaxenmessung eine Schrift mit dem Titel *Copernicus triumphans*. Auch diesem Astronom wiesen Kritiker später nach, dass er äußere, durch Temperatur- und Feuchtigkeitsschwankungen verursachte Einflüsse auf seine Messapparatur nicht genügend berücksichtigt hatte.

In dieser Phase der Hoffnungen und Enttäuschungen geschah etwas, was man in Jahrhunderten naturwissenschaftlicher Forschung immer wieder beobachten kann: Auf dem Weg zu einem fernen Ziel machten die Wissenschaftler am Rande eine bedeutende Entdeckung, mit der niemand gerechnet hatte. In diesem Fall gelang sie 1729 dem britischen Astronom James Bradley.

Der englische Edelmann und begeisterte Amateurastronom Samuel Molyneux hatte sich in seinem Hause in Kew eine Messvorrichtung nach Hookeschem Vorbild gebaut, die im wesentlichen aus einem Fernrohr mit sieben Metern Brennweite bestand, das auf einem sehr genauen Winkelmessgerät angebracht war. Am 3. Dezember 1725 bestimmte Molyneux erstmals die Zenitdistanz des Sterns Gamma Draconis. Eigentlich wollte er erst ein halbes Jahr danach die zweite Messung vornehmen, um eine mögliche Parallaxe festzustellen. Doch schon zwei Wochen später bat Molyneux seinen Freund Bradley, die Messung zu wiederholen. Nach so kurzer Zeit hätte niemand eine merkliche Veränderung erwartet, aber Bradley glaubte festzustellen, dass sich der Stern ein wenig nach Süden bewegt hatte. Am 20. Dezember wiederholten beide Astronomen ihre Messungen, und zu ihrer Verwunderung war Gamma Draconis noch weiter nach Süden gezogen. Einen Messfehler glaubten die beiden ausschließen zu können, und so studierten sie die merkwürdige Bewegung weiter. Bis zum März des nächsten Jahres war der Stern um 20 Bogensekunden nach Süden gewandert. Nun hielt er jedoch an und kehrte seine Bewegung um. Bis zum Herbst des Jahres wanderte er um insgesamt 39 Bogensekunden nach Norden, kehrte dann wieder um und erreichte im Dezember, ein Jahr nach Beginn der Messungen, seine Ausgangsposition.

Das war nun ein ausgesprochen verwunderlicher Befund. Hatten die beiden Astronomen tatsächlich erstmals zweifelsfrei die Parallaxe eines Sterns gemessen? Schnell wurde ihnen klar, dass dies nicht sein konnte. Zum einen war die beobachtete Ellipsenbahn, die der Stern im Laufe eines Jahres am Himmel beschrieben hatte wesentlich größer als erwartet. Und vor allem entsprach die Art der Bewegung überhaupt nicht derjenigen, welche die sehr einfache Theorie der Parallaxe voraussagte.

In dieser Phase musste Molyneux die Kooperation mit Bradley beenden, weil er zum Lord der Admiralität ernannt wurde. Pech für den britischen Edelmann, denn so wurde allein Bradley die Ehre zuteil, als Entdecker der so genannten Aberration in die Astronomiegeschichte einzugehen.

Bradley ließ sich ein zweites Instrument anfertigen und fand die selben merkwürdigen Schleifenbahnen bei rund 50 anderen Sternen. Allerdings, so stellte er fest, war die Größe der beschriebenen Ellipse von der Himmelsposition des Sterns abhängig. Drei Jahre vergingen, als Bradley im September 1728 bei einer Vergnügungsfahrt auf einem Segelschiff auf der Themse der entscheidende Gedanke kam. Hierbei bemerkte er nämlich, wie die Fahne am Mast immer dann in eine andere Richtung flatterte, wenn das Schiff seine Fahrtrichtung änderte. Wie ihm schnell klar wurde, zeigte die Fahne stets die Richtung der resultierenden Geschwindigkeit des Schiffes relativ zum Wind an. Weht der Wind beispielsweise genau von hinten, so weist die Fahne in Fahrtrichtung, weil der Wind schneller ist als das Schiff.

Bradley verglich nun in Gedanken die Bewegung des Schiffes mit dem Umlauf der Erde um die Sonne und die Geschwindigkeit des Windes mit der des Lichts. Das periodische Hin-und-Herwandern der Sterne konnte er sich damit auf folgende Weise erklären: Befände sich die Erde bezüglich eines Sterns in Ruhe, so wäre dessen Positionsbestimmung am Himmel unproblematisch. Er wird dort lokalisiert, wo er sein Licht ausgesendet hat. Nun bewegt sich aber die Erde relativ zum Stern. Dies hat zur Folge, dass sich das Teleskop zwischen dem Eintritt des Lichtstrahls in das Fernrohr und dem Nachweis im Auge mit der Erde geringfügig weiterbewegt hat. Der jeweilige Lichtstrahl durchquert also das Teleskop auf schrägem Weg, weswegen die Himmelsposition des Sterns leicht verschoben erscheint. Man nennt dieses Phänomen Aberration. Es lässt sich mit einer Beobachtung im alltäglichen Leben veranschaulichen. Sitzen wir in einem stehenden Zug und es regnet draußen, fallen die Wassertropfen – Windstille vorausgesetzt – senkrecht nach unten. Fährt der Zug jedoch, so scheinen die Regentropfen in schräger Linie aus der Fahrtrichtung zu kommen.

Da zu Bradleys Zeiten die Lichtgeschwindigkeit bereits relativ genau bekannt war, konnte der britische Astronom die Größe der Aberration berechnen. Sie stimmte genau mit den beobachteten Messwerten überein. Bradleys Entdeckung war damit ein schlagender Beweis für das heliozentrische Weltsystem, denn die Aberration gäbe es nicht, wenn die Erde im Mittelpunkt des Kosmos ruhen würde – aber daran glaubte zu Bradleys Zeiten sowieso schon lange niemand mehr. Friedrich Wilhelm Bessel würdigte Bradleys Entdeckung über hundert Jahre später mit den Worten: „Dieser Beweis ist so unzweideutig, dass er den eigensinnigsten Anticopernicaner hätte zum Schweigen bringen müssen, wenn noch einer hätte vorhanden sein können, nachdem hinreichend Zeit zum Verständnis der Newton'schen Lehren verstrichen war."

Überdies war die neue Erkenntnis für den weiteren Fortgang der Astronomie von unschätzbarer Bedeutung. Die Aberration ist so groß, dass sie seitdem bei allen Positionsbestimmungen berücksichtigt werden muss. Gleichzeitig war aber klar, dass die Parallaxe, nach der die Astronomen so angestrengt suchten und die auch Bradley nicht entdeckt hatte, noch kleiner als eine halbe Bogensekunde sein musste, denn dies war Bradleys Messgenauigkeit. Hieraus mussten die Astronomen schließen, dass die damals beobachteten Sterne mindestens 400 000-mal weiter von der Erde entfernt sind als die Sonne. Das entsprach bereits über sechs Lichtjahren. Die Grenze zum Sternenreich verschob sich immer weiter, ohne dass ein Ende abzusehen war.

Zu Beginn des 19. Jahrhunderts gab es wieder einige Erfolgsmeldungen: Giuseppe Piazzi verkündete aufgrund seiner Beobachtungen in Palermo die Parallaxen von Wega, Aldebaran, Sirius und Prokyon zwischen zwei und zehn Bogensekunden. John Brinkley glaubte zehn Jahre später die jährlichen Parallaxen von Wega, Deneb und Arkturus zu etwas mehr als einer Bogensekunde und die von Atair zu drei Bogensekunden gefunden zu haben. Auch diese Werte hielten einer weiteren Überprüfung nicht stand. Alle Bemühungen blieben vergebens.

Jeder wollte der Erste im Wettstreit um die Vermessung des Weltalls sein. Denn eines war allen klar: Wer diese Aufgabe löste, würde in die Ruhmeshallen der Wissenschaft eingehen, dessen Name würde die Jahrhunderte überdauern. So mag es nicht verwundern, dass es unter den Forschern häufig zu heftigen Diskussionen und Streitereien über die Zuverlässigkeit der Beobachtungen kam.

Dies war der Stand der Dinge gegen das Jahr 1835. Um das Jahrhundertproblem zu lösen, bedurfte es jedoch erst der glücklichen Fügung zweier Ingredienzen: Eines Astronomen mit ausgeprägtem Hang zu gewissenhaftem und akribischem Arbeiten sowie präziseren Teleskopen. Beides fand sich in Friedrich Wilhelm Bessel und den neuen Optiken aus der Werkstatt Joseph von Fraunhofers.

Am 22. Juli 1784 verläuft das Leben in dem 7000 Einwohner zählenden ruhigen Städtchen Minden in Westfalen vermutlich wie an jedem Tag in dieser Zeit. Von weitem schon sind der spätromanische Dom, die Sankt-Marien- und die Sankt-Martini-Kirche zu sehen. Die Menschen gehen ihrer geregelten Arbeit nach, auf der Weser transportieren Segler ihre Fracht in den großen Handelshafen nach Bremen. Kerzenzieher und Bierbrauer haben sich in Minden angesiedelt, die Stadt besitzt das Zuckermonopol für die preußischen Westprovinzen.

In der Familie des Regierungssekretärs Carl Friedrich Bessel herrscht indes große Aufregung. Seine Frau Ernestine bekommt ein Kind. Es wird ein Sohn, den sie Friedrich Wilhelm nennen. Getauft wird der Junge in der Sankt-Marien-Kirche, wobei ein kleines Malheur passiert. Ins Geburtsregister trägt man fälschlicherweise den 21. Juni ein.

Die Beamtenfamilie kann sich über einen reichen Kindersegen freuen. Insgesamt drei Söhne und sechs Töchter erblicken bei ihnen das Licht der Welt. Zwar trägt der Vater ein schmales Gehalt nach Hause, dies hindert jedoch nicht daran, dass aus den Kindern etwas werden sollte. Während der älteste und jüngste Sohn später in hohe Beamtenposten aufsteigen, sollte Friedrich Wilhelm zu einem der berühmtesten Astronomen seiner Zeit avancieren. Drei Töchter heiraten, zwei sterben früh, und Amalie sollte ihren zwei Jahre älteren Bruder Friedrich Wilhelm später an die Sternwarte nach Königsberg begleiten. „Indessen hatten meine Eltern, bei einer aus drei Söhnen und sechs Töchtern bestehenden Familie und dem für diese nur bei äußerster Sparsamkeit ausreichenden Einkommen, mit schweren Sorgen zu kämpfen", erinnert sich Friedrich Wilhelm später.

In die Kindheit fällt eine Anekdote, die man gleichsam symbolisch für seine spätere Karriere ansehen könnte. Im Alter von 13 oder 14 Jahren fällt dem Jungen auf, dass ein Stern im Sternbild Leier tatsächlich aus zwei sehr nahe beieinander stehenden Gestirnen besteht. Er ruft seinen älteren Bruder hinzu, der dort erst nach längerem Hinsehen einen „verlängerten Stern" ausmacht. Tatsächlich handelt es sich um einen engen Doppelstern, den nur Menschen mit sehr guter Sehschärfe getrennt wahrnehmen. Friedrich Wilhelm erinnert sich später immer wieder an diese Geschichte, weil er die beiden Sterne oft betrachtet, „um dadurch den Fortgang der Schwächung der Augen zu erkennen". Schon im Alter von 22 Jahren sieht auch er den Doppelstern nur noch als längliches Gestirn.

Der Bub entwickelt sich recht ordentlich und kommt auf das Gymnasium, wo er sich als eher mittelmäßig erweist. Insbesondere das Lateinische ist ihm von Anfang an zuwider. Das Rechnen hingegen liegt ihm viel mehr, und so äußert er den Wunsch, eine Kaufmannslehre aufnehmen zu dürfen. Unterstützt von Konrektor Thilo willigt der Vater ein, und mit 15 Jahren tritt Friedrich Wilhelm als Lehrling in das Bremer Handelshaus Andreas Gottlieb Kulenkamp & Söhne in der Papenstraße 5 ein. (Heute steht dort das Kaufhaus Horten.) Sieben Jahre lang will man ihn dort ausbilden – unentgeltlich, versteht sich. Wohl aber stellt man ihm ein Zimmerchen im dritten Stock sowie Verpflegung.

In seiner neuen Umgebung steht er nun am Schreibpult, kopiert mit Eifer Briefe und erhält so manchen Einblick in die Handelsgeschäfte. „Die Großartigkeit dieser Verhandlungen interessierte mich so lebhaft, dass ich, selbst wenn ich mich entfernen durfte, im Comptoir blieb und in allen Handlungsbüchern studierte." Doch schon nach wenigen Jahren fühlt er sich unterfordert und sucht nach einer neuen Perspektive. Da scheint ihm der Beruf des Cargadeurs, eines Handelsagenten, abenteuerlich-verlockend, um Schiffe für „Expeditionen tüchtig zu machen, welche damals die Hansestädte nach französischen und spanischen Colonien und nach China auszurüsten pflegten".

*Abb. 12: Friedrich Wilhelm Bessel im Jahre 1834,
Gemälde von Johann Eduard Wolff.*

Von da an bildet er sich eigenständig weiter, lernt Englisch und Spanisch und eignet sich Kenntnisse in der Schifffahrtskunde und Nautik an. Um sich „wirklich in den Stand setzen zu können, den Ort des Schiffes durch Beobachtung der Himmelskörper zu bestimmen", ist es unbedingt nötig, in die astronomischen Grundkenntnisse vorzudringen. Die Astronomiebücher kann er indes nur verstohlen lesen, um dem Spott seiner Kollegen über „das Hineinwagen in die Astronomie" zu entgehen. So arbeitet er sich durch zahlreiche Werke, bis ihn bei der Lektüre eines Buches über die geographische Ortsbestimmung eine neue Erkenntnis bestürzt: „Ich sah nun deutlich, dass es eine Mathematik gebe und dass sie von Nutzen sei bei der Auflösung nautischer Probleme."

Tatsächlich wirkt die „Entdeckung" der Mathematik als geistiges Werkzeug wie eine Offenbarung auf den jungen Bessel. „Wesentlich um mich zu der Astronomie zu führen, war ohne Zweifel *eine* Veranlassung, etwas vom Wesen der Mathematik kennen zu lernen", beurteilt Bessel seine Entscheidung im Nachhinein.

Doch soll es nicht beim theoretisch Erlernten bleiben. Es müssen Taten folgen. Mit Hilfe eines Uhrmachers und eines Tischlers baut er sich einen mit Fernrohr versehenen Sextanten und beginnt mit eigenen Beobachtungen. Da ihm von seinem Fenster aus die hohen Dächer und Mauern der Nachbarhäuser den Blick versperren, geht er zu seinem Freund, dem Mechaniker Johann Heinrich Helle, in die Hutfilterstraße 34, von dessen Fenster aus er einen freieren Blick hat. Schließlich gelingt es ihm 1803 aus der Beobachtung einer Sternbedeckung des Mondes die geographische Breite Bremens zu berechnen. Sicher keine revolutionäre Tat, aber das Ergebnis stimmt mit dem damals bekannten Wert so gut überein, dass in dem jungen Bessel das „Feuer der Jugend" aufzuflammen beginnt.

Zwar erinnert er sich später: „dass dereinst die Astronomie meine Profession werden würde, fiel mir nicht im Traume ein; ich folgte allein meinem Vergnügen". Dennoch, die Saat ist gelegt, und das Vergnügen heißt nun einmal Astronomie. Weiter trägt er sein Wissen darin Stück für Stück zusammen. „Ich lernte nur das, was ich anzuwenden beabsichtigte. … Das Lernen selbst hatte ich nie gelernt", beurteilt er rückblickend seine Vorgehensweise. Das alles entscheidende Erlebnis steht ihm aber noch bevor.

In einem Ergänzungsband des *Astronomischen Jahrbuchs* findet er Beobachtungsdaten des Halleyschen Kometen aus dem Jahre 1607. Bessel will nun hieraus die Bahn des Kometen um die Sonne berechnen. Zurückgreifen kann er dabei lediglich auf ein Lehrbuch des berühmten französischen Astronomen Joseph-Jérôme Lalande und eine Arbeit des in Bremen lebenden Arztes und Astronomen Heinrich Wilhelm Olbers. Zwei Monate lang widmet er sich ganz dieser Aufgabe, wobei sein Tag etwa so abläuft: „Diese Beschäftigungen [in der Firma] sollten zwar in der Regel die Zeit von 8 Uhr Morgens bis 8 Uhr Abends ausfüllen, jedoch blieben gewöhnlich zwei oder drei dieser zwölf Stunden geschäftsfrei. … Ich machte also zur Regel, gleich nach dem Abendessen (8 ½ oder 9 Uhr) mich auf mein Zimmer zurückzuziehen und 6 Stunden bis 2 ½ oder 3 Uhr Morgens, meinen Rechnungen und Büchern zu widmen. ... Mein Körper forderte ... nicht mehr als fünf Stunden Schlaf." Endlich, im Juli 1804 hat er sein Ziel erreicht. Doch was nun mit der sauber zu Papier gebrachten 330 Seiten starken Abhandlung anfangen? Da beschließt er, Olbers persönlich anzusprechen und ihm das Werk zur Begutachtung zu übergeben.

Am 28. Juli 1804, einem Sonnabend, „fasste ich mir ein Herz, schnitt Olbers, den ich eine Strasse langsam hinabgehen sah, durch Betretung einer Nebenstrasse und grösserer Eile den Weg ab und bat ihn um die Erlaubnis, ihm einen geringen astronomischen Versuch, den ich gewagt hätte, vorlegen zu dürfen". Olbers ist sichtlich verblüfft, nimmt aber das Papierbündel an und geht nach Hause. Ist dies allein schon überraschend, so kommt es noch unglaublicher. Schon am Abend des kommenden Tages trifft ein Schreiben von Olbers ein, in dem dieser Bessels Rechnungen über alle Maßen lobt. Wenn er etwas kritisiert, so eine übermäßige Genauigkeit. Olbers verspricht, die Arbeit in einem angesehenen Journal zu veröffentlichen und nimmt des jungen Kontoristen „gütiges Anerbieten", ihm zuweilen bei astronomischen Rechnungen beizustehen, mit größtem Dank an. „Von nun an wurde Olbers der Gegenstand meiner innigsten Verehrung; ich betrachtete ihn als meinen zweiten Vater, und so habe ich ihn bis zu seinem Ende verehrt", erinnert sich Bessel später.

Kein halbes Jahr nach diesem Triumph erhält er überraschend einen Brief von Carl Friedrich Gauß, dem Mathematikerfürst. Darin bittet er den jungen Mann um Hilfe bei der Berechnung der Sonnenposition. Bessel ist natürlich „durchdrungen von dem Gefühle wahrer Ehrfurcht" und Gauß' Wunsch ist ihm Befehl. Nur wenige Tage später gehen die Berechnungen per Post ab, nicht ohne die Bitte um Verzeihung, „dass ich mit der Übersendung einen Posttag zögerte; viele Geschäfte anderer Art verhinderten die frühere Verfertigung der Tafel".

Derart ermuntert, widmet sich Bessel der Astronomie mit wachsender Begeisterung, und weitere Veröffentlichungen folgen. Schon ein Jahr nach der Bekanntschaft mit Olbers werden die Weichen endgültig gestellt. In dem kleinen weltabgeschiedenen Moordorf Lilienthal unweit von Bremen hat der Oberamtmann Johann Hieronymus Schroeter eine Privatsternwarte errichtet. Elf

Teleskope sind dort bis 1805 großteils im Eigenbau entstanden. Das größte Instrument, ein 50-Zentimeter-Spiegel, hat Friedrich Wilhelm Herschel zur Verfügung gestellt. Es ist das größte Teleskop auf dem europäischen Kontinent.

Als Schroeters Assistent einen Ruf an die Universität Göttingen erhält, setzt sich Olbers für Bessel als Nachfolger ein. Dieser sagt schließlich zu, obwohl ihn sein Arbeitgeber mit einer hochbezahlten Stelle zum Bleiben überreden will. Am 19. März 1806 packt Bessel seine Sachen und machte sich abends mit einem Fuhrwerk bei Wind und Wetter auf den Weg nach Lilienthal.

Aus dem ehemaligen Kontoristen ist also ein Astronom geworden. Und jetzt blüht der erst 22-Jährige auf. Er lernt den Umgang mit den Fernrohren und beginnt einen ausführlichen Schriftwechsel mit den neuen Kollegen. Aus gesellschaftlicher Sicht erweist sich Lilienthal allerdings eher als Abstieg. Der schon 60 Lenzen zählende Schröter und dessen betagte Schwestern sind sein einziger Umgang.

Andererseits kann Bessel tun und lassen was er will. Unbeeinflusst von Schroeter, der sich gänzlich auf die Beobachtung des Mondes und der Planeten verlegt hat, beobachtet er vornehmlich Kometen und die damals neu entdeckten Kleinplaneten, die Planetoiden, und berechnet deren Bahnen. Über 50 Arbeiten veröffentlicht er innerhalb von vier Jahren, womit er seinen Ruhm beträchtlich mehrt. Kein Wunder, dass er mehrere interessante Angebote von Sternwarten und Lehranstalten erhält. Er lehnt aber alle ab, bis er Ende 1809 einen Brief aus Berlin von dem dortigen Direktor des Departments für Bildung und Religion, Wilhelm von Humboldt, dem Bruder Alexanders, erhält. Darin offeriert ihm dieser den Posten als Professor für Astronomie und Direktor der Sternwarte in Königsberg. Allerdings: die Einrichtung gibt es noch gar nicht. Sie soll erst unter Bessels Leitung und nach seinen Vorstellungen errichtet werden. Das ist denn doch zu verlockend. Und als ihm sein Mentor Olbers dringend zurät, die Stelle anzunehmen, willigt Bessel ein.

Am 27. März 1810 verlässt er die Moorsternwarte Lilienthal. Es ist übrigens auch das letzte Mal, dass er die eindrucksvolle Anlage sieht, denn drei Jahre später zerstören Napoleons Soldaten das Observatorium und rauben die Instrumente. Schroeter erholt sich von diesem Schock nie mehr und stirbt drei Jahre später.

Bevor Bessel zunächst Berlin und anschließend Königsberg erreicht, besucht er seine Eltern in Minden. Dort schließt sich ihm die Schwester Amalie an, um sich mit dem großen Bruder in Königsberg niederzulassen. Sie wird ihm stets eine treue Begleiterin bleiben. „Meine Schwester und ich, wir sind, glaube ich, füreinander geschaffen, denn unsere Wünsche gehen so oft denselben Weg", schreibt Bessel später einmal an Gauß.

Königsberg. Preußische Provinzstadt an der Ostsee mit 60 000 Einwohnern, ausgestattet mit einem Hafen und einer Universität. Hier hat der berühmte Immanuel Kant sein ganzes Leben verbracht. Doch die Universität ist in einem beklagenswerten Zustand. Nur 332 Studenten zählt sie, davon ganze elf in der philosophischen und medizinischen Fakultät, zu der auch die Astronomie gehört. „Die Königsberger behaupteten, Ostpreußen würde von Berlin aus als eine Art Sibirien behandelt", berichtet zur damaligen Zeit der Gelehrte Karl Ernst von Baer.

Dennoch, für die neue Sternwarte ist Geld vorhanden, ein wahres Wunder angesichts der politischen Wirren. Preußen hatte im Krieg gegen Napoleon die Hälfte seines Territoriums verloren und war nur dank des Beistands des russischen Zaren nicht gänzlich aufgelöst worden. Es blieb aber unter französischer Besatzung. Überdies zog Napoleon Preußen in eine Kontinentalsperre gegen England mit ein, was für dessen Wirtschaft ruinöse Folgen hatte.

Bessel bleibt von diesen politischen Unruhen weitgehend verschont und sucht zunächst einen geeigneten Standort für seine Sternwarte. Schließlich entscheidet er sich für den Windmühlenberg, einen Hügel am Rande der Stadt mit freiem Horizont. Der Bau verläuft schleppend, die ersten Instrumente übernimmt Bessel aus dem Nachlass der Privatsternwarte des Grafen Friedrich von Hahn aus Remplin, weitere werden eigens angefertigt. Im November 1813, drei Jahre nach dem Antritt seiner Stelle, kann Bessel endlich erstmals ein Fernrohr an den Himmel richten.

Zuvor stehen jedoch noch zwei Probleme an. Zum einen besitzt er als gelernter Kontorist keinen akademischen Grad, was die Gelehrten an der Königsberger Universität bei ihrem neuen Mitglied vermissen. Nach einigen Bemühungen kann schließlich Gauß die Fakultät der Universität Göttingen dazu bewegen, Bessel aufgrund seiner bisherigen Leistungen die Doktorwürde zu verleihen.

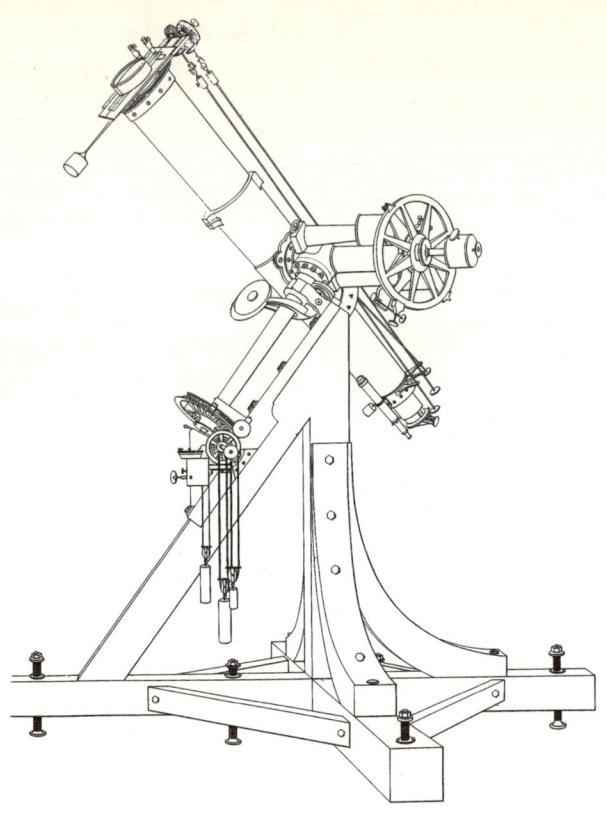

Abb. 13: Das Königsberger Heliometer aus der
Fraunhoferschen Werkstatt, mit dem Bessel die Parallaxe
von 61 Cygni entdeckte.

Zum anderen führt ihm zwar die Schwester Amalie den Haushalt,
aber er sehnt sich doch nach einer eigenen Familie. Dieser Wunsch
soll sich zwei Jahre nach seiner Ankunft in Königsberg erfüllen.
Bei einem Kollegen, Professor Karl Gottfried Hagen, lernt er
dessen Tochter Johanna kennen und verliebt sich in sie. Im Frühjahr 1812 beschreibt er sie Gauß als „voll von Herz und Geist,
schön, jung, gebildet – kurz so wie ich sie immer wünschte".
Johanna muss ihrerseits wohl ähnlich empfunden haben, denn am
26. Oktober 1812 wird geheiratet. Johanna bringt zwei Söhne und

drei Töchter zur Welt. Bessel bedeutet die Familie, der seine Schwester Amalie weiter angehört, sein Leben lang Halt und Trost. Er beschäftigt sich viel mit seinen Kindern, stets nimmt er, der notorisch Vielbeschäftigte, sich an Weihnachten Zeit, um ihnen Spielzeug zu basteln.

Generell ist Bessel wohl ein eher unkomplizierter und wohlwollender Mitmensch, durchaus ansehnlich in Gehrock und Jabot und mit seinen vollen Locken. Er verachtet hohles Gerede, ist aber geistreichen Gesellschaften nicht abgeneigt. So feiern Gelehrte, Geschäftsleute und Politiker im Rahmen der *Gesellschaft der Freunde Kants* alljährlich den Geburtstag des großen Denkers. Als auch Bessel Mitglied wird, macht er den Vorschlag, man solle doch den Titel eines „Bohnenkönigs" einführen. Gewählt wird so, dass in der Desserttorte eine silberne Bohne versteckt ist. Wer das Stück mit ihr erhält, ist für ein Jahr Bohnenkönig, und die beiden Tischnachbarn erhalten den Titel Bohnenminister. Der Bohnenkönig muss dann bis zum nächsten Treffen eine Rede über Kant vorbereiten.

Bessel, nie ein Mann der Muße, hat schon vor den ersten Beobachtungen in Königsberg eine hervorragende Arbeit erstellt. Olbers hat ihn bereits in seiner Lilienthaler Zeit auf Ergebnisse des Astronomer Royal, James Bradley, aufmerksam gemacht, eben jenes Bradley, der bei der Suche nach der Fixsternparallaxe auf das Phänomen der Aberration gestoßen war. Bradley hat zwischen 1750 und 1762 die Positionen von über 3000 Sternen gemessen. Um aus diesem Datensatz einen Himmelsatlas mit größtmöglicher Genauigkeit zu erstellen, ist es zuvor nötig, diverse Fehler zu korrigieren. Hierzu zählt insbesondere die Refraktion, ein optisches Phänomen, bei dem die Lichtstrahlen beim Weg durch die Atmosphäre gebrochen werden, was zu einer Verschiebung der wahren Sternpositionen am Himmel führt. Diese Aufgabe ist für den akribischen Rechner Bessel wie geschaffen. Wie keiner vor ihm beschäftigt er sich mit der Refraktion und verfertigt ein Tabellenwerk, das die Größe der Lichtablenkung mit der Höhe des Sterns über dem Horizont angibt. Hierfür zeichnet ihn 1811 die Französische Akademie der Wissenschaften mit dem Lalande-Preis aus. Nach sieben Jahren, im April 1818 hat Bessel aus Bradleys Beobachtungsdaten den damals genauesten Sternkatalog, einen so genannten Fundamentalkatalog, gefertigt.

Sternkataloge dieser Art sind unerlässlich, beispielsweise wenn es darum geht, die Bewegung von Planeten, Kometen oder Planetoiden zu bestimmen. Vergleiche mit Beobachtungen aus anderen Epochen zeigen überdies, dass viele Fixsterne gar nicht fest am Himmel stehen. So gibt es einige, die sich im Verlaufe von Jahrzehnten langsam bewegen. Das Gestirn mit der größten Eigenbewegung ist der völlig unscheinbare, mit bloßem Auge gerade noch sichtbare Stern Nummer 61 im Sternbild Schwan, im astronomischen Fachterminus 61 Cygni genannt. Im Verlaufe von 360 Jahren wandert er um eine Strecke entsprechend dem Vollmonddurchmesser über den Himmel. Dieser Himmelskörper sollte Bessel 25 Jahre später zu unvergänglichem Ruhm verhelfen.

So wie Bessel die Beobachtungsdaten auf ihre Genauigkeit prüft, so verfährt er auch mit den Instrumenten. „Jedes Instrument wird … zweimal gemacht, einmal in der Werkstatt des Künstlers von Messing und Stahl; zum zweitenmal aber von dem Astronomen auf seinem Papiere", schreibt er später in seinen *Populären Vorlesungen*. An allen neuen Geräten, die an seine Königsberger Sternwarte geliefert werden, hat er etwas auszusetzen. Hier weist die Gradeinteilung Unregelmäßigkeiten auf, dort läuft die Mikrometerschraube nicht rund, da biegt sich eine Achse leicht durch. Lässt sich ein Fehler ausmerzen, so muss es getan werden. Ist dies nicht möglich, weiß Bessel, wie dieser sich auf das Messresultat auswirkt und kann ihn berücksichtigen. Auf diese Weise begründet er eine Theorie der Instrumentenfehler, wie es sie bis dahin nicht gibt.

Bessel ist bei dem Studium der Bradleyschen Beobachtungen natürlich auch auf dessen vergeblichen Versuch gestoßen, die Fixsternparallaxe nachzuweisen. Nun, nachdem Bessel das Material neu aufgearbeitet hat, analysiert er es daraufhin erneut – ebenfalls ohne Erfolg. Als er in Königsberg über gute Instrumente verfügt, macht er sich 1815 selbst daran, die Parallaxe nachzuweisen, und zwar bei den Sternen 61 Cygni und μ Kassiopeiae. Anders als seine vielen Vorgänger, die stets die hellsten und vermeintlich nächsten Sterne ausgewählt haben, trifft er seine Wahl nach anderen Gesichtspunkten. 61 Cygni und μ Kassiopeiae besitzen die größten Eigenbewegungen, woraus Bessel schließt, dass sie uns näher sein müssen als die anderen Sterne. Damit sollte die Parallaxe größer und leichter messbar sein. Außerdem stehen diese Sterne

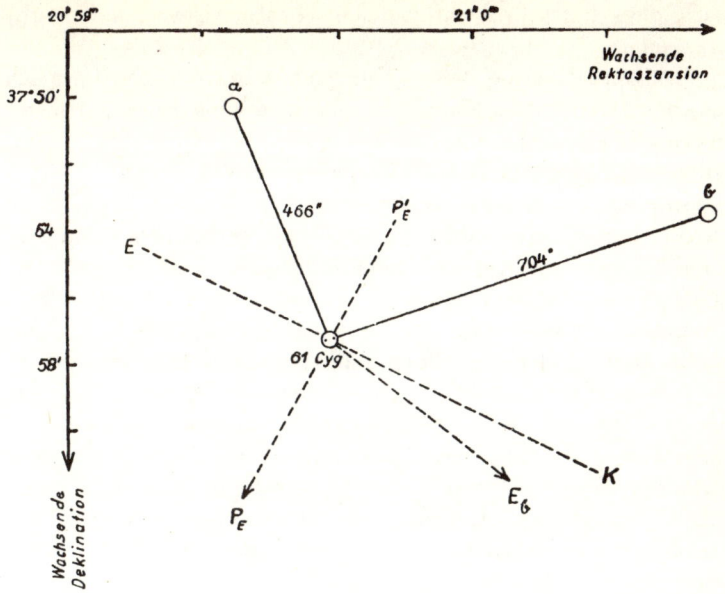

Abb. 14: Lage des Doppelsterns 61 Cygni zu den umgebenden Vergleichssternen.

hoch am Himmel über Königsberg und sind fast das ganze Jahr über sichtbar. Ist dies der Weg zum Erfolg?

Am 18. Februar 1815 findet er bei 61 Cygni in den ersten Messungen Andeutungen für eine leichte Schwankung. Olbers teilt er mit: „Indessen würde es zu voreilig sein, wenn ich schon auf diese Beobachtungen die Behauptung gründen wollte, dass der Stern wirklich eine merkliche Parallaxe hat." Er ist sich auch völlig im Klaren über die Bedeutung einer solchen Entdeckung: „die Parallaxe der Fixsterne ist ein Punkt, mit dem man, wie die vielen darin gemachten Missgriffe zeigen, sehr vorsichtig umgehen muss." Doch am 23. Juni ist er schon etwas mutiger: „Diese Beobachtungen machen also eine merkliche Parallaxe für sehr wahrscheinlich; für *entschieden* werde ich sie halten, wenn die Beobachtungen des künftigen Jahres sie bestätigen." So lange muss er jedoch gar nicht warten. Schon am 27. November des Jahres gesteht er Olbers: „No. 61 des Schwans scheint auch nach meinen diesjährigen Beobachtungen *keine* Parallaxe zu haben." Bessel bezweifelt langsam, dass dieses Problem mit den damals existierenden Instrumenten überhaupt lösbar ist.

Er lässt es daher bei diesem Versuch bewenden und widmet sich einem anderen Mammutprojekt: der Erstellung eines Sternkataloges und entsprechender Karten, die alle Gestirne in einem bestimmten Himmelsareal bis zur neunten Größe enthalten sollen. Es soll seine umfangreichste Arbeit werden. Von 1821 bis 1833 hat er die unglaubliche Zahl von 75 000 Sternpositionen vermessen. „Die Riesenarbeit beweist in höchstem Maße die Ausdauer, Energie und selbst körperlichen Kräfte, die Bessel zu Gebote standen", kommentierte später der Biograph Rudolf Engelmann die herkulische Leistung. Bereits 1829 ehrt die Royal Astronomical Society in London Bessel dafür mit der Goldmedaille. Alleine hätte allerdings selbst dieser fleißige Mann das Unternehmen nicht bewältigen können. Große Dienste leistet ihm sein tüchtiger Assistent Friedrich Wilhelm Argelander, der später die Besselsche Arbeit an der Sternwarte Bonn fortsetzt. Der 1862 von ihm herausgegebene 324 000 Sterne umfassende Katalog sollte als *Bonner Durchmusterung* berühmt werden.

Der Sternkatalog und weitere Kometenbeobachtungen beschäftigen Bessel lange Zeit. Und als wäre diese Nachtarbeit noch nicht genug, geht er ab 1823 auch noch der Frage nach, wie sich möglichst genau gehende Uhren bauen lassen. Überdies betätigt er sich sogar als Landvermesser und erweist sich auch hierbei als Perfektionist.

Den Umgang mit Sextanten hat er ja bereits in der Jugend gelernt, und so vermisst er 1824 nahe Königsberg ein größeres Gelände. Aus mathematischer Sicht erscheint Bessel diese Arbeit insofern interessant, als er sich fragt, ab welcher Flächengröße man die Erdkrümmung berücksichtigen müsse. Er veröffentlicht hierzu einige grundlegende Arbeiten, die ihn auch auf diesem Gebiet bekannt werden lassen. Und so ist es kein Wunder, dass man ihn 1831 mit der „Ostpreußischen Gradmessung" beauftragt. Hierin soll er zusammen mit dem routinierten Geodät Johann Jakob Baeyer die noch nicht ausreichend vermessene Lücke entlang der Ostsee zwischen Trunz und Memel schließen. Über sechs Jahre stehen die beiden draußen im Feld, weitere zwei Jahre benötigen sie für die Datenauswertung, bevor 1838 schließlich die Arbeit erscheint. Wieder handelt es sich um ein Muster an

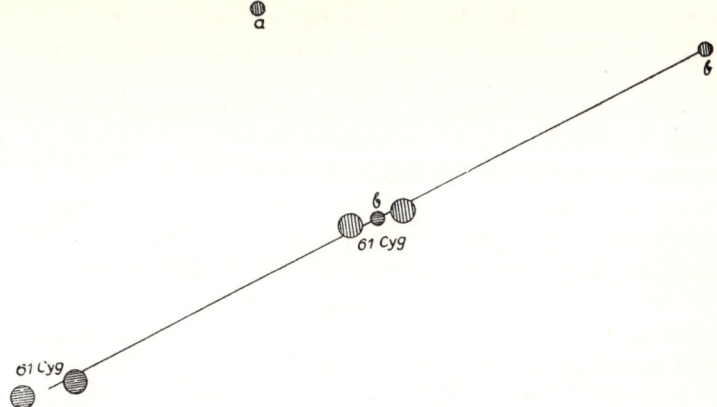

Abb. 15: Positionsbestimmung von 61 Cygni relativ zu einem der umgebenden Sterne. Bessel verschob die beiden Hälften des Heliometerobjektivs so lange gegeneinander, bis das Bild des Vergleichssterns genau zwischen den beiden Mitgliedern des Doppelsterns 61 Cygni lag.

Präzision. Baeyer steigt zu einem der bedeutendsten Geodäten der damaligen Zeit auf und verwirklicht 1862 seinen Traum einer europäischen Gradmessung. Bessel indes leitet aus dem vorhandenen Material eine andere interessante Größe ab: den Abplattungsgrad des Erdkörpers. Er findet heraus, dass der Äquator um 1/299 länger ist als ein durch die Pole laufender Längenkreis. Oder anders gesagt: Der Erddurchmesser ist am Äquator um zwanzig Kilometer größer als an den Polen – ein noch heute gültiger Wert.

So erfolgreich Bessel auf diesem Gebiet auch ist, sein Herz schlägt doch für die Sterne. Im Oktober 1837 klagt er Olbers sein Leid: „Sie können dennoch sicher sein, dass ich in meinem Leben keine *Gradmessung*, keine *Pendelversuche* und kein *Maasswesen* wieder übernehme. Es ist Sünde und Schande, dem eigentlichen Betreiben der Astronomie so viele Zeit zu entziehen." Bessel hat auch einen ganz triftigen Grund für sein Wehklagen. Im selben Schreiben berichtet er nämlich: „Sie haben mich lange erinnert, dass ich die Parallaxe der Fixsterne mit meinem Heliometer untersuchen solle. Ich konnte nicht darauf eingehen, da ich andere Untersuchungen im Gange hatte … Struve ist mir nun zuvorgekommen, indem er einen Versuch bei α Lyrae gemacht hat, der zwar noch kein Gelingen, doch aber, wie es scheint, eine Aussicht auf Erfolg herbeigeführt hat."

Da hat ihn also das alte, brennende Problem wieder eingeholt. Und schlimmer noch: Sein Kollege an der Sternwarte Dorpat in Estland, Wilhelm Struve, scheint das Rennen gewonnen zu haben. Struves Ergebnisse erweisen sich dann aber doch als sehr ungenau, und Bessel wäre nicht Bessel gewesen, wenn er die Herausforderung nicht angenommen hätte. Von entscheidender Bedeutung für die Wiederaufnahme des Beobachtungsprojekts, an dem er über zwanzig Jahre zuvor gescheitert war, ist jedoch eine instrumentelle Entwicklung.

Seit 1829 bereits stand in seinem Observatorium ein Heliograph, ein optisches und feinmechanisches Meisterstück aus der Münchener Werkstatt des Joseph von Fraunhofer. Obwohl schon 1820 in Auftrag gegeben, verzögerte sich die Herstellung, wobei Bessel schließlich noch um das gute Stück bangen musste, als Fraunhofer 1826 starb. Dennoch, drei Jahre später war das Instrument in Königsberg, und Bessel konnte voller Freude seinem Kollegen an der Hamburger Sternwarte, Heinrich Christian Schumacher, mitteilen: „Victoria! Das Heliometer steht."

Heliometer wurden damals, wie der Name schon andeutet, dazu verwendet, um den scheinbaren Durchmesser der Sonnenscheibe zu bestimmen. Im Prinzip handelt es sich um ein Linsenfernrohr, einen Refraktor. Das Objektiv lässt sich drehen und ist entlang des Durchmessers durchtrennt. Beide Objektivhälften können entlang des Schnittes gegeneinander verschoben werden, wodurch in der Brennebene zwei Bilder des anvisierten Himmelsausschnittes entstehen. So lassen sich die Abstände zweier Sterne sehr genau messen. Hierfür dreht der Astronom das Objektiv so lange, bis sich die beiden Sterne auf der Trennungslinie befinden. Dann verschiebt er die beiden Objektivhälften gegeneinander, so dass sich die Sternbilder einander annähern. In dem Moment, wo die Bilder aufeinander liegen, liest er die Weite der Objektivverschiebung ab und erhält daraus den Abstand der beiden Sterne am Himmel.

Mit diesem Instrument, das „im Äussern ebenso schön, als im Innern vollendet ausgefallen" ist, verfolgt Bessel nun bei der Parallaxenmessung ein neue Strategie. Bis dahin haben fast alle

Astronomen jährliche Positionsschwankungen eines Sterns im Bezug auf den Zenit gesucht. Dieses Verfahren krankt unter anderem daran, dass die Zenitbestimmung zu ungenau ist. Bessel überlegt sich nun, die Position seines Sterns 61 Cygni, den er schon zwei Jahrzehnte zuvor favorisiert hat, relativ zu einem verhältnismäßig lichtschwachen Stern zu messen, der gleichzeitig mit 61 Cygni im Blickfeld seines Fernrohrs steht. Er geht hierbei davon aus, dass dieser schwache Stern viel weiter entfernt ist als 61 Cygni und daher keine nachweisbare Parallaxe aufweist. Das heißt, Bessel will die Positionsschwankung eines nahen Sterns gegenüber einem fernen und daher fest stehenden Stern bestimmen.

Ganz neu ist die Idee nicht. Schon Galilei war darauf gekommen. Erstmals angewandt hatte sie aber erst Friedrich Wilhelm Herschel gegen Ende des 18. Jahrhunderts. Herschel war zwar nicht in der Lage, eine Parallaxe zu bestimmen. Dafür entdeckte er aber, dass offenbar sehr viele Sterne nicht alleine stehen, sondern einen oder mehrere Begleiter haben. Über die Entdeckung der Doppelsterne vergaß Herschel dann die leidige Geschichte der Parallaxe.

Mit diesem neuen Konzept stellt sich Bessel dem Zweikampf mit Struve. Der verfügt ebenfalls über einen exzellenten Refraktor aus dem Hause Fraunhofer. Nachdem Bessel einen ersten Anlauf zur Parallaxenmessung im Jahre 1834 wieder abbricht, ist es nun am 16. August 1837 endlich soweit. Bessel nimmt 61 Cygni ins Visier, verschiebt die Doppellinse, bis das Bild des Sterns mit dem des Nachbarsterns zur Deckung kommt und liest den Winkelabstand ab. (Genau ist es so, dass auch 61 Cygni ein Doppelstern ist und Bessel den Mittelpunkt zwischen diesen beiden Komponenten auf den Nachbarstern schiebt.) Ist die Luft klar und steht das Bild ruhig, führt er diese Prozedur in jeder Nacht mindestens sechzehnmal aus und bestimmt aus den Daten den Mittelwert. Ist die Luft unruhig, sind noch weitere Messungen nötig. Das Arbeitspensum in diesem Jahr kann sich wieder mal sehen lassen. Tagsüber schreibt Bessel an dem Werk über die Vermessung Preußens und nachts schaut er in die Sterne.

Da die parallaktische Verschiebung auf der Bewegung der Erde um die Sonne beruht, muss Bessel seinen Stern etwa ein Jahr lang beobachten, bevor er zu einer sicheren Aussage kommen kann. Gleichzeitig ist ihm bewusst, dass auch Struve alles daran setzt, als erster die Entfernung eines Sterns zu messen. Dieser hat zwischen November 1835 und Ende 1837 lediglich siebzehn Messungen an dem Stern Wega vorgenommen und daraus eine Parallaxe von einer achtel Bogensekunde erhalten. Allerdings ist der Messfehler so groß, dass diesem Wert nicht zu trauen ist.

Bis zum 2. Oktober 1838 dauert die Beobachtungskampagne. In insgesamt 99 Nächten setzt sich Bessel ans Heliometer, um das unscheinbare Sternchen im Sternbild Schwan zu beobachten. Schätzungsweise 2900 Einzelmessungen kommen so zustande. Schon im Juni des Jahres berichtet er Olbers: „Über die Merklichkeit einer jährlichen Parallaxe lassen sie [die Beobachtungen] keinen Zweifel mehr." Zweifel betreffen lediglich noch die Genauigkeit der Messwerte. „Das ist doch schon *etwas!*" jubelt er verhalten.

Das ist in der Tat etwas. Und während Bessel noch zögert, ist Olbers bereits überzeugt und freut sich, dass sein einstiger Schüler seiner Leistung „auch noch dieses glänzende Lorbeerblatt beigefügt" hat, „denn dies ist die erste wirkliche Bestimmung einer Fixstern-Parallaxe".

Doch Bessel muss erst sorgfältig alle möglichen Fehlerquellen berücksichtigen, bevor er sich am 2. November mit einem Vortrag an die Berliner Akademie der Wissenschaften wendet und wenig später seine Ergebnisse ausführlich in den *Astronomischen Nachrichten* veröffentlicht. Die größte Freude bereitet ihm aber vielleicht ein Brief, in dem er seinem Mentor Olbers das wunderbare Ergebnis zum 80. Geburtstag unterbreiten kann.

Das Ergebnis ist schnell zusammengefasst: „Die Parallaxe 0,3136 Bogensekunden entspricht einer Entfernung von 657 700 [Erdbahnradien], welche das Licht in 10,3 Jahren durchläuft. … Da überdies der mittlere Fehler der jährlichen Parallaxe noch nicht $1/15$ ihres Wertes beträgt, so kann an dem wirklichen Vorhandensein dieser Parallaxe nicht mehr gezweifelt werden." Damals ist wohl allen klar: Wenn einer wie Bessel so deutliche Worte spricht, sind sie wirklich nicht zu bezweifeln. Das 300 Jahre alte Problem ist gelöst.

In seinen *Populären Vorlesungen* versucht Bessel später, diese unvorstellbare Distanz zu erläutern. „Wählt man … eine anschauliche Einheit, z.B. die Entfernung von 200 Meilen, welche ein Dampfwagen täglich durchlaufen kann, so muss man 68 000 Millionen solcher Tagesreisen, oder fast 200 Millionen Jahresreisen, zur Angabe der Entfernung des Sterns machen. Aber jede Bemühung, eine Grösse zu versinnlichen, welche die auf der Erde zugänglichen weit überschreitet, verfehlt ihren Zweck und artet in das Kindische aus."

Jetzt, wo die Entfernung des Doppelsterns 61 Cygni bekannt ist, lassen sich auch weiterreichende Schlüsse ziehen. So schätzt Bessel ab, dass 61 Cygni und dessen Begleitstern zusammen nicht mehr als die halbe Masse unserer Sonne haben können. Damit ist klar, „dass auch die Sonne ein gewöhnliches von den zahllosen Sandkörnern ist, welche den Weltraum füllen".

Die Begeisterung unter den Astronomen ist kaum zu übertreffen. Und die Entdeckung ist für die Londoner Royal Society großartig genug, den Königsberger Astronomen mit ihrer höchsten Ehrung, der Goldmedaille, auszuzeichnen. John Herschel, der Sohn und Nachfolger des berühmten Friedrich Wilhelm Herschel, kommentiert auf der Jahresversammlung der Astronomischen Gesellschaft in London 1842: „Dies ist der größte und ruhmvollste Triumph, den je praktische Astronomie davon getragen hat. ... So groß ist das Universum, in dem wir leben, zu dessen Ermessung wir endlich die Mittel erfunden haben."

Wie nah die Konkurrenten Bessel auf den Fersen gewesen sind, sollte sich bald zeigen. Ende 1839 veröffentlicht der schottische Astronom Thomas Henderson seine Parallaxenmessungen an Alpha Centauri, die er am Observatorium am Kap der Guten Hoffnung erhalten hat – übrigens auf Anraten Bessels. Henderson erhält einen Wert von 0,98 Bogensekunden. Der heutige Wert liegt bei 0,756 Bogensekunden, entsprechend einer Entfernung von 4,4 Lichtjahren. Alpha Centauri ist der zweitnächste Fixstern. Struve veröffentlicht 1840 in den *Astronomischen Nachrichten* einen neuen Wert für Wega, der nun auf 96 Beobachtungen basiert. Er erhält 0,2613 Bogensekunden, entsprechend 12,5 Lichtjahre. Der heutige Wert liegt allerdings bei 26 Lichtjahren, entsprechend einer Parallaxe von 0,125 Bogensekunden.

Es ist später viel darüber diskutiert worden, ob wirklich Bessel das Privileg der Erstentdeckung gebührt, wo doch Struve schon vor ihm die erste Messung an Wega veröffentlicht hatte. Berücksichtigt man aber die Genauigkeit der Besselschen Beobachtungen, so gebührt tatsächlich ihm der Ruhm. Bessels Wert von

61 Cygni musste bis heute kaum korrigiert werden: Statt den von ihm ermittelten 10,2 Lichtjahren ist der Stern 11,3 Lichtjahre entfernt.

Damit ist der 54-jährige Bessel auf der Höhe seines Ruhmes angelangt. Kein kometenhafter Aufstieg ist ihm beschieden gewesen, sondern zähe Ausdauer und äußerste Perfektion haben ihn langsam, Schritt für Schritt, ans Ziel geführt. Es sollten ihm jedoch nur noch sechs Jahre vergönnt sein, in denen er am Fernrohr beobachten kann. Dann befällt ihn eine schwere Krankheit, Darmkrebs, wie sich später herausstellt. Als sich der Gesundheitszustand des Astronomen immer weiter verschlechtert, schickt sogar der preußische König seinen persönlichen Arzt nach Königsberg. Aber auch er kann dem berühmten Himmelsforscher nicht mehr helfen. Bessel stirbt am 8. April 1846, umsorgt von seiner Frau und der jüngsten Tochter Johanna, in seinem Haus der Königsberger Sternwarte. Begraben wird er auf dem an das Observatorium angrenzenden Neurossgärter Friedhof.

Die Parallaxenmessung ist bis heute die einzige Methode, um die Entfernungen der Sterne zweifelsfrei und ohne Zuhilfenahme astrophysikalischer Modelle zu bestimmen. Sie ist die erste Stufe auf der Entfernungsleiter ins Universum. Auf ihr bauen alle weiteren Methoden auf, mit denen die Astronomen heute das Weltall bis zu den Milliarden von Lichtjahre entfernten Galaxien ausloten. Die genauesten Parallaxenmessungen hat bis heute das europäische Satellitenteleskop Hipparcos geliefert, dessen Messwerte bis auf wenige tausendstel Bogensekunden genau sind. Damit lässt sich das Universum bis in einige tausend Lichtjahre Entfernung von der Erde vermessen.

„*Mit der Spitze seiner Feder entdeckt!*"

Urbain Joseph Leverrier (1811–1877) und John Couch Adams (1819–1892)

Prioritätsstreitigkeiten haben in den Naturwissenschaften eine lange Tradition. Wenn die Frage auftaucht, wer etwas zuerst entdeckt oder erfunden hat, geht es um persönliche, nationale und häufig auch finanzielle Interessen. Galilei stritt mit Christoph Scheiner darüber, wer als Erster die Flecken auf der Sonne gesehen hat. Newton kämpfte leidenschaftlich gegen Leibniz um das Vorrecht, die Infinitesimalrechnung entwickelt zu haben. Die Frage, wer den Computer erfunden hat, führte in den USA zum aufwendigsten Patentprozess aller Zeiten. In der Astronomiegeschichte entbrannte der unnachgiebigste und bis zur Niedertracht geführte Kampf dieser Art im Jahre 1846.

Damals beanspruchten zwei Forscher die Entdeckung des Planeten Neptun: Urbain Joseph Leverrier oder John Couch Adams. Chauvinismus und persönlicher Stolz standen Pate bei diesem historischen Disput, in dem es darum ging, wer die Himmelsposition des vermuteten Planeten wann richtig vorausgesagt hat. Wie es scheint, ist die Geschichte bis heute nicht ausgestanden. Nachdem sich die Kontrahenten in Frankreich und Großbritannien nach Jahren darauf einigten, dass wohl beiden Staatssöhnen der Lorbeer gleichermaßen gebührt, haben neue Nachforschungen im Jahr 1999 zu dem Ergebnis geführt, dass die Briten bewusst Dokumente zurückgehalten haben. Sie beweisen, dass Adams' Berechnungen zu ungenau waren, um mit ihnen Neptun auffinden zu können.

Die Vorgeschichte begann am 13. März 1781, als der noch gänzlich unbekannte Friedrich Wilhelm Herschel mit seinem selbst gebauten Teleskop im Sternbild Zwillinge einen merkwürdigen Himmelskörper entdeckte. Der bewegte sich und erwies sich bei starker Vergrößerung als scheibenförmig, anders als Sterne, die immer punktförmig sind. Als klar wurde, dass Herschel einen neuen Planeten jenseits des Saturn entdeckt hatte, war die Sensation perfekt und der Musiker aus Hannover plötzlich weltberühmt. Das neue Mitglied im Club der Planeten erhielt den Namen Uranus.

Auf seiner Bahn in den Außenbereichen des Planetensystems benötigt Uranus 84 Jahre, um die Sonne einmal zu umrunden. Aus den wenigen, über einen kurzen Zeitraum hinweg gemachten Beobachtungen ließ sich die Bahn nur ungenau bestimmen. Johann Elert Bode, der Direktor der Berliner Sternwarte, suchte daher schon bald in alten Katalogen nach Beobachtungen, bei denen die Astronomen Uranus irrtümlich für einen Stern gehalten hatten. Tatsächlich wurde er bald fündig. 1756 hatte Tobias Mayer in Göttingen den neuen Planeten gesehen und 1690 war John Flamsteed, dem Astronomer Royal in Greenwich, der Himmelskörper aufgefallen. Mit diesen Daten ließen sich schon eher die Bahngrößen bestimmen.

Doch schon zwei Jahre nach der Entdeckung mussten die Himmelsmechaniker eingestehen, dass sie die Bewegung des Uranus nicht mit der gewohnten Genauigkeit wiedergeben konnten. Es war immer nur möglich, entweder die alten Beobachtungen mit der Theorie zu erklären oder die jüngeren, nie jedoch alle zusammen; über einen längeren Zeitraum hinweg versagten alle denkbaren Umlaufbahnen. Erste Besserung trat ein, als sich mehrere theoretische Physiker daran machten, die Störungen, welche die Schwerkräfte der großen Planeten Jupiter und Saturn auf Uranus ausüben, mit einzubeziehen. Der Franzose Jean Baptiste Delambre berechnete so eine neue Umlaufbahn, die nun alte und neue Beobachtungswerte befriedigend wiedergab. Damit erlosch das Interesse an Uranus vorerst. Von Jahr zu Jahr wurde er seltener beobachtet. Gänzlich ins Hintertreffen geriet Uranus, als die Astronomen unerwartet im Sonnensystem eine ganze Reihe neuer Kleinplaneten entdeckten, die Planetoiden.

Giuseppe Piazzi wurde am 1. Januar 1801, also mit dem Beginn des 19. Jahrhunderts, auf einen Himmelskörper aufmerksam, den er zunächst für einen Kometen hielt. Wie schon bei Herschels Entdeckung entwickelte der mutmaßliche Schweifstern jedoch keinen Schweif, und als man dessen Umlaufbahn bestimmte, war klar: Es handelt sich um einen Planeten, der in der Lücke zwischen Mars und Jupiter die Sonne umkreist. Aus der Helligkeit des Ceres genannten Himmelskörpers ermittelten die Spezialisten indes einen Durchmesser von nur 260 Kilometern. Das entspricht gerade einmal einem fünfzigstel des Erddurchmessers. Nun ging die Suche weiter, und man wurde erneut fündig. 1802 entdeckte Heinrich Olbers den nächsten Kleinplaneten, dem er den Namen Pallas gab. Es folgten 1804 Juno und 1807 Vesta. Sind sie Bruchstücke eines großen Planeten, der einst explodiert ist oder bei einem Zusammenstoß mit einem gewaltigen Kometen zerbarst, wie Olbers mutmaßte? Bis heute ist diese Frage nicht abschließend geklärt.

Die Entdeckung der „Asteroiden", wie Herschel die Kleinplaneten nannte, ist nicht nur ein Triumph für die Zunft der beobachtenden Astronomen, sondern auch für die Theoretiker, insbesondere für Bode. Der hatte nämlich die Existenz *eines* Planeten in der Lücke zwischen Mars und Jupiter vorhergesagt. Schon 1766 hatte der Wittenberger Mathematiker Johann Daniel Titius herausgefunden, dass sich die Abstände der Planeten durch eine mathematische Reihe darstellen lassen. Sechs Jahre später wurde Bode auf diesen seltsamen Zusammenhang aufmerksam. Gefesselt von der Idee, der Aufbau des Sonnensystems folge einem einfachen mathematischen Gesetz, nahm er dieses 1778, also drei Jahre vor Herschels Uranusentdeckung, in sein Astronomielehrbuch auf. Darin spekulierte er auch über die Existenz eines Planeten jenseits des Saturn: „Sollten wirklich die Grenzen des Sonnenreichs da seyn, wo wir den Saturn sehen? Oder können doch noch mehrere große Planetenkugeln jenseits des Saturns, immer von Menschen ungesehen, ihre weiten Kreise um die Sonne beschreiben?"

Bode musste von etlichen Seiten Kritik über sich ergehen lassen. Insbesondere im Ausland hielten viele die Zahlenspielerei für einen Tick der Deutschen. Doch dann entdeckte fünf Jahre später Herschel den fernen Planeten. Und zwar genau an der Stelle, wo er nach der Titius-Bode-Reihe auch zu stehen hatte. Nun sah die Sache schon ganz anders aus, und man überhäufte den geschmähten Propheten mit Ehrungen.

Selbstverständlich war Bode, wie vor ihm schon Kepler und anderen, aufgefallen, dass zwischen Mars und Jupiter eine ungewöhnlich große Lücke klafft. Mars ist 1,5 Astronomische Einheiten (Erdbahnradien) und Jupiter 5,2 Astronomische Einheiten von der Sonne entfernt. Nach der geheimnisvollen Reihe hätte es eigentlich bei 2,8 Astronomischen Einheiten noch einen weiteren Planeten geben müssen. Wie groß war die Freude, als Carl Friedrich Gauß die Bahn des ersten Asteroiden Ceres berechnete und einen mittleren Sonnenabstand von 2,76 Astronomischen Einheiten herausfand. Und auch Pallas und Juno bestätigten die Titius-Bode-Reihe. Ihre Bahnen haben Radien von 2,67 Astronomischen Einheiten. Damit schien die zunächst rein mathematisch abgeleitete Reihe doch eine physikalische Ursache zu haben. Ob dies tatsächlich so ist, ließ sich bis heute nicht klären. Es gibt Vermutungen, dass sie sich durch ein gravitatives Wechselspiel der Planeten bereits in der Entstehungsphase des Sonnensystems eingestellt hat. In der Entdeckungsgeschichte Neptuns spielte sie noch einmal eine entscheidende Rolle.

Nachdem die Naturforscher über zwei Jahrtausende hinweg davon überzeugt waren, dass es außer der Erde nur noch fünf weitere Planeten gibt, waren nun innerhalb von 24 Jahren gleich fünf neue hinzu gekommen. Das mag das Interesse an Uranus wieder etwas gefördert haben. Im Jahre 1813 jedenfalls beschäftigte sich Friedrich Wilhelm Bessel in Königsberg als Erster intensiver mit dem vermeintlichen Außenposten des Sonnensystems. Bei einer Archivsuche stieß er auf zahlreiche Kataloge, in denen Uranus als Stern verzeichnet war, und sieben Jahre danach wurde auch Alexis Bouvard in Paris bei ähnlichen Recherchen fündig. Mit diesem neuen Datenbestand ging der Franzose daran, die Uranusbewegung erneut zu berechnen. Doch obwohl er die störenden Einflüsse von Jupiter und Saturn berücksichtigte, trat wieder das alte Problem auf: Es ließ sich keine Bahn finden, die alle Datenpunkte über einen Zeitraum von 130 Jahren hinweg wiedergab. Er kam zu dem Schluss: „Ich überlasse der Zukunft die Aufgabe zu entscheiden, ob die Schwierigkeit bei der Kombination der beiden [Datensätze] von der Ungenauigkeit der älteren Beobachtungen herrührt oder ob sie einem fremden und unbekannten Einfluss zuzuschreiben ist, der auf den Planeten eingewirkt haben könnte."

Bouvard tendierte dazu, die alten Beobachtungen wegen zu großer Fehler zu ignorieren. Dies allerdings völlig zu Unrecht, wie Bessel seinem französischen Kollegen entgegen hielt. Bessel hatte die alten Messwerte genau überprüft und kam zu dem Schluss, dass „die vorhandenen Unterschiede [zwischen Beob-

achtung und Theorie] keineswegs den Beobachtungen zuzuschreiben sind". Wenn es nicht an den Messungen lag, woran
dann? Fünf Hypothesen wurden damals diskutiert, von denen drei
schnell wieder verworfen wurden: Eine „kosmische Flüssigkeit"
konnte den Lauf des Planeten bremsen, ein unentdeckter Mond
könnte Uranus mit seiner Schwerkraft periodisch hin und her
pendeln lassen, oder ein Komet könnte etwa zur Zeit der Entdeckung mit Uranus zusammengestoßen und ihn aus seiner ur-
sprünglichen Bahn geworfen haben. Zwei Möglichkeiten waren für
die Astronomen attraktiver: Das Newtonsche Gravitationsgesetz,
das allen Bahnberechnungen zu Grunde lag, konnte auf so großen
Distanzen falsch sein, oder es gab jenseits des Uranus noch einen
Körper, der mit seiner Schwerkraft auf den Planeten einwirkt.

Für Bessel kam nur eine Möglichkeit in Betracht: ein unbekannter Planet. Als er 1840 John Herschel in England besuchte,
teilte er ihm mit, er selbst wolle sich auf die Suche nach ihm bege-
ben. Dazu kam es dann nicht mehr. Bessel erkrankte und starb
sechs Jahre später. Für die andere Möglichkeit sprach sich der
Astronomer Royal in Greenwich, George Biddell Airy, 1836 aus:
Seiner Meinung nach „sei es sehr wahrscheinlich, dass das Kraft-
gesetz leicht von dem des reziproken Quadrates der Entfernung
abweiche". Das ist nun sehr interessant, denn Airy sollte es sein,
der zehn Jahre später John Couch Adams' Voraussagen über den
unbekannten Planeten erhielt und sich nicht veranlasst sah, nach
diesem Himmelskörper zu suchen. Dieses Versäumnis wurde für
ihn zum Waterloo seines Lebens.

Mitte der dreißiger Jahre war aber die Mehrzahl der Astronomen davon überzeugt, dass irgendwo da draußen ein Planet seine
Bahnen zog und nur darauf wartete, entdeckt zu werden. 1838
stufte der amerikanische Astronom Benjamin Gould das Problem
sogar als „eine der wichtigsten Fragen der physikalischen Astronomie" ein. Die Königliche Akademie der Wissenschaften zu
Göttingen sah das genau so und schlug vier Jahre später als Preis-
frage eine vollständige Diskussion der Uranusbewegung vor. Ein
halbes Jahrhundert nach Herschels Entdeckung war Uranus also
zu einem zentralen Prüfstein der astronomischen Forschung und
der theoretischen Physik geworden. Denn egal, ob das Newtonsche Gesetz geändert werden musste oder ein weiterer Planet
existierte, beides galt als Sensation.

Die beiden Kontrahenten im Wettstreit um die Entdeckung Neptuns kamen aus gänzlich unterschiedlichen Verhältnissen. In der Normandie liegt etwas westlich von Caen an dem Fluss Vire die kleine Stadt Saint Lô. Hier lebt zu Beginn des 19. Jahrhunderts die Familie Le Verrier. Der Vater, ein mittlerer Beamter in der Verwaltung der Staatskasse, hat das bürgerliche Bildungsideal verinnerlicht und möchte dies an seinem Sohn Urbain Jean Joseph praktizieren. Dieser ist am 11. März 1811 zur Welt gekommen und genießt zunächst im Ort eine gute Schulausbildung. Bereits früh offenbart sich bei dem Bub eine Neigung zu den Naturwissenschaften und der Mathematik. Dies erkannt, schicken ihn die Eltern für zwei Jahre an die Hochschule von Caen, wo er sich für Mathematik einschreibt. Die Wahl erweist sich als glücklich, denn nach zwei Jahren schließt er mit Bravour ab, was ihn ermutigt, sich der schwierigen Aufnahmeprüfung an der renommierten Ecole Polytechnique in Paris zu stellen. Doch hier versagt er. Tief enttäuscht kehrt er nach Hause zurück. Der Vater indes ist nahezu besessen von den Fähigkeiten seines Sprösslings und verkauft sein Haus, um Urbain am ebenfalls in Paris gelegenen Collège de St. Louis studieren lassen zu können. Schon im ersten Jahr gewinnt der Sohn dort einen Mathematikpreis und im Jahr darauf gelingt es ihm, an die Ecole Polytechnique zu kommen.

Hier erweist er sich als außergewöhnlich talentierter und hart arbeitender Student. Kommilitonen würdigen seinen „durchdringenden, gründlichen und gelegentlich außergewöhnlichen Geist", der auf Bestnoten festgelegt zu sein scheint. Er glänzt in den Naturwissenschaften, wenngleich er sich nicht auf eine Disziplin festzulegen vermag. Nachdem er mit Auszeichnung abschließt, bietet ihm der Chemieprofessor Louis Gay-Lussac eine Stelle in einem seiner staatlichen Laboratorien an. Darauf kann sich der junge Leverrier durchaus etwas einbilden, denn Gay-Lussac ist zu der Zeit die Koryphäe auf dem Gebiet der chemischen Analyse und hat wegweisende Arbeiten über das Verhalten von Gasen veröffentlicht, Luftproben analysiert, indem er mit Freiballons bis in sieben Kilometer Höhe aufgestiegen ist, und Unzähliges mehr.

Damit scheint Leverriers Karriere gesichert und die Investition des Vaters gut angelegt gewesen zu sein. Drei Jahre lang arbeitet er in Gay-Lussacs Labor durchaus mit Erfolg. Mit ersten Veröffentlichungen über Phosphorverbindungen macht er sich einen

Namen. Doch als man ihn 1836 höflich auffordert, eine Stelle in der französischen Provinz anzunehmen, gerät er in einen Gewissenskonflikt. Leverrier hat sich nämlich sehr gut mit dem feinen Leben in der Großstadt arrangiert und verspürt gar keinen Drang, dieses aufzugeben. Ausschlaggebend hierfür mag auch die reizende Mademoiselle Choquet gewesen sein, der er innige Gefühle entgegen bringt, und die er auch ein Jahr später heiratet. Er sieht sich daher gezwungen, die gut bezahlte Stelle bei Vater Staat zu kündigen und als Lehrer an eine höhere Schule zu gehen.

Doch schon ein Jahr darauf wendet sich das Blatt erneut. An der Ecole Polytechnique wird die Stelle eines Assistenten für Astronomie frei. Zwar hat Leverrier sich bis dahin nicht in diesem Forschungsbereich hervorgetan, aber schon während des Studiums ist Gay-Lussac aufgefallen, mit welcher Begeisterung und Begabung sich sein Schüler mathematischen Problemen gewidmet hat, auch in seiner Freizeit. Gay-Lussacs Empfehlung wird selbstverständlich entsprochen, und so kehrt Leverrier 1837 an die ehrwürdige Hochschule zurück. Seinem stolzen Vater schreibt er: „Nun ich es wage, eine Stelle anzunehmen, die nacheinander von Arago, Mathieu und Savary eingenommen wurde, verpflichte ich mich, den Posten, den sie besetzten, nicht im öffentlichen Ansehen sinken zu lassen." Der inzwischen zum Direktor des Observatoriums Paris aufgestiegene François Arago sollte in dem späteren Prioritätsstreit vehement das Wort ergreifen.

Zu der Zeit, als Leverrier seine Stelle antritt, hat die Himmelsmechanik ihren Höhepunkt erreicht. Newton hat anderthalb Jahrhunderte zuvor in seinem bahnbrechenden Werk *Philosophiae naturalis principia mathematica* das Gravitationsgesetz veröffentlicht, das alle Bewegungen im Kosmos auf eine einzige Wirkung, die Schwerkraft, zurückführt und das es erlaubt, die Bahnen der Himmelskörper zu berechnen und vorherzusagen. Wirklich exakt sind die Lösungen jedoch stets nur für zwei sich umkreisende Körper. Schon bei drei Objekten lassen sich grundsätzlich nur noch Näherungslösungen finden. Ein klassisches Problem ist die Bewegung des Mondes unter dem Einfluss von Erde und Sonne. In einem solchen Fall wenden die Theoretiker die so genannte Störungstheorie an. Diese haben seit Newton die fähigsten Mathematiker, wie Euler, d'Alembert und Lagrange, weiter entwickelt. Dabei ist auch ein Frage aufgetaucht, die sich schon Newton

Abb. 16: Urbain Joseph Leverrier (1811–1877), um 1854.

gestellt hat, die er aber mit seinem mathematischen Rüstzeug nicht angehen konnte: Ist das Sonnensystem stabil? Könnte es nicht sein, dass sich bei einer bestimmten Planetenkonstellation die Schwerkraftwirkungen so addieren, dass einer der Körper in den Sternenraum hinausgeschleudert wird? Einen vorläufigen Abschluss haben diese Untersuchungen 1799 gefunden, als Pierre Simon de Laplace in seinem Werk *Mécanique céleste*, *Himmelsmechanik*, feststellte, dass zwar die Formen und Neigungen der Planetenbahnen schwanken können, diese im Großen und Ganzen aber stabil bleiben.

Leverrier, für den schon seit jeher das Lösen komplizierter Differentialgleichungen einen besonderen intellektuellen Reiz darstellte, macht sich nun an diese Fragestellung. Hierbei entwickelt er nicht nur neue mathematische Methoden, sondern kann auch auf bessere Daten für die Planetenmassen zurückgreifen. Nach zweijährigem Ringen mit den Gleichungen legt er 1839 sein Ergebnis der Akademie der Wissenschaften vor. Und mit dieser

Schrift erweist er sich dem großen Vorbild Laplace durchaus ebenbürtig. So ist es ihm gelungen die Grenzen auszurechnen, innerhalb derer die Parameter der Planetenbahnen über einen langen Zeitraum schwanken können. So findet er, dass die Exzentrizität, also das Maß für die Abweichung der Bahn vom idealen Kreis, bei der Erde beispielsweise mit einer Periode von 48000 Jahren zwischen zwei Extremwerten schwankt. Auch die Grenzen, zwischen denen die Bahnebene sich neigt, findet er heraus. Mit diesem Erstlingswerk reiht sich Leverrier in die Reihe der brillanten Mathematiker ein, von denen die Grande Nation nicht wenige aufzuweisen hat.

Sein Mentor François Arago erkennt Leverriers außergewöhnliches Talent sofort und setzt ihn auf ein Problem an, das die Astronomen schon seit langem quält: die Bahn des sonnennächsten Planeten Merkur. Doch an diesem Problem sollte auch das Wunderkind Leverrier scheitern. Drei Jahre widmet er sich dem scheinbar unberechenbaren Umlauf Merkurs, doch ohne abschließende Lösung. Aus heutiger Sicht ist es klar, dass Leverrier gar nicht zu einem genauen Ergebnis gelangen konnte: Zum einen muss man berücksichtigen, dass die Sonne nicht perfekt kugelförmig ist, sondern im Äquatorbereich einen Wulst besitzt, und zum anderen machen sich bei Merkur die Abweichungen der Newtonschen Gravitationstheorie von der Einsteinschen Relativitätstheorie bemerkbar.

Dennoch blitzt auch bei der Arbeit über Merkur, die Leverrier 1843 abgibt, das ganze Können durch. Und da er sich so bravourös auf dem Feld der Himmelsmechanik geschlagen hat, widmet er sich gleich einem anderen aktuellen Problem: der Bahnberechnung von Kometen. Seit Edmond Halley wissen die Astronomen, dass sich die Kometen auf sehr lang gestreckten Ellipsen durch das Sonnensystem bewegen und erst in Sonnennähe sichtbar werden. Seitdem ist es eine vordringliche Aufgabe der Himmelsmechaniker geworden, die Bahnen neu entdeckter Kometen zu berechnen und mit denen vorher erschienener zu vergleichen. Und wie nicht anders zu erwarten, setzt Leverrier hier wieder neue Maßstäbe. In zwei Fällen kann er klären, ob es sich bei historischen Kometenerscheinungen um den selben Himmelskörper gehandelt hat oder nicht.

Im Jahre 1845 zählt der 34 Jahre alte Leverrier zu den brillantesten Theoretikern auf dem Kontinent. Warum also ihn nicht auf das brennende Problem der unverstandenen Uranusbewegung ansetzen? Wieder ist es Arago, der ihn dazu ermutigt. Am 10. November 1845 kündigt Leverrier vor der Akademie an: „Ich stelle daher vorübergehend meine Forschungen in Bezug auf die Kometen, von denen viele Teilergebnisse bereits erschienen sind, zurück, um mich mit Uranus zu beschäftigen." Zu diesem Zeitpunkt brütet im fernen Cambridge sein um acht Jahre jüngerer Konkurrent John Couch Adams bereits seit zwei Jahren über einer Lösung.

Adams kommt vom Lande. Thomas und Tabitha Adams haben die Lidcott-Farm in der Nähe des Dorfes Laneast am Nordrand des Bodmin Moors gepachtet. Eine einsame Gegend Cornwalls knapp 30 Kilometer westlich des Dartmoors. Hier hat sich eine starke Methodistengemeinde etabliert, der auch die Adams angehören. Am 5. Juni 1819 kommt das erste Kind zur Welt: John Couch. Das Leben steht unter den Geboten der Gottesfürchtigkeit und Friedfertigkeit. Dreimal am Tag wird gebetet, und der Vater liest aus der Bibel vor. „Mein Bruder John nahm seinen Platz auf der Treppe ein, mein Bruder Thomas und ich bildeten die Zuschauer, während er [der Vater] ein kleine Hymne aus dem Hymnebuch vorlas und sang. Anschließend knieten wir in stiller Andacht nieder, die Hände in Gottesverehrung vor unserem Gesicht gefaltet", erinnert sich Johns Bruder George später. Die Mutter hat eine schöne Stimme, und das zum Alltag gehörende Singen aller Familienmitglieder wird für alle Kinder später zu den schönsten Erinnerungen zählen.

John folgen in den kommenden zwanzig Jahren sechs Geschwister, von denen insbesondere sein Bruder Thomas einen nicht ganz gewöhnlichen Weg gehen sollte. Der setzt nämlich die religiöse Linie der Familie fort und lässt sich schließlich als Missionar auf der Südseeinsel Tonga nieder. Hier bereichert er die Eingeborenen nicht nur mit sechs Nachkommen, sondern auch mit einer Übersetzung der Bibel ins Tonganische.

Die ersten Schuljahre bringt John in der Dorfschule von Laneast zu. Jeden Tag wandert er die knapp drei Kilometer weite Strecke über das Moor, um das Bauernhaus zu erreichen, in dem Mr. Sleep unterrichtet. Schon hier zeigt sich die außergewöhnliche Begabung für Mathematik, wie Sleep schnell zu spüren bekommen sollte. Als sie sich eines Tages zusammensetzen, um das Algebrabuch zu studieren, muss der Lehrer feststellen, dass sein Schüler John die Sache schneller erfasst und durchschaut als er. Der Junge ist zu der Zeit zehn Jahre alt. Ein Jahr darauf reist John mit seinem Vater zu Verwandten, wo sich dessen Talent erneut zeigt. Rasch organisiert man einen Wettstreit zwischen dem kleinen Adams und dem Lehrer, der sich angeblich sehr gut auf die Mathematik versteht. Auch hier geht John als Sieger hervor. Bei diesem Besuch wird vielleicht auch sein Interesse für die Astronomie geweckt, als ihm ein Himmelsglobus vorgeführt wird.

Zu Hause erweist sich John als eher intellektuelles Kind. Bücher sind sein Ein und Alles, während ihm die Farmarbeit gar nicht behagt. Da er in der Dorfschule so glänzt, schickt ihn die Familie nach Devonport, wo er bei einem Vetter der Mutter, Reverend John Couch Grylls, Aufnahme und Unterricht findet. Der Reverend mag dem Jungen vielleicht die humanistischen Bildungsideale beibringen, allein in der Mathematik hapert es bei ihm. Das aber ist es, was John fasziniert, und so schaut er sich nach den Möglichkeiten des Eigenstudiums um. Die findet er in der nahen Bibliothek des Instituts für Mechanik. Ohne Anleitung oder Hilfestellung arbeitet er sich in schwierige Astronomie- und Mathematikbücher ein und füllt mit dieser Leidenschaft den größten Teil des Tages aus.

Fleiß und Begabung bleiben indes nicht unbemerkt, und so verleiht man dem 15-Jährigen 1834 einen Schulpreis: John Herschels Lehrbuch *Astronomie*. Dieses Werk wird für ihn zum Leitfaden seiner weiteren astronomischen Privatstudien. Erste Himmelsbeobachtungen sind da nur eine natürliche Folge. Im Oktober 1834 beobachtet er den Halleyschen Kometen. Begeistert schreibt er seinen Eltern: „Ihr könnt Euch vorstellen, mit welcher Freude ich diesen meinen ersten Kometen betrachtete, ... der den Astronomen größtes Vergnügen bereitet, weil er die Genauigkeit ihrer Rechnungen und Vorhersagen bestätigt." Dies liest sich geradezu wie eine Vorahnung auf seine spätere Karriere. Über eine Mondfinsternis, die er 1837 verfolgt, schreibt er sogar einen kleinen Artikel für den Devonporter *Telegraph*. Die Schilderung ist so gelungen, dass den Beitrag wenig später auch einige Londoner Tageszeitungen nachdrucken.

Ansonsten richtet er seine Eigenstudien vor allem auf mathematische Probleme der Astronomie. Er beschäftigt sich mit der Olbersschen Formel zum Auffinden des Mondortes, mit der

Abb. 17: John Couch Adams (1819–1892)

Theorie der Kegelschnitte, mit Differentialrechung, Zahlentheorie und allem Möglichen sonst. Immer deutlicher zeichnet sich nun ab, dass John unbedingt auf eine Universität gehört. Wie aber soll die Familie ein Studium finanzieren? Einen Teil des Geldes kann John selbst aus Privatunterricht beisteuern. Aber der Rest? In dem Moment hilft der Zufall mit, als die Mutter überraschend eine kleine Erbschaft macht.

Nun kann sich der Hochbegabte auf die Aufnahmeprüfung am St. John's College der Universität Cambridge vorbereiten, und im Oktober 1839 ist es so weit. In einer Kutsche macht er sich auf den Weg und erreicht nach zweieinhalb Tagen die Universitätsstadt. An die erste Begegnung mit John erinnert sich später A.S. Campbell, ein weiterer Aufnahmekandidat: „Ich war ziemlich verzweifelt, denn ich war mit großen Erwartungen nach Cambridge gekommen, und nun ist er der erste Mann, den ich treffe, mir unendlich weit voraus; es war für mich gar nicht daran zu denken, ihn zu schlagen." Und so kommt es denn auch. John schafft die Prüfung mit Leichtigkeit und gewinnt sogar die so genannte Sizarship, was ihn von Teilen der Collegekosten befreit. Campbell besteht die Prüfung ebenfalls.

Im College geht es dann in diesem Stil so weiter. John arbeitet hart und sehr systematisch. Wenn er einmal vom offiziellen Lernplan abweicht, dann nur, um sich intensiver der Astronomie zu widmen. „Ich will meine reguläre Arbeit nicht mehr von meinem astronomischen Vergnügen stören lassen", vertraut er einmal reumütig seinem Tagebuch an. Ein richtiges Problem ist das allerdings nicht, denn regelmäßig gewinnt er die höchsten Mathematikpreise und wird schließlich „Scholar", was ihm ein Stipendiat und ein Zimmer im College sichert. Das hält ihn jedoch alles nicht davon ab, nebenher jüngere Schüler zu unterrichten und sich damit Geld zu verdienen.

Das Jahr 1841 sollte ihn endgültig für die Astronomie einnehmen. In den Osterferien besichtigt er die Universitätssternwarte, wo man ihm das erst kurz zuvor installierte Northumberland-Teleskop vorführt, das in der weiteren Geschichte eine entscheidende Bedeutung erlangen sollte. Dieser Refraktor mit 30 Zentimeter Objektivdurchmesser ist ein Geschenk des Duke of Northumberland. Obwohl schon 1834 angekündigt, zieht sich der endgültige Aufbau noch zehn Jahre hin.

Wichtiger für seinen weiteren Lebensweg aber wird ein Besuch in Johnson's Buchladen in der Trinity Street. Dort stößt Adams auf einen Report der Britischen Gesellschaft für den Fortschritt der Wissenschaften aus den Jahren 1831 und 1832. Hierin hat der Direktor der Universitätssternwarte, George Biddell Airy, einen Artikel über die Probleme mit der Uranusbewegung geschrieben. Insbesondere schildert er die Ungenauigkeiten in den Tabellen von Bouvard. Adams liest diesen Bericht aufmerksam durch und notiert am 3. Juli: „Machte am Anfang der Woche einen Plan, sobald ich meinen Doktor habe, die Unstimmigkeiten in der Bewegung des Uranus, für die man bisher noch keine Erklärung gefunden hat, zu untersuchen. Ich will herausfinden, ob sie der Wirkung eines unentdeckten dahinter liegenden Planeten zugeschrieben werden können; und wenn möglich, dann seine Bahn-elemente ungefähr bestimmen, was möglicherweise zu seiner Ent-deckung führen könnte." Ein folgenschwerer Vorsatz.

Doch zunächst einmal muss er das Studium hinter sich bringen. Und da stehen als Erstes die „Tripos" an, eine Reihe von 18 je-weils drei Stunden dauernden Mathematikprüfungen. Die Tripos sind nicht irgendeine Prüfung. Sie haben, wie in England kaum anders vorstellbar, eine lange Tradition und sie sind das Sieb, das die Spreu vom Weizen trennt. In geradezu furchterregender Weise meistert Adams auch dieses Examen. Noch einmal Campbell: „In der Tripos-Prüfung bemerkte ich, dass Adams in der ersten Stun-de, als alle schon eifrig schrieben, die Fragen durchsah und nur gelegentlich sich ein paar Notizen machte. Danach schrieb er sehr schnell die Lösungen der Probleme, die er schon im Kopf gelöst hatte, ohne abzusetzen hin. Gegen Ende der Prüfung … schaute Goodeve über unsere Schultern. Er erschrak so über Adams' Ergebnisse, dass er schnurstracks Cambridge verließ und zu den Prüfungsaufgaben der beiden letzten Tage nicht mehr er-schien." Auch Goodeve schafft die Tripos und wird später sogar Professor.

Adams belegt in den Tripos nicht nur den ersten Platz, was ihm den Grad des „Senior Wrangler" einbringt. Ja, sein Punkteabstand zum zweiten Wrangler ist sogar größer als die zwischen dem zweiten und dem letzten Wrangler, dem „Holzlöffel". Nach die-sem Erfolg gewinnt er auch noch den Smith-Preis, eine mathema-tische Auszeichnung, und wird zum Ehrenmitglied des St. John's College ernannt. Der 23-jährige Adams will sich nun gleich dem Uranusrätsel widmen, auch wenn ihm sein Bruder George rät: „Ich glaube, Du solltest zuerst einige Wochen Ruhepause ein-legen, bevor Du mit dem neuen Planeten beginnst."

Er greift den Vorschlag auf und fährt nach Lidcott-Farm, wo er die liebevolle Aufnahme in der Familie genießt. Müßig ist er indes nicht. Jeden Abend, wenn die Anderen schon im Bett sind, setzt er sich an den Wohnzimmertisch und rechnet. „Ich sah ihm über die Schulter zu, wie er seine Zahlen sauber abschrieb, addierte und subtrahierte. … Oft war ich müde und sagte zu ihm: ‚John, es ist Zeit, ins Bett zu gehen.' Er antwortete: ‚Ja, gleich', und danach fuhr er in seinen Berechnungen fort und nahm fast nichts mehr wahr", erinnert sich später der Bruder George.

Im Oktober 1843 – zu der Zeit beginnt Leverrier in Paris damit, sich mit Kometenbahnen zu beschäftigen – hat Adams eine Näherungslösung gefunden. Und genau mit diesem Datum beginnt der umstrittene Teil der Entdeckungsgeschichte. Zunächst die offizielle Version, wie sie seit 1846 verbreitet wird.

Adams versucht also, aus den bis dahin bekannten Bahnparametern des Uranus den Abstand des unbekannten, störenden Planeten von der Sonne und dessen Masse herzuleiten. Hierbei macht er zunächst zwei Annahmen: Erstens: Der Planet ist 38,4 Astronomische Einheiten von der Sonne entfernt. Das entspricht genau dem Wert, der sich aus Titius-Bode-Reihe ergibt. Zweitens: Er bewegt sich auf einer Kreisbahn. Während die erste Annahme aus damaliger Sicht gerechtfertigt erscheint, hat die zweite rein praktische Gründe.

Adams bemerkt jedoch bald, dass das Beobachtungsmaterial nicht ausreichend ist und wendet sich im Februar 1844 an James Challis. Der ist Direktor der Sternwarte in Cambridge und damit beschäftigt, die Uranusbeobachtungen aus den Jahren 1816 bis 1820 auszuwerten. Challis ist von der Idee sehr angetan und lässt dem jungen Kollegen schon drei Tage später unveröffentlichte Daten zukommen. Doch jetzt nehmen Adams andere Arbeiten so in Beschlag, dass er seine Studien eine Zeit lang unterbrechen muss. Erst im Frühjahr nimmt er sie auf Drängen eines Kollegen wieder auf. Den Abstand von 38,4 Astronomischen Einheiten behält er bei, aber jetzt wagt er sich an die kompliziertere Lösung mit einer elliptischen Bahn. Doch im Herbst 1844 muss er erneut unterbrechen. Ein neuer Komet ist am Himmel aufgetaucht, dessen Bahn Adams berechnen soll. Was die Astronomen im Königreich nicht wissen: In Frankreich hat sich Leverrier genau des selben Problems angenommen. Als Adams' Lösung am 15. Oktober in der Londoner *Times* erscheint, ist ihm der Konkurrent auf dem Kontinent schon zuvor gekommen. „Bald nach meiner Rückkehr fand ich heraus, dass die französischen Astronomen nahezu die selben Ergebnisse wie ich erhalten hatten, nur konnten sie es eher, weil ihre Beobachtungen früher gemacht worden waren", schreibt er enttäuscht seinen Eltern.

Hiernach kann er sich wieder dem Uranusproblem zuwenden, auch wenn ihn seine Pflichten als Assistent mit Lehrauftrag am College viel Zeit kosten. Mitte September 1845 aber hat er eine neue Lösung, die nun ausreichend genau sein soll, um den unbekannten Planeten am Himmel zu finden. Als Erster erhält Challis das Resultat. Der ist jedoch der Meinung, George Airy in Greenwich müsse die Arbeit so schnell wie möglich erhalten. Da Adams gerade im Begriff ist, seine Eltern zu besuchen, beschließt er, Airy die Papiere persönlich zu überbringen. Challis befürwortet dies und schreibt noch rasch ein Empfehlungsschreiben. Als Adams in Greenwich eintrifft, muss er jedoch erfahren, dass Airy nach Paris abgereist ist. Adams lässt nur den Brief von Challis dort und reist weiter nach Lidcott-Farm.

Wenige Tage später, am 29. September, kehrt Airy aus Frankreich zurück und findet Challis' Schreiben vor. Sofort wendet er sich an Challis und bittet ihn: „Würden Sie Mr. Adams mitteilen, dass ich sehr am Gegenstand seiner Untersuchungen interessiert bin und dass ich mich sehr freuen würde, in einem Brief darüber von ihm zu hören." Am 21. Oktober kehrt Adams aus den Ferien nach Cambridge zurück und macht erneut in Greenwich Halt. Der Butler öffnet die Tür und teilt Adams mit, Airy sei nicht zu sprechen. Adams lässt darauf hin seine Karte und eine Kurzform seiner Berechnungen dort und verabschiedet sich mit dem Hinweis, später noch einmal wiederzukommen. Der Butler übergibt zwar Mrs. Airy die Karte, erwähnt aber mit keinem Wort die Dringlichkeit der Angelegenheit, so dass die Dame des Hauses ihrem Gemahl nichts von dem Besucher erzählt. Als Adams einige Stunden später erneut anklopft, teilt ihm der Butler mit, der Astronomer Royal sei gerade beim Essen und dürfe nicht gestört werden. Airy diniert auf Rat seines Arztes pünktlich schon am Nachmittag.

Verletzt und verärgert reist Adams nach Cambridge weiter. Erst zwei Wochen später, am 5. November, erhält er einen Brief von Airy. Dieser zeigt sich hierin zwar von der Kurzfassung der Lösung angetan, fragt dann aber, ob die „angenommene Störung den Fehler im Radiusvektor des Uranus erklären wird". Mit dem Radiusvektor bezeichnet Airy den mittleren Abstand des Planeten von der Sonne, der seiner Meinung nach stets als etwas zu klein angenommen worden ist. Adams antwortet auf diesen Brief nicht. Zu seiner Rechtfertigung erklärt er ein Jahr später, die Frage sei ihm zu trivial erschienen. Schließlich hätte er dieses Problem durch seine Störungsrechnung automatisch mit gelöst. Unausge-

Abb. 18: George Biddell Airy (1801–1892)

sprochen bleibt sein verletzter Stolz. Er kann es sich jedoch nicht
verkneifen, klar zu machen: „Ich war sehr schmerzlich berührt,
dass ich Sie nicht sprechen konnte, als ich zum zweiten Mal im
Royal Observatory vorsprach." Airy wiederum verteidigt seine
spätere Passivität damit, dass „Adams' Schweigen insofern un-
glücklich war, als es eine wirksame Schranke gegen alle weitere
Verständigung aufbaute. Es war mir einfach unmöglich, ihm wieder zu schreiben".

Das Fazit dieses ersten Aktes im Neptundrama lautet: Airy legt Adams Rechnungen ad acta, und Adams unternimmt keine Anstrengungen, seine Arbeit zu veröffentlichen. Warum diese Passivität, wenn der junge Theoretiker angeblich eines der drängendsten astronomischen Probleme der damaligen Zeit gelöst hat? Misstrauen auf Seiten Airys oder mangelndes Selbstvertrauen auf Seiten Adams' können, wie später oft angeführt, keine Gründe gewesen sein. Schließlich wird Adams wenige Tage nach Airys Brief zum Mitglied der ehrwürdigen Royal Astronomical Society gewählt.

Zu allem Übel trifft im Dezember auch noch eine Arbeit aus Frankreich ein: Leverrier hat am 10. November seine erste Studie über die Uranusbewegung vorgelegt. Mit bis dahin nicht gekannter Präzision hat er „keine Störung vernachlässigt. … Alles wurde mit gleicher Strenge bestimmt." Wie gehabt, bleibt eine Reststörung übrig, die er einem unbekannten Planeten zuschreibt. Wo sich dieser aufhält, will er in späteren Arbeiten herausfinden. Von dieser Veröffentlichung ist Airy sehr angetan. „Während ich vollständigere Informationen in Bezug auf Mr. Adams Theorie erwartete, erreichten mich aus einer anderen Richtung die Resultate einer neuen und außerordentlich wichtigen Untersuchung. … Vielleicht muss hier wirklich gesagt werden, dass die Theorie des Uranus jetzt erstmals auf eine befriedigende Grundlage gestellt ist." Interessant ist hieran vor allem, dass er von Adams offenbar doch noch genauere Hinweise erwartet. Enthält dessen Arbeit also doch nicht, wie später versichert, die genauen Positionsangaben zum Auffinden des Planeten?

Anders als Adams setzt Leverrier in Paris seinen Weg konsequent fort. Am 1. Juni 1846 legt er die zweite Abhandlung vor. In ihr beschäftigt er sich mit der möglichen Ursache der Uranusstörung. Zunächst einmal schließt er die „exotischen" Lösungen, wie einen Ätherwiderstand, ein verändertes Gravitationsgesetz und einen Zusammenstoß mit einem Kometen, aus. Er favorisiert einen achten Planeten. Von dem ist aber zunächst nicht klar, in welcher Entfernung von der Sonne er sich befindet. Rein theoretisch könnte er sich sogar innerhalb der Saturnbahn aufhalten. Eine Reihe logischer Argumente führt ihn aber auf jene Entfernung, die auch Adams gewählt hat, und die sich aus der Titius-Bode-Reihe ergibt. Außerdem zeigt Leverrier, dass die Umlaufbahn nur schwach gegen die Ekliptik geneigt sein kann. Das führt ihn schließlich zu der klaren Vorhersage: „Die mittlere Länge des Planeten wird am 1. Januar 1847 bei 325 Grad sein."

Die Begeisterung bei den Kollegen im Lande ist groß und auch Airy in Greenwich ist des Lobes voll. Obwohl Adams angeblich schon acht Monate zuvor ein nahezu identisches Ergebnis vorgelegt hat, stellt sich Airy eindeutig auf Leverriers Seite und fordert seine Kollegen sogar auf, nach dem Planeten zu suchen. Es kommt auch noch zu einem Briefwechsel zwischen Airy und Leverrier, woraufhin dieser ihm am 28. Juni anbietet, noch genauere Koordinaten zu liefern, an Hand derer der Planet leicht entdeckt werden könne. Doch jetzt zaudert Airy und lehnt dankend in Hinblick auf eine nahe Reise ab. Diese ist für den 10. August festgesetzt.

Knapp zwei Wochen später, am 9. Juli, hat sich Airy die Sache schon wieder anders überlegt. Da er selbst in Greenwich aber nur über einen kleinen Refraktor verfügt, wendet er sich an Challis in Cambridge, bei dem seit Kurzem das Northumberland-Teleskop mit 30 Zentimeter Öffnung arbeitet. Airy schreibt ihm: „Ich bin zu der Überzeugung gekommen, dass keinerlei Aussicht besteht, sie [die Suche nach dem Planeten] auch nur mit dem geringsten Erfolg durchzuführen, es sei denn mit dem Northumberland-Teleskop." Doch obwohl Leverrier in seiner jüngsten Arbeit und angeblich auch Adams schon über ein halbes Jahr zuvor die Position des Planeten recht genau berechnet haben, empfiehlt Airy seinem Kollegen, systematisch einen 30 Grad breiten und 10 Grad langen Streifen entlang der Ekliptik abzusuchen. Die Beobachtungsfelder sollten in zeitlichem Abstand dreimal beobachtet werden. Ein Planet würde dann durch seine zwischenzeitliche Bewegung auffallen. Auf zweihundert Beobachtungsstunden schätzt er den Aufwand. Weiter schlägt er Challis vor, das Fernrohr zu arretieren und die Sterne durchs Blickfeld wandern zu lassen. Registriert man alle Sterne bis zur elften Größe, wie es Challis später vorhat, so finden sich in dem bezeichneten Himmelsausschnitt rund 3000 Sterne. Ein gigantisches Arbeitsprogramm, das sich leicht abkürzen ließe, suchte man gleich in der Umgebung des Leverrierschen Zielortes.

Am 29. Juli beginnt Challis mit den ersten Beobachtungen. Doch an ununterbrochene Messungen ist nicht zu denken. Entweder scheint der Mond zu hell, oder das Wetter macht ihm einen

Abb. 19: Johann Gottfried Galle (1812–1910)

Strich durch die Rechnung. Am 4. und 12. August ist Challis, wie später bekannt wird, zufällig ganz nahe am hypothetischen Planeten dran, aber dann ziehen wieder Wolken auf, und auch bei weiteren Beobachtungen fällt dem Astronom nichts auf. Am 2. September schickt Adams Airy eine neue Berechnung, in der er die Entfernung des unbekannten Planeten geringfügig verringert hat. Jetzt scheinen die Berechnungen die Uranusbewegung noch besser zu erklären. Da Airy jedoch in Wiesbaden ist, bleibt der Brief liegen, und Challis erfährt nichts davon.

Während man in England angestrengt den Himmel absucht, löst Leverrier in Paris eine Differentialgleichung nach der anderen und nähert sich Schritt für Schritt dem Ziel. Am 31. August legt er der Akademie der Wissenschaften seine dritte Abhandlung vor, in der er alle wichtigen Größen zusammen hat: Umlaufbahn, Masse, Größe und aktuelle Position des Planeten am Himmel. Leverrier hat eine elliptische Bahn errechnet, auf der der Planet im Jahre 1846 nur 33 Astronomische Einheiten von der Sonne entfernt ist, ihr also wesentlich näher steht als man es nach der Titius-Bode-Reihe erwarten würde. Zu finden wäre er nahe der Grenze der Sternbilder Einhorn und Wassermann, fünf Grad östlich des Sterns Delta Capricorni. Und, ganz entscheidend: „Im Moment der Opposition wird der neue Planet unter einem Winkel von 3,3 Bogensekunden erscheinen." Da die Opposition (der Zeitpunkt des geringsten Abstandes zwischen Erde und Planet) gerade im August stattfindet, bedeutet dies: In einem Teleskop müsste der unbekannte Körper als kleine Scheibe erscheinen und sich dadurch deutlich von den punktförmigen Sternen unterscheiden.

Leverriers Vorhersage ist nun so detailliert, dass eigentlich umgehend alle französischen Astronomen an ihre Teleskope eilen müssten, um das Phantom als Erster zu entdecken. Tatsächlich aber passiert gar nichts. Selbst Leverriers einstiger Ziehvater Arago sieht sich nicht zu irgendwelchen Aktionen veranlasst. Leverrier indes ist sich der historischen Chance bewusst, als zweiter Mensch überhaupt einen neuen Planeten zu entdecken. Und so schreibt er am 18. September einen Brief an Johann Gottfried Galle, einen Assistenten an der Berliner Sternwarte. An Galle deswegen, weil dieser ihm ein Jahr zuvor seine eindrucksvolle Doktorarbeit zugeschickt hat. Außerdem verfügt die Berliner Sternwarte über ein erstklassiges 22-Zentimeter-Teleskop aus der Fraunhoferschen Werkstatt. Zu dieser Zeit gibt es nur vier Refraktoren mit einer größeren Linse.

Am Morgen des 23. September trifft der Brief in Berlin ein. Hierin macht Leverrier Galle die Sache schmackhaft mit den Worten: „Bemerkenswerterweise gibt es nur einen einzigen Ort in der Ekliptik, wo dieser störende Planet lokalisiert werden kann." Galle zeigt den Brief zunächst einmal seinem Chef Johann Encke. Der steht den undurchsichtigen Rechnungen skeptisch gegenüber. Galle selbst ist auch nicht gerade elektrisiert von Leverriers Ansinnen, fühlt aber eine „gewisse moralische Verpflichtung zum Nachsehen", wie er später einmal schreibt. Einen nicht unerheblichen Anteil am weiteren Fortgang der Geschichte hat auch Heinrich Louis d'Arrest, ein Student der Astronomie, der an der

Sternwarte als Gehilfe angestellt ist. Wer auch immer die treibende Kraft gewesen sein mag, jedenfalls ist der Himmel am Abend klar, als Galle und d'Arrest die Observatoriumskuppel öffnen. Zielstrebig richtet Galle das Fernrohr auf die von Leverrier angegebene Stelle, doch der Astronom entschließt sich, zur Sicherheit eine Sternkarte hinzu zu ziehen. D'Arrest schlägt vor, unter einigen Karten nachzusehen, die ziemlich ungeordnet in einer Schublade liegen. Hier findet sich ein ganz neues Blatt von Bremiker, hora XXI. Diese von der Königlichen Berliner Akademie herausgegebene Karte umfasst einen Bereich um die Rektaszension von 21 Uhr. (Die Himmelskoordinate Rektaszension entspricht den Längengraden auf der Erde.)

Fast 30 Jahre später erinnert sich d'Arrest an die folgende Situation so: „Wir kehrten dann in die Kuppel zurück, wo eine Art Pult stand, an dem ich mit der Karte Platz nahm, während Galle, indem er durch den Refraktor blickte, die Konfigurationen der von ihm gesehenen Sterne beschrieb. Ich folgte ihnen nacheinander auf der Karte bis er sagte: ‚Und dann ist dort ein Stern 8. Größe in der und der Position', worauf ich sofort ausrief: ‚Dieser Stern ist nicht auf der Karte!'". Ist es wirklich Leverriers Planet? Möglich ist es, denn der unbekannte Stern ist nicht einmal ein Grad, entsprechend zwei Vollmonddurchmesser, von der vorhergesagten Stelle entfernt. Die beiden Astronomen beobachten das Objekt weiter, bis es um 2 Uhr 30 untergeht. Zwar meinen sie, eine langsame Bewegung feststellen zu können, wirkliche Sicherheit kann aber erst eine weitere Beobachtung am nächsten Abend bringen.

Zum Glück ist der Himmel wieder klar. Ohne Probleme finden sie den verdächtigen Himmelskörper, und nun besteht kein Zweifel mehr: Er hat sich bewegt, und zwar mit etwa 72 Bogensekunden pro Tag, nur um 3 Bogensekunden schneller als es Leverrier berechnet hat. Auch der Winkeldurchmesser von 3,2 Bogensekunden entspricht genau der Vorhersage. Begeistert schreibt Galle seinem Kollegen in Frankreich: „Den Planeten, dessen Position Sie angegeben haben, *gibt es wirklich.*" Und Encke fügt drei Tage später in einem weiteren Glückwunschschreiben hinzu: „Ihr Name wird für immer mit dem hervorragendsten nur denkbaren Beweis der Gültigkeit einer universellen Gravitation verbunden sein, und ich glaube, dass diese wenigen Worte all die Ziele zusammen-

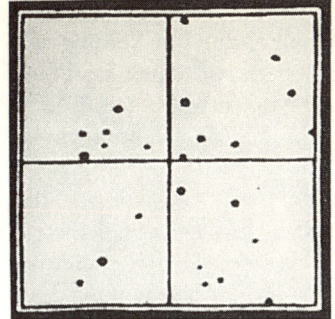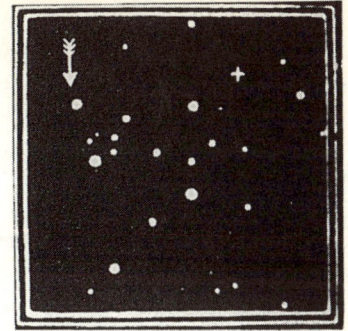

Abb. 20: Ausschnitt aus Galles Sternkarte (links) und die Position des Planeten Neptun bei seiner Entdeckung.

fassen, nach denen ein Wissenschaftler streben kann. Es wäre überflüssig, noch irgend etwas hinzuzufügen."

Was die Beteiligten nicht wissen: Leverrier hat nicht nur an Galle einen Brief geschrieben hat, sondern gleichzeitig auch an Otto Struve vom Observatorium Pulkowo. Dort ist er jedoch erst am 29. September eingetroffen, und wegen schlechten Wetters kann Struve erst am 1. Oktober beobachten. Schon nach einer Viertelstunde findet er den Planeten, doch da hat sich die Nachricht von dessen Entdeckung schon längst in der ganzen Welt verbreitet.

Die Astronomen rund um den Erdball sind begeistert und stürzen an ihre Teleskope, um den Neuling mit eigenen Augen zu sehen. Die Reaktionen sind überschwänglich: „Sie ist der erhabendste Triumph der Theorie, den ich kenne", meldet sich Christian Schumacher, der Herausgeber der *Astronomischen Nachrichten* zu Wort. „Diese Entdeckung muss man gerechterweise als einen der größten Erfolge der theoretischen Astronomie ansehen", gesteht John Russell Hind, Airys Assistent in Greenwich, ein. Und Leverrier selbst bedankt sich bei Galle mit den Worten: „Wir sind dank Ihnen buchstäblich im Besitz einer neuen Welt."

Challis fährt unterdessen weiter mit seiner Himmelsdurchmusterung fort, bis er endlich am 1. Oktober aus der *Times* von der aufregenden Entdeckung erfährt. Rasch geht er seine Aufzeichnungen durch und muss feststellen, dass er den Planeten bereits zweimal aufgezeichnet und irrtümlich für einen ganz normalen Stern gehalten hat. Am 5. Oktober schreibt er Leverrier von seiner eigenen ergebnislosen Himmelsdurchmusterung und bestätigt, dass sich nun der von Leverrier vorhergesagte Planet leicht ausmachen lässt. Mit keinem Wort erwähnt er, dass er Adams' Rechnungen als Grundlage seiner Beobachtungen genommen hat.

Airy erfährt am 29. September von der Entdeckung – und schweigt. Erst zwei Wochen später ist er in der Lage, Leverrier seine „aufrichtigen Glückwünsche" zu übermitteln. Außerdem gesteht er ihm: „Ich war aufs Äußerste beeindruckt von der Vollständigkeit Ihrer Untersuchungen. … Sie müssen ohne Zweifel als der angesehen werden, der wirklich den Ort des Planeten vorhergesagt hat." Gleichzeitig führt er erstmals auch Adams' Arbeiten an, ohne dessen Namen zu erwähnen: „Ich darf hinzufügen, dass die englischen Untersuchungen, wie ich glaube, nicht ganz so umfassend wie die Ihren waren."

Doch die anfängliche Begeisterung sollte bald in eine chauvinistische Schlammschlacht ungeahnten Ausmaßes umschlagen. Schon am 3. Oktober erscheint in der Londoner Zeitschrift *Athenaeum* ein Brief von John Herschel, in dem er klar macht, „dass eine gleiche Untersuchung unabhängig davon im Gange war und zu einem Schluss betreffs der Lage des neuen Planeten führte, der fast mit dem von Leverrier überein stimmte. … Die Untersuchung wurde von dem jungen Cambridger Mathematiker Mr. Adams durchgeführt." Leverrier erfährt indes erst knapp zwei Wochen später von dem Engländer, der ihm das Recht auf die Entdeckung offenbar streitig machen will. Wütend wendet er sich am 16. Oktober an Airy und fragt, warum dieser nie zuvor etwas von den, wie es heißt, nahezu identischen Rechnungen gesagt habe. Außerdem will er wissen, warum Adams selbst das Ergebnis stumm mit sich herumgetragen und nicht veröffentlicht habe. Airy – peinlich berührt – antwortet umgehend und versichert Leverrier dessen außerordentlichen Verdienst. Aber da ist es schon zu spät, die Wogen zu glätten.

Challis hat nämlich zwischenzeitlich einen langen Bericht über seine Himmelsdurchmusterung verfasst und dabei auch Adams' Rechnungen ausführlich gewürdigt. Besonders provozierend ist darin seine Behauptung, er habe den Planeten bereits am 4. und 12. August, also „sechs Wochen vor jedem anderen Observatorium", zweimal notiert, irrtümlicherweise aber für einen Stern gehalten. Als diese Arbeit am 17. Oktober im *Athenaeum* erscheint, geht ein Aufschrei durch Frankreichs Elite. Und auf der Sitzung der Akademie der Wissenschaften am 19. Oktober geht es so hoch her, dass sogar die Zeitung *La Semaine* darüber berichtet. Arago hat das Wort ergriffen und zieht mit ungewöhnlich scharfen Worten über seine britischen Kollegen her. Nachdem er Airys fachliche Kompetenz in Frage stellt, eröffnet er „die Schlacht", indem er Challis Bericht aus dem *Athenaeum* Satz für Satz zerpflückt. Warum, so fragt er, hat Challis die Arbeiten von Mr. Adams in seinem Brief an Leverrier vom 5. Oktober überhaupt nicht erwähnt, während er sie keine zwei Wochen später ins Zentrum seines Berichtes stellt? Und warum hat Adams nie etwas veröffentlicht? „Nein, nein! Die Freunde der Wissenschaften werden nicht zulassen, dass sich ein solches schreiendes Unrecht durchsetzt. ... Diese Entdeckung wird einer der herrlichsten Triumphe der theoretischen Astronomie bleiben, und einer der größten Ruhmestitel der Akademie und eines der schönsten Besitztümer unseres Landes, zur Erinnerung und Bewunderung der Nachwelt sein." Später wird Arago die Leistung seines einstigen Schülers mit den Worten würdigen, der habe den Planeten mit der Spitze seiner Feder entdeckt.

Insbesondere der letzte Punkt ist hier von entscheidender Bedeutung. Der Kampf um die Priorität ist gleichzeitig ein Duell zwischen den Erzfeinden Frankreich und England. Die Presse greift diesen Disput dankbar auf und entwickelt eine Hasskampagne gegen England. Zusätzlich angeheizt wird die Debatte durch die Frage, wer den neuen Planeten benennen darf und wie er heißen soll.

Galle hat gleich in seinem Brief an Leverrier den Namen Janus, eines Vorfahren Saturns, vorgeschlagen. Das lehnt der Franzose ohne zu zögern ab und schlägt selbst Neptun vor. Angeblich habe sich das Bureau des Longitudes für diesen Namen entschieden. Wahrscheinlich versucht Leverrier aber lediglich seinem Vorschlag durch Nennung dieser Behörde mehr Gewicht zu geben. Die hat nämlich gar keinen Einfluss auf die Namensgebung neu entdeckter Himmelskörper. Dieses Vorrecht gebührt normalerweise dem Entdecker selbst. Neptun scheint gut zu passen, war der Gott der Meere doch ein Sohn Saturns und Enkel des Uranos. Mit diesem

Namen können sich viele der maßgeblichen Astronomen, darunter auch Airy, anfreunden. Doch plötzlich kommt Leverrier auf die Idee, man könne den Planeten doch auch nach ihm selbst benennen. Diesen Vorschlag trägt er an Arago heran, der sich schließlich bereit erklärt, vorausgesetzt, man würde den – seit über sechzig Jahren gebräuchlichen – Namen Uranus durch den seines Entdeckers, Herschel, ersetzen. Etwa ab dem 5. Oktober spricht Arago tatsächlich nur noch von dem Planeten „Leverrier". Das Fass zum Überlaufen und Arago zum Schäumen bringt schließlich Challis mit seinem *Athenaeum*-Bericht, in dem er den Namen Oceanus vorschlägt. Nicht genug damit, dass die Engländer den Franzosen die Erstentdeckung streitig machen wollen, nein, sie erdreisten sich auch noch, den Planeten zu taufen. Verfahrener kann die Geschichte, wie sie sich Mitte Oktober 1846 darstellt, kaum noch sein: Auf der einen Seite grenzenloser Jubel über den Triumph der Himmelsmechanik und auf der anderen Seite tiefstes Zerwürfnis bei der Prioritätenfrage.

Airy versucht in zwei Briefen, Leverrier zu beschwichtigen und die Wogen etwas zu glätten. Während dessen gerät er aber auch im eigenen Land zunehmend unter Druck. So sieht er sich gezwungen, vor der Royal Astronomical Society einen Bericht über den gesamten Vorgang abzuliefern, der später in den *Monthly Notices* veröffentlicht wird. In der selben Sitzung treten auch Challis und Adams auf. Während Adams vor der Königlichen Gesellschaft bestehen kann, müssen Challis und Airy harte Vorwürfe über sich ergehen lassen. Warum hat man nicht schon ein Jahr zuvor, im September 1845, mit der Suche begonnen? Warum hat Challis seine Beobachtungsdaten nicht früher und genauer überprüft? Airy und Challis können hier lediglich darauf verweisen, dass die Beobachtung allein auf Grund einer theoretischen Berechnung eine ganz neuartige Angelegenheit gewesen sei, und außerdem habe man dem jungen Mann nicht so recht vertraut. „Ihr wurdet angeklagt, nicht nur grundlos skeptisch und gleichgültig gegenüber Adams … gewesen zu sein, sondern ihn auch (wie man sagte) ‚vom ersten Augenblick an vor den Kopf gestoßen (zu haben)'", fasst wenig später der Geologe Adam Sedgwick das Urteil der Gesellschaft über Airy zusammen.

Ein Zeichen zum Einlenken setzt im November des Jahres die Royal Society of London, als sie ihre höchste Auszeichnung, die

Copley Medaille, an Leverrier vergibt. Die Royal Astronomical Society kann sich zu einem solchen Schritt indes nicht durchringen und vergibt in diesem Jahr ihre höchste Auszeichnung gar nicht. Leverrier wird in aller Welt mit Ehrungen überhäuft. Knapp ein halbes Jahr nach diesen Turbulenzen besinnen sich beiderseits des Kanals einige Astronomen wieder auf die Vernunft und versuchen zu schlichten. Dies sind insbesondere John Herschel und Jean Baptiste Biot. Mitte 1847 treffen sich Adams und Leverrier zum ersten Mal in London. Die Begegnung verläuft freundlich, und die beiden Kontrahenten sollten sich auch in Zukunft gegenseitig achten.

Damit endet die Geschichte, wie sie seit über 150 Jahren berichtet wird. In einer Reihe historischer Darstellungen wurde John Adams nicht nur als Mitentdecker Neptuns gefeiert. Vielmehr sah man in ihm den wahren Erstentdecker, der lediglich wegen seiner Bescheidenheit nicht rechtzeitig zum Zug gekommen sei. Mit dieser Legende räumte 1999 der amerikanische Historiker Dennis Rawlins auf. Der machte die alten Manuskripte ausfindig, die das Royal Greenwich Observatory vorsätzlich versteckt hatte. Diese Quellen belegen: Adams war mit seinen Rechnungen längst nicht so weit wie sein Konkurrent in Paris. Er lag mit seinen Voraussagen so weit daneben, dass die englischen Astronomen gar keine Chance hatten, Neptun zu entdecken. Airy, Adams und Challis haben die nach der Entdeckung in den *Monthly Notices* der Royal Astronomical Society erschienen Berichte so geschönt und wesentliche Teile weggelassen, dass es den Anschein hatte, Adams Berechnungen seien ebenso genau gewesen wie die Leverriers und hätten zu einem fast identischen Ergebnis geführt.

Die aufschlussreichen Dokumente wurden über Jahrzehnte hinweg von den Astronomer Royals unter Verschluss gehalten. Als Rawlins 1967 erstmals einen Versuch unternahm, Einsicht in alle Unterlagen zu erhalten, erhielt er zunächst die Auskunft, sie seien unauffindbar. Über dreißig Jahre hinweg versuchte Rawlins immer wieder, an die Dokumente und Briefe zu kommen, wobei sich schließlich auch eine Reihe von Institutionen, wie die Harvard-Universität und die amerikanische Vereinigung der National Optical Astronomy Observatories, seinem Drängen anschlossen. Zum Vorschein kamen die Schriftstücke endlich, als der Nachlass des Oberassistenten des letzten Astronomer Royal, Richard

Woolley, offen gelegt wurde. Der von Rawlins nicht namentlich genannte Astronom hatte in den sechziger Jahren am Observatorium Greenwich gearbeitet, war dann nach Chile gegangen, wo er Ende 1998 gestorben war. 500 Seiten bislang unveröffentlichtes Material, Aufzeichnungen von Adams und Briefe, gingen zurück nach Greenwich und via Diplomatengepäck an mehrere amerikanische Bibliotheken und Rawlins selbst.

Dieses Material belegt, warum Challis im Sommer 1846 den Planeten nicht fand: Adams' Berechnungen waren noch so unvollständig und inkonsistent, dass sie den Planeten in verschiedenen Himmelsbereichen vermuten ließen. Seine erste Lösung vom Oktober 1845, die Adams vergeblich versucht hatte, bei Airy vorbei zu bringen, und auf die sich die britischen Protagonisten so gern berufen, waren unvollständig und widersprüchlich. Das erklärt, warum Challis und Airy nicht schon in diesem Jahr ein Suchprogramm initiierten. Außerdem hat Adams diese Arbeit nicht datiert und in seinem Tagebuch nicht erwähnt. Würde ein Forscher so handeln, wenn er meint, eine der größten Fragen der damaligen Astronomie beantwortet zu haben? Nach dem Oktober 1845 hat Adams noch zahlreiche andere Lösungsansätze entwickelt. Insgesamt streuten die darin berechneten Positionen über einen Bereich von 20 Grad entlang der Ekliptik. Selbst noch kurz vor der Entdeckung lieferte der Brite widersprüchliche Ergebnisse: Die Lösung vom 20. Juli 1846 deutete nach 336 Grad Länge und die nächste vom 2. September nach 315 Grad. Damit lag Adams' letzte Positionsbestimmung um elf Grad daneben. Viel zu weit, um den Planeten aufzufinden. „Man kann jetzt leicht verstehen, warum Challis immer unschlüssiger wurde, wohin er sein Teleskop richten sollte!", meint Rawlins.

Challis veröffentlichte in seinem Bericht in den *Monthly Notices* nur jenes, von Adams vorgelegte Ergebnis, das am Himmel in die richtige Richtung wies. Allerdings ließ er vier weitere mögliche Lösungen weg, die fehlerhaft waren und für den Ort des Planeten einen 20 Grad langen Streifen zuließen. Dies demonstriert, auf welche Weise die britischen Astronomen ihre Kollegen und die Nachwelt täuschten.

Aus dem Kampf der Nationen gingen letztlich beide Helden als Sieger hervor. Leverrier richtete man der Universität von Paris eigens einen Lehrstuhl für Himmelsmechanik ein, und 1854 wur-

de er Aragos Nachfolger als Direktor des dortigen Observatoriums. Am 23. September 1877 starb er im Alter von 66 Jahren in
der französischen Hauptstadt, wo man ihn unter großen Ehren
auf dem Friedhof von Montparnasse beisetzte. Adams hatte eine
ganz ähnliche Karriere. 1859 wurde er Professor für Astronomie
und Geometrie in Cambridge und übernahm 1861 von Challis
den Posten als Direktor des Observatoriums. Am 21. Januar 1892
starb der 72 Jahre alte Adams nach längerer Krankheit. In der
Westminster Abbey erinnert ein Medaillon neben dem Grabmal
von Isaac Newton an ihn. Adams und Leverrier haben noch bedeutende theoretische Arbeiten vor allem zu den Bewegungen der
Planeten und des Mondes geliefert, aber keine konnte an ihren
Triumph aus dem Jahre 1846 heran reichen. Airy blieb bis 1881
Direktor in Greenwich und starb im hohen Alter von 91 Jahren.

„Der Brief, der mein Universum zerstört hat!"

Edwin Powell Hubble (1889–1953)

Am 26. April 1920 lud die amerikanische National Academy of Sciences in Washington ihre Mitglieder zu einem Streitgespräch ein, das später als „Die große Debatte" in die Geschichte der modernen Kosmologie einging. Zwei berühmte Astronomen ihrer Zeit sollten in kurzen Vorträgen ihren Standpunkt zu der umstrittenen Frage nach der Größenordnung und dem Aufbau des Universums vorbringen. Genauer ging es um die Frage, ob es sich bei den Spiralnebeln um Gaswolken handelt, die sich innerhalb unseres Milchstraßensystems befinden, oder ob es eigenständige Milchstraßen sind, die selbst aus Milliarden von Sternen bestehen. Die Frage war aus kosmologischer Sicht von eminenter Bedeutung. Im ersten Fall hätte die Milchstraße das gesamte Universum ausgefüllt, im zweiten Fall wäre sie nur eines unter vielen Sternsystemen in einem unermesslich großen Weltall gewesen.

Als Erster trat um 8.15 Uhr Harlow Shapley vom Mount-Wilson-Observatorium vor das Auditorium. In einem brillanten Vortrag, der auf verwirrende Details verzichtete, zog Shapley die Bilanz: „Ich bevorzuge die Ansicht, dass sie [die Nebel] überhaupt nicht aus Sternen bestehen, sondern rein nebulöse Objekte sind." Als Beweis zeigte er zwei Aufnahmen des Spiralnebels Messier 51, die keinerlei Sterne zeigten. Etwa eine halbe Stunde nach Shapley betrat Heber Curtis vom Lick-Observatorium das Podium. In einem stärker strukturierten und mit weitaus mehr Beobachtungsmaterial beladenen Plädoyer, versuchte er die Zuhörer davon zu überzeugen, dass der Andromeda-Nebel rund 500 000 Lichtjahre entfernt ist, andere Spiralnebel sollten sogar bis zu zehn Millionen Lichtjahre weit weg sein. „In diesen Entfernungen würden diese Insel-Universen von der Größenordnung unserer eigenen, aus Sternen bestehende Milchstraßen sein", schloss er seinen Vortrag.

Ein eindeutiger Sieger dieses Disputs ließ sich zwar nicht ermitteln, aber viele Experten sprachen Curtis die besseren Argumente zu, und er selbst schrieb seiner Frau: „Die Debatte in Washington lief gut, und man hat mir versichert, dass ich mit beträchtlichem Vorsprung daraus hervorgegangen bin." Er sollte Recht behalten.

Nur vier Jahre später gelang es Shapleys Kollegen auf Mount Wilson, Edwin Powell Hubble, erstmals eindeutig die Entfernung zum Andromeda-Nebel zu bestimmen. Danach gab es keinen Zweifel mehr daran, dass es sich um eine eigenständige Galaxie handelt, die mindestens eine Million Lichtjahre entfernt ist. Hubble hatte die Frage nach dem großräumigen Aufbau des Universums beantwortet. Doch das sollte erst der Beginn eines wirklichen Umsturzes in unserem Weltbild bedeuten: Hubble fand kurz darauf heraus, dass sich fast alle Galaxien von uns entfernen und dass diese Fluchtgeschwindigkeit um so größer ist, je weiter ein Sternsystem von uns entfernt ist. Mit dieser Entdeckung bahnte er den Weg für die Theorie des expandierenden Universums und vor allem des Urknalls. Der amerikanische Astronom zählt deshalb zusammen mit Kopernikus, Galilei oder Newton zu den Wegbereitern neuer Weltbilder.

Die Astronomen wurden erst spät auf diese ominösen Nebel aufmerksam, weil nur zwei von ihnen mit bloßem Auge am Himmel wahrnehmbar sind: Einer im Schwert des Orion und ein weiterer im Sternbild Andromeda. Deren frühe Geschichte ist schnell erzählt. Ptolemäus hatte in seinem Sternkatalog sechs „wolkenartige" oder „neblige" Himmelskörper aufgenommen. Bei den meisten handelte es sich aber um Sternhaufen, deren Mitglieder mit bloßem Auge nicht einzeln erkennbar waren. Der Andromeda-Nebel findet sich bei ihm nicht, wohl aber bei dem arabischen Astronom al-Sufi, der im 10. Jahrhundert in Bagdad lebte. Von ihm stammen viele der heute noch gebräuchlichen Sternnamen. Tycho Brahe übernahm im 16. Jahrhundert im Wesentlichen dessen Sternkatalog, ignorierte aber den Andromeda-Nebel. Offensichtlich wussten die Astronomen mit diesen nebligen Objekten nichts Rechtes anzufangen. Sie waren allein an den Sternen und Planeten interessiert.

Das änderte sich – wenn auch langsam – mit der Erfindung des Fernrohrs im Jahre 1609. Als im Dezember 1612 Simon Marius in Ansbach erstmals mit dem neuen optischen Instrument den Andromeda-Nebel anvisierte, sah er „nur schimmernde Strahlen, die um so heller werden, je näher sie dem Zentrum sind. Im Zentrum ist ein schwacher und blasser Glanz". Ansonsten widmeten die Astronomen dem blassen Lichtfleckchen jahrhundertelang keine große Aufmerksamkeit. Dem Orion-Nebel erging es nicht anders. Zwar beobachteten ihn einige Astronomen schon um 1611, aber als offizieller „Entdecker" gilt Christiaan Huygens. Er fertigte 1656 die erste Zeichnung an und hatte den Eindruck, er schaue durch ein Loch im dunklen Himmel in eine dahinter liegende leuchtende Region. Von einer Entdeckung kann allerdings nicht die Rede sein, weil jeder Mensch den Orion-Nebel mit bloßem Auge erkennen kann.

Das Interesse an den Nebelflecken entwickelte sich jedoch so gut wie gar nicht. Der Bierbrauer und Astronom Johann Hevelius hatte in seiner Liste 14 von ihnen verzeichnet. Dieser Autodidakt hatte um 1640 vor den Toren Danzigs ein 45 Meter langes „Luftfernrohr" installiert. Wegen der ungeheuren Länge hatte er gänzlich auf einen Teleskoptubus verzichtet und stattdessen die Optik in einer langen, offenen Holzkonstruktion untergebracht, die an einem hohen Mast aufgehängt war. Edmund Halley erwähnte 60 Jahre später – hundert Jahre nach der Entdeckung des Fernrohrs – ganze sechs Nebelflecke, deren „Licht von einem außergewöhnlich großen Raum im Äther kommt, in dem ein leuchtendes Medium verteilt ist, das in seinem eigenen Licht scheint". Halley kam damit der Vorstellung dessen, was wir heute interstellare Gaswolken nennen, schon recht nahe. Das hinderte indes 30 Jahre nach ihm den Geistlichen William Derham nicht daran, den alten Huygensschen Gedanken von den Löchern im Himmel zu bemühen.

Es ging also nicht so recht voran bei der Beobachtung und Erklärung der diffusen Wölkchen am Firmament. In dem selben Maße aber, in dem die Lichtstärke und Qualität der Fernrohre zunahm, stieg auch die Zahl der Nebel. Und es wurden Unterschiede deutlich. So erwiesen sich einige von ihnen schlicht als Sternansammlungen, während andere auch bei stärksten Vergrößerungen nebulös blieben. Es gehört zu den Kuriositäten in der Geschichte der Himmelskunde, dass ausgerechnet ein Astronom, der sich gar nicht für diese Wölkchen interessierte, den ersten umfangreichen Katalog von ihnen aufstellte: Charles Messier.

Messier war Kometenjäger, eine damals unter Sternguckern äußerst beliebte Sportart. Er brachte es in seinem Leben auf die Entdeckung von 15 bis dahin unbekannten Schweifsternen, was ihm großen Ruhm einbrachte. Sein Name aber lebt heute in Form des Messier-Katalogs fort. Wenn der eifrige Franzose nachts den Himmel absuchte, stieß er häufig auf Nebel oder Sterngruppen, die er hin und wieder mit Kometen verwechselte. Um dem einen Riegel vorzuschieben, katalogisierte er die lästigen Doppelgänger. Zwischen 1774 und 1781 brachte er es auf 103 Objekte. Unter ihnen waren selbstverständlich auch der Orion- und der Andromeda-Nebel. Sie erhielten die noch heute gebräuchlichen Bezeichnungen Messier 42 und 31.

Für die Kometenjäger erfüllte dieser Katalog seinen Zweck bestens. Gleichzeitig machte er aber andere Astronomen neugierig. Jetzt rückten die Nebel als eigenständige Forschungsgegenstände ins Visier der damaligen Großteleskope, insbesondere in das des bedeutendsten Astronomen seiner Zeit, Friedrich Wilhelm Herschel. Mit einem 50-Zentimeter-Teleskop durchsuchte er systematisch den gesamten Himmel. 1786 veröffentlichte er seinen ersten Katalog, der sage und schreibe 000 Objekte umfasste. Bis 1802 folgten zwei Ergänzungsbände mit noch einmal 1500 Nebeln und Sternhaufen. In kürzester Zeit hatte Herschel der Nebelforschung eine völlig neue Dimension eröffnet. Da gab es diffuse, runde und zigarrenförmige Wölkchen, einige besaßen eine zentrale Aufhellung, andere waren flächig. Was tut man mit einer solchen Fülle an neuen Himmelskörpern? Man ordnet sie nach Form, Helligkeit oder Größe genauso, wie ein Entomologe seine Käfersammlung systematisiert.

Herschel war ein unermüdlicher und ungemein fleißiger Datensammler. Stets war er sich aber bewusst, dass es damit allein nicht getan ist: „Wenn wir Beobachtung auf Beobachtung häufen, ohne allen Versuch, aus denselben nicht bloß gewisse Schlüsse, sondern auch mutmaßliche Vorstellungsarten zu ziehen, so verstoßen wir gegen den eigentlichen Endzweck, um dessentwillen allein Beobachtungen angestellt werden sollen." Herschel zog aus seinen Beobachtungen einen für damalige Zeiten gewagten Schluss: Er sah in den verschiedenförmigen Nebeln werdende Sternsysteme in unterschiedlichen Entwicklungsstadien. Und die Nebel konnten nach seiner Schätzung bis zu zwei Millionen Lichtjahre entfernt sein. Herschel war wohl auch der Erste, dem klar wurde, dass ein Blick in solch große Entfernungen gleichzeitig ein Blick in die kosmische Vergangenheit darstellt, weil das Licht zwei Millionen Jahre lang von den „entlegensten Gegenständen" bis zu uns unterwegs war.

Herschel dachte sich die Entstehung von Sternsystemen auf folgende Weise: Am Anfang steht ein diffuser Nebel, der irgendwann beginnt, sich aufgrund der eigenen Schwerkraft zusammenzuziehen. So entsteht im Zentrum ein Stern, der noch von einem Restnebel umgeben ist. Die Schwerkraft bewirkt dann weiter, dass sich mehrere auf diese Weise entstandene Sterne anziehen. Erst bilden sich Doppel- und Mehrfachsterne, und schließlich entsteht ein großes System wie die Milchstraße. Dieser Vorgang dauert indes so lange, dass er sich am Himmel nicht direkt verfolgen lässt. Wohl aber manifestieren sich die unterschiedlichen Stadien in den verschiedenen Nebelformen, wie sie Herschel beobachtet hatte. Er ging sogar noch weiter. Im Verlauf der Entwicklung drängen sich die Sterne immer weiter zusammen, bis sie einen kugelförmigen Haufen bilden. Unser Milchstraßensystem, von dem er als erster herausgefunden hatte, dass es ein scheibenförmiges Gebilde ist, in dem sich die Sterne noch nicht so stark zusammengefunden hatten, sollte daher noch relativ jung sein und würde sich noch weiter entwickeln.

Diese Idee war damals revolutionär und wurde auch dementsprechend abgelehnt oder einfach ignoriert. Das Universum galt damals als geschichtslos, ohne Werden und Vergehen. Ein Irrtum, dem später noch so überragende Denker wie Einstein erliegen sollten, als erstmals die Hypothese eines expandierenden Weltalls aufkam.

Im Lichte der modernen astronomischen Forschung erwies sich Herschels Deutung der Nebel als falsch. Richtig ist jedoch, dass es sich in einigen Fällen, wie dem Orion-Nebel, um Sternentstehungsgebiete handelt. Herschel vertrat hier bereits eine Seite der zwei Lager, die sich später in der „Großen Debatte" unversöhnlich gegenüber stehen sollten.

Den philosophischen Hintergrund hierfür hatte bereits 1755 Immanuel Kant geliefert. In seiner *Allgemeinen Naturgeschichte und Theorie des Himmels*, die zunächst noch unter einem Pseudonym erschien, hatte der Königsberger Philosoph vermutet, die

Nebel – von denen zu seiner Zeit nicht einmal ein Dutzend bekannt war – seien ferne Sternsysteme. Kant bezog sich dabei auf eine Arbeit des englischen Astronomen Thomas Wright über den Aufbau des Universums. Lange Zeit war völlig unklar gewesen, wie man sich die räumliche Anordnung der Sterne einschließlich der Sonne vorzustellen hatte. Die Milchstraße, das aus Millionen von Sternen bestehende, fahl schimmernde Band, das sich über den gesamten Himmel zieht, spielte hierbei die entscheidende Rolle. Wright hatte behauptet, die Milchstraße besäße womöglich die Form einer Scheibe und die Sonne mit ihrem Planetensystem stände mitten darin. Dann nämlich erscheinen uns die Sterne in einem Band angeordnet, sobald wir in Richtung der Scheibenebene schauen, wohingegen wir nur wenige Sterne sehen, sobald wir aus der Ebene herausblicken.

Kant war offenbar davon überzeugt, dass das Universum mit unzählig vielen anderen, der Milchstraße ähnlichen Sternsystemen erfüllt ist. Da diese völlig willkürlich zu unserer Blickrichtung orientiert sein können, sehen wir sie entweder als kreisförmige Scheibe oder als Ellipsoid. Kants Schlussfolgerung ist, wie er schreibt, „kurz und ungekünstelt" die folgende: „Alles stimmt vollkommen überein, diese elliptischen Figuren für eben dergleichen Weltordnungen und, so zu reden, Milchstraßen zu halten." Eine so aufgebaute Welt musste, wie Kant auf Grund des Newtonschen Schwerkraftgesetzes richtig annahm, unendlich ausgedehnt sein und unendlich viele Sterne enthalten. Andernfalls würde das Universum irgendwann unter dem Einfluss der Gravitation in sich zusammenstürzen.

Es schien, als könne Herschel Kants Ideen erstmals durch umfangreiches Beobachtungsmaterial bestätigen. Indes, so plausibel sich die Hypothese anhörte, sie ließ sich nicht weiter belegen. „Aber ist denn diese Idee auch gegründet oder erwiesen?", fragte rund 30 Jahre nach Herschels Arbeit der deutsche Astronom Wilhelm Olbers und fuhr fort: „Nein, keineswegs. Wenn wir Herschel auch alles zugeben, so folgt aus seinen Beobachtungen an sich weiter nichts, als es gibt Nebelsterne, es gibt Fixsternsysteme, worinnen die Sonnen unter sich viel näher beyeinander stehn als in anderen. Weiter hat er nichts beobachtet, alles übrige ist nur Schluss, und wie ich glaube, etwas übereilter, gewagter Schluss aus seinen Beobachtungen."

Nach diesem kurzen Höhepunkt der Nebelforschung gerieten die rätselhaften Gebilde wieder in Vergessenheit, andere Probleme waren dringlicher, und vor allem sah man keine Möglichkeit, die Natur der Wolken zu erklären. Tatsächlich zeichnete sich langsam noch eine weitere Interpretationsmöglichkeit ab, die ebenfalls auf Kant und auf den französischen Astronomen und Mathematiker Simon de Laplace zurückging. Demnach könnte es sich auch um verhältnismäßig nahe Nebel handeln, in denen neue Sonnensysteme, ähnlich dem unseren entstehen.

Beide Forscher hatten eine Theorie entwickelt, die diesen Vorgang erklären sollte. Kant vermutete in seiner *Allgemeinen Naturgeschichte*, dass die Urmaterie anfänglich diffus im Raum verteilt war. Durch die Wirkung der Schwerkraft zog sie sich dann an einigen Stellen zusammen. Diese verdichteten Zonen mit höherer Masse würden immer mehr Materie aus der Umgebung anziehen, was schließlich zum vollständigen Kollaps der Wolke führen müsste. Dies verhinderte aber eine „Rückstoßungskraft", eine Art Elastizität. Sie bewirkte, dass die zum Massenzentrum stürzende Materie seitlich abgelenkt wird und auf eine Kreisbewegung gelangt. Im Zentrum dieser Wolke bildete sich die Sonne und in den weiteren Verdichtungen auf den Kreisbahnen die Planeten.

Kants kosmologische Schrift fand jedoch kaum Verbreitung, und wahrscheinlich war sie auch Laplace nicht bekannt, als dieser 1796 in seinem Buch *Exposition du Système du Monde* eine etwas andere Theorie über die Entstehung des Sonnensystems vorschlug. Laplace ging von einem heißen Nebel aus, in dessen Zentrum die Sonne steht. Langsam kühlte sich die Materie ab und zog sich zusammen. Dadurch drehte sich das gesamte Gebilde immer schneller, ähnlich wie eine Eiskunstläuferin bei einer Pirouette immer rasanter um die eigene Achse wirbelt, wenn sie die Arme anzieht. Die Zentrifugalkraft wird immer größer, bis aus den äußeren Nebelbereichen Materie in Form eines Ringes abgeschleudert wird. Die Wolke kontrahiert immer weiter, so dass sich immer mehr Ringe abspalten, und in ihnen bilden sich dann die Planeten. Laplace sah in den beobachteten Nebelflecken solche Nebel im Anfangsstadium.

Damit war der spätere Konflikt geboren: Während Kant in den Wolken ferne, der Milchstraße ähnliche „Welteninseln" in einem unendlich ausgedehnten Universum sah, waren diese für Laplace viel kleinere Gebilde im Innern unserer Milchstraße.

Immer wieder beschäftigten sich bedeutende Astronomen mit den Nebeln, insbesondere fertigten sie detaillierte Zeichnungen an, um möglicherweise Veränderungen zu entdecken, die sich erst im Verlaufe von Jahren oder Jahrzehnten zeigen sollten. Immer wieder tauchten Meldungen in den Fachjournalen auf, der Andromeda-Nebel würde sich langsam bewegen, oder der Nebel im Sternbild Stier würde seine Helligkeit verändern. Keine Nachricht rief jedoch so große Aufregung hervor wie die des Earl of Rosse, der mit seinem „Leviathan" in einem Nebel im Sternbild Jagdhunde mit der Bezeichnung Messier 51 eine Spiralstruktur entdeckt haben wollte.

Der als William Parson geborene Ire hatte in Dublin und Oxford studiert und war später Mitglied des britischen Parlaments geworden. Nach dem Tod seines Vaters erhielt er den Titel dritter Earl of Rosse. Er war in der irischen Politik als sozial engagierter Mann bekannt, der bald seine Leidenschaft für die Astronomie entdeckte. Auf seinem väterlichen Wohnsitz Birr Castle richtete er sich eine Sternwarte ein, die er mit selbst gebauten Spiegelteleskopen bestückte. Hier experimentierte er mit verschiedenen Herstellungsmethoden für die großen Primärspiegel. Mit Erfolg gelang ihm ein Exemplar mit 90 Zentimetern Durchmesser. Dessen gute optische Qualität machte ihm Mut, sich an einen 1,8-Meter-Spiegel zu wagen – größer als jeder andere Reflektor zur damaligen Zeit.

Fünf Jahre lang goss, schliff und polierte Parson an mehreren Spiegelrohlingen, immer wieder musste er Fehlschläge in Kauf nehmen, bis das vier Tonnen schwere Monstrum endlich fertig war – keinesfalls aber das gesamte Teleskop. Die Spiegelhalterung und der Tubus wurden so schwer, dass keine normale Montierung den „Leviathan" zu tragen vermochte. Parson musste ihn zwischen zwei 18 Meter hohen Mauern aufhängen, so dass sich das Teleskop nur noch in der Vertikalen schwenken ließ. Trotz dieser Einschränkung durch die Technik und das nicht eben ideale irische Wetter, gelang dem Earl im April 1845 eine hervorragende Zeichnung vom Messier 51. Sie zeigte eine deutlich ausgeprägte spiralförmige Struktur. Was konnte sie bedeuten?

Wie schwer sich die Astronomen mit den subjektiven Eindrücken der schwachen Himmelskörper taten, beweist ein Zitat des erfahrenen Kometenforschers Ernst Wilhelm Tempel: „Wenn man Nebelflecke mit verschiedenen und großen Fernröhren gesehen hat und die hiernach gewonnenen Zeichnungen mit den publicirten vergleicht, so kann man sich bei dem Anblick so vieler Nebel von Lord Rosse, die eine Spiralform zeigen, des Gedankens nicht erwehren, dass diese Formen und Gestalten nur Phantasiegebilde sind." Ganz anders der Astronom Stephan Alexander, der Rosses Beobachtung 1852 ganz im Sinne der Kantschen Theorie interpretierte: „Die Milchstraße und die Sterne in ihr bilden eine Spirale und mehrere (vielleicht vier) Arme und einen zentralen (wahrscheinlich ellipsoiden) Sternhaufen."

Es war vollkommen klar, dass sich die Nebelfrage ohne neue Techniken nie würde lösen lassen. Diese Techniken kamen: 1864 gelang es dem englischen Astronom William Huggins – auch er ein Autodidakt, der sich eine eigene Sternwarte gebaut hatte – erstmals, das Licht eines Nebels mit einem Prisma in seine Spektralfarben zu zerlegen. Die zweite Neuerung führte der amerikanische Astronom Henry Draper ein. Im Jahre 1880 gelang ihm die erste fotografische Aufnahme des Orion-Nebels. Damit hatten diese beiden Pioniere die Tür zur modernen Astrophysik aufgestoßen. Die Spektralanalyse ermöglichte es erstmals, die chemische Zusammensetzung eines Nebels oder Sterns zu ermitteln. Später gelang es auch, andere Größen, wie die Geschwindigkeit eines Himmelskörpers oder dessen Temperatur, aus dem Spektrum herauszulesen. Die Fotografie ersetzte das Auge. Sie brachte mehr Objektivität in die astronomische Diskussion und ließ auch sehr lichtschwache Details erkennen.

Bis zum Ende des 19. Jahrhunderts gelang es, von wenigen hellen Nebeln Spektren zu gewinnen. Sie zeigten eindeutig, dass einige von ihnen, darunter auch der Orion-Nebel, aus Gas bestehen. Durch Vergleich mit Spektren heißer Gase im Labor konnte Huggins sogar die Elemente Wasserstoff und Stickstoff identifizieren. Nicht so beim Andromeda-Nebel. Wie Julius Scheiner, Direktor des Astrophysikalischen Observatoriums Potsdam, 1899 herausfand, weist dieser ein reines Sternspektrum auf. Damit konnten sich die Astronomen sicher sein, dass dieser Nebel tatsächlich eine Sternansammlung ist, obwohl er auf den Fotos nach wie vor nebulös erschien.

Jetzt war man schon etwas weiter, aber die wahre Natur der Nebel blieb nach wie vor unklar. Was noch fehlte, war eine eindeutige Entfernungsbestimmung. So unternahm der schwedische Astronom Karl Bohlin den Versuch, die Parallaxe des Andromeda-Nebels zu messen, was ihm seiner Meinung nach auch gelungen war. Der von ihm ermittelte sagenhafte Wert von nur 19 Lichtjahren sollte sich jedoch als viel zu gering erweisen. Da kam den Astronomen der Zufall zu Hilfe. Am 20. August 1885 leuchtete plötzlich im Andromeda-Nebel ein Stern auf. Er war so hell, dass er fast mit bloßem Auge zu sehen war. Als erster bemerkte ihn der Observator der Sternwarte in Dorpat, Estland, Ernst Hartwig. Als er an diesem Abend eine Besuchergruppe durch das Observatorium führte und abschließend einen Blick durchs Fernrohr warf rief er plötzlich aus: „Da steht schon die Zentralsonne im Nebel!" Hartwig dachte dabei an die Laplacesche Theorie, dass in den Zentren der Spiralnebel Sterne entstehen. Neun Tage zuvor, da war sich Hartwig sicher, stand dieser Stern noch nicht dort. Im Laufe der kommenden Wochen wurde das Gestirn immer lichtschwächer, bis er im Oktober nicht mehr erkennbar war.

Es musste sich um eine Nova handeln, einen „neuen Stern". Novae hatte man schon einige Male in unserer Milchstraße beobachtet, über die Entfernung dieser aufflammenden Himmelskörper war man sich aber uneins. Und so brachte S Andromedae, wie die Nova vom August 1885 genannt wurde, auch in der Entfernungsdebatte um die Nebel vorerst keine Entscheidung. Die Astronomen entdeckten aber immer mehr Novae, und 1902 gelang es erstmals, die Entfernung eines solchen Gestirns im Sternbild Perseus zu 500 Lichtjahren zu bestimmen. Für damalige Verhältnisse schon gewaltig, aber auf jeden Fall innerhalb der Milchstraße. Nun war die Nova im Perseus 250-mal heller gewesen als diejenige im Andromeda-Nebel. Vorausgesetzt, die beiden Himmelskörper waren an sich gleich hell gewesen, so hätte der Andromeda-Nebel rund 15-mal weiter entfernt sein müssen als die Nova Persei, da die Helligkeit mit dem Quadrat der Entfernung abnimmt. Der Andromeda-Nebel wäre also etwa 7500 Lichtjahre von der Erde entfernt und somit kein eigenes Milchstraßensystem.

Trotz dieses überzeugenden Arguments konnten sich einige Astronomen mit diesem Ergebnis nicht abfinden. Sie führten an, dass S Andromedae rund 10 000-mal gewaltiger gewesen sei als eine gewöhnliche Nova. Nun setzte geradezu eine Nova-Jagd ein. Bis zum Jahr 1920 hatten die Astronomen 16 „neue Sterne" allein im Andromeda-Nebel entdeckt. Heber Curtis, einer der Kontrahenten in der „Großen Debatte" hatte auf Grund spektroskopischer Untersuchungen festgestellt, dass S Andromedae tatsächlich nicht zu den gewöhnlichen Novae gezählt werden konnte. Aber aus den anderen „echten" Novae hatte der Schwede Knut Lundmark 1919 die Entfernung des Andromeda-Nebels zu 550 000 Lichtjahren abgeleitet.

Die Waage schien sich also weiter den Verfechtern der Kantschen „Welteninselhypothese" zuzuneigen. Zweifler hielten ihnen indes nach wie vor entgegen, die Novae in den Nebeln könnten sich ganz anders verhalten als in der Milchstraße. Und warum sah man auf den Fotos, beispielsweise von Messier 51, keine Sterne? Um auch die letzten Ungläubigen überzeugen zu können, mussten die Astronomen eine wirklich zweifelsfreie Methode finden, die es ermöglichte sehr große Entfernungen zu bestimmen, und sie benötigten leistungsstärkere Teleskope.

In jener Zeit, als die Astronomen damit beginnen, die Nebel durch ihre Teleskope zu fotografieren und deren Licht spektral zu zerlegen, kommt in Marshfield, Missouri, ein Junge zur Welt. Marshfield ist zu dieser Zeit eine typisch amerikanische Südstaaten-Kleinstadt inmitten einer sanft geschwungenen Landschaft mit Feldern und kleinen Wäldern. Zwanzig Läden, zwei Hotels, ein Pferdestall, das Büro einer Wochenzeitung und zwei Kutschenläden zwängen sich um den zentralen Platz. Tausend Einwohner zählt der Flecken, darunter etwa 150 „überwiegend gute Schwarze".

In diesem Marshfield lebt vorübergehend die Familie Hubble. Das sind die Eltern John Powell und Virginia Lee sowie die beiden Kinder Henry James und Lucy Lee. Der eigentliche Wohnsitz der Familie ist das 35 Kilometer entfernte Springfield. In Marshfield leben jedoch Virginias Eltern, und sie möchte, dass ihr Kind unter der Obhut des Vaters James, eines erfahrenen Arztes, zur Welt kommt. Am späten Abend des 20. November 1886 erblickt ein Junge den trüben Schein einer Petroleumlampe. Er erhält den Namen Edwin Powell und wird etwa vier Jahrzehnte später

„unsere Vorstellung vom Universum radikaler ändern als alle anderen Astronomen seit Galilei", wie der amerikanische Astronom Donald Osterbrock später einmal schreibt.

Edwin sollte nicht der letzte Familienspross bleiben. In den kommenden Jahren gesellen sich noch die Geschwister Bill, Virginia, Helen, Emma und Elizabeth hinzu. Vater John ist jedoch als Vertreter für Feuerversicherungen sehr erfolgreich und kann seine vielköpfige Familie gut versorgen und seinen Kindern eine ausreichende Ausbildung zukommen lassen. Jenny, die Mutter, hat es oft nicht leicht, denn häufig begibt sich ihr Mann auf Geschäftsreisen, die ihn bis zu sechs Wochen von zu Hause fern halten. Wohl auch deswegen ziehen die Hubbles ein halbes Jahr nach Edwins Geburt von Springfield nach Marshfield, in die Nähe von Jennys Eltern.

Der kleine Edwin entwickelt sich prächtig. Schon früh kann er lesen und zählen, und scharf protestiert er dagegen, dass er noch zu Hause bleiben muss, während die älteren Geschwister schon zur Schule gehen dürfen. Dementsprechend langweilt sich der Bub natürlich später in der Grundschule und ist den Lehrern ein Rätsel: Seine Beteiligung im Unterricht ist gleich null, gleichzeitig trägt er die besten Zensuren nach Hause. Eine Schule in Hinblick auf Disziplin und Zuverlässigkeit ist sein Elternhaus. Der Vater, ein bibelfester Baptist, trinkt nie Alkohol, flucht nicht und legt äußersten Wert auf Pünktlichkeit. Wenn abends um halb sieben der Gong ertönt, haben sich alle Familienmitglieder am Esstisch einzufinden, und jeden Sonntag morgen geht es in die Kirche. Die Mutter bildet hierzu mit Liebe und Güte einen warmen Gegenpol.

An geistiger Anregung fehlt es auch nicht. Leidenschaftlich liest Edwin die modernen Kinder- und Jugendbücher. So bestaunt er mit Alice die wundersamen Gestalten im Wunderland, stromert mit Moglie durch den Dschungel, erlebt mit Huck Finn und Tom Sawyer die wildesten Abenteuer am Mississippi und begibt sich mit Jules Vernes Helden auf eine Reise zum Mond. Für Arthur Conan Doyles gruseligen Hund von Baskerville ist er indes noch etwas zu jung. Nach dessen Lektüre flüchtet er sich in sein Bett und zieht ängstlich die Decke über den Kopf.

In diesen frühen Jahren wird auch bereits seine Liebe für die Astronomie geweckt. Schuld daran ist der Großvater, der Edwin bereits auf die Welt geholt hat. Als begeisterter Sternengucker baut sich der alte Herr selbst ein Fernrohr zusammen und lässt auch den Enkel hin und wieder durch das Zauberglas schauen. Edwin ist hiervon so fasziniert, dass er sich an seinem achten Geburtstag einzig und allein wünscht, länger aufbleiben zu dürfen, um in die Sterne schauen zu können. Diesen Wunsch erfüllen ihm die Eltern gern. Zwei Jahre später erfährt Edwin, dass sich am 23. Juni 1899 eine totale Mondfinsternis ereignen soll. Zwar beginnt sie erst nach Mitternacht und zieht sich bis zum Morgengrauen hin, aber der Bub kann seine Eltern davon überzeugen, dass er die ganze Nacht über draußen bleiben müsse, um keine Szene dieses Himmelsschauspiels zu verpassen. Gemeinsam mit seinem Freund Sam Shelton erlebt er die Verfinsterung des Mondes bei sternenklarer Nacht. „Es wirkte auf uns wie eine großartige Show", erinnert sich Sam später.

Zu dieser Zeit leben die Hubbles schon gar nicht mehr in Marshfield. Aus beruflichen Gründen ist die Familie ein Jahr zuvor nach Evanston in Illinois umgezogen, und schon ein Jahr darauf übersiedelt sie nach Wheaton, einem Vorort von Chicago. Dort besucht Edwin die High School, einen roten Backsteinbau im viktorianischen Stil, den die Kinder das alte rote Schloss nennen. Auch hier erweist sich Edwin bald als blendender Schüler mit Zensuren zwischen 90 und 100, wobei 100 (Prozent) die Bestnote ist, obwohl er stets etwa zwei Jahre unter dem Durchschnittsalter seiner Klasse liegt.

Doch Edwin ist keineswegs ein vergeistigtes Kind. Groß und kräftig von Statur entwickelt er sich schon früh zum Athleten, wobei ihm Hoch- und Weitsprung sowie Kugelstoßen und Diskuswerfen besonders liegen. Um sein Taschengeld aufzubessern, verdient er sich in den Ferien etwas Geld nebenher. Die Jobs sind zwar rar, aber Schüler der Sportteams werden bei der Vergabe bevorzugt. Und so verdingt sich Edwin mal als Zeitungsausträger, mal schleppt er schwere Eisblöcke, die mit einem Pferdewagen in die Stadt gebracht werden, in die Wohnungen. Hierfür gibt es nicht nur Geld, sondern auch Naturalien in Form von Brötchen, Keksen oder Kuchen. Am aufregendsten aber werden für ihn später, als er bereits auf der Universität ist, einige Wochen bei einem Trupp von Landvermessern, die durch ein unwegsames Gebiet in Nord-Wisconsin ziehen, um eine neue Eisenbahntrasse festzulegen. Auf dieser Reise wird Edwin angeblich von zwei Räubern überfallen, weiß sich aber mutig zu wehren.

Im Juni 1906 schließlich ist die Schulzeit vorbei. Bei der Abschlussfeier – die Jungs im schwarzen Anzug mit Fliege oder Krawatte, die Mädchen im weißen Kleid – müssen alle Absolventen zunächst einen Vortrag halten, bevor ihnen Superintendent John Russell das Zeugnis überreicht. Als die Reihe an Edwin kommt, kommentiert Russell mit lauter Stimme: „Edwin Hubble, vier Jahre lang habe ich dich nun beobachtet, und nie habe ich dich auch nur für zehn Minuten arbeiten sehen." Die Anwesenden samt Vater und Mutter Hubble erbleichen und verstummen, bis der gute Mann nach einer Kunstpause schmunzelnd fortfährt: „Hier ist ein Stipendium für die Universität von Chicago."

Im Alter von 16 Jahren schreibt sich Edwin an der noch jungen Universität ein. Zum ersten Mal verlässt er sein Elternhaus und zieht auf das Campusgelände nach Chicago. Dort belegt er mathematische und naturwissenschaftliche Kurse, aber auch Englisch und Latein. Wieder erweist er sich als kluger Kopf mit schneller Auffassungsgabe. Ein Kommilitone beschreibt ihn später einmal als blendenden Mathematiker. Edwin selbst hingegen fühlt ganz deutliche Mängel in diesem Fach und bedauert es später, sich nicht mehr um die Mathematik bemüht zu haben. Kein Wunder vielleicht, denn er hat nur den einen Gedanken im Kopf, Astronom zu werden. Dem Vater kann er von diesem Traum nicht berichten, denn der hätte dafür sicher kein Verständnis gehabt. Der Sohn soll einmal die Jurisprudenz studieren, da weiß man, was man hat.

Wie schon in der High School, nutzt Edwin auch die Freizeit an der Universität, um ausgiebig Sport zu treiben. Football darf er nicht spielen, weil dies der Vater für zu brutal hält. Gegen das Boxen hat er indes nichts einzuwenden. Und so tritt Edwin in den Boxverein des Christlichen Vereins Junger Männer ein. Hier schlägt er auf Anhieb eine derart gekonnte Linke oder Rechte, dass ihn sein Trainer zu einer Profikarriere überreden will. Daraus wird glücklicherweise nichts. Stattdessen glänzt er wieder in der Leichtathletik und im Basketball. Ein Foto aus dem Jahre 1910 zeigt ihn mit entschlossenem Blick inmitten der Mannschaft der Universität von Chicago.

Dass dem jungen Hubble alle Erkenntnis einfach in den Schoß fallen würde, kann man nicht sagen. „In diesem Sommer habe ich ausschließlich Latein genommen, um mich für das Examen zum Rhodes-Stipendium vorzubereiten", schreibt er seinem Großvater im August 1909. Rhodes war ein britischer Politiker gewesen, der in Südafrika mit Diamanten ein Vermögen gemacht hatte. Um die Verbindungen zwischen den USA und Großbritannien zu stärken, hatte er ein Stipendium in Höhe von 200 bis 300 Pfund Sterling ausgesetzt, das einem unverheirateten jungen Mann das Studium in einer englischen Universität ermöglichen sollte. Der Stipendiat muss nicht nur eine Prüfung bestehen, sondern auch besonders sportlich und von untadeligem Charakter sein. Die ersten beiden Kriterien erfüllt Hubble, bei dem dritten gibt es ein kleines Problem. Hubble hat nämlich in einem der ersten Semester zusammen mit Freunden einige Theologiestudenten mit rohen Eiern beworfen. Sie hatten gut getroffen, wurden aber entdeckt.

Offenbar ist das Prüfungskomitee jedoch bereit, das Vergehen zu verzeihen, denn unter sechs Prüflingen aus dem Staate Illinois wird Hubble ausgewählt. Ein Zeugnis seines Physikprofessors, des späteren Physik-Nobelpreisträgers Robert Millikan, mag sein Übriges dazu beigetragen haben: „Selten habe ich einen Mann kennen gelernt, der die vom Begründer des Rhodes-Stipendiums aufgestellten Anforderungen besser erfüllen würde als Mr. Hubble." Als ihn am folgenden Tag ein Reporter nach seinen Plänen in England befragt, antwortet er: „Obwohl ich in Chicago den Naturwissenschaften, insbesondere der Physik, meine größte Aufmerksamkeit gewidmet habe, gedenke ich in Oxford Jura und internationales Recht zu studieren." Offensichtlich hat Edwin sich dem Wunsch seines Vaters gebeugt und sich für die Ausbildung in einem handfesten und krisensicheren Beruf entschlossen. Seinem späteren Studienkollegen Jakob Larsen erklärt er, seine einzige Leidenschaft sei die Astronomie, aber zunächst einmal müsse er Geld verdienen.

Am 7. September 1910 besteigt er in Montreal das Dampfschiff „Canada", um sich auf die Reise in die Alte Welt zu machen. Nach elf Tagen erreicht er Liverpool, und im Oktober des Jahres schreibt er sich am berühmten Queens College der Universität Oxford ein. Edwin braucht nicht lange, um sich einzugewöhnen. Schon bald amüsieren sich einige seiner amerikanischen Freunde über seine „Bemühungen, eine extreme englische Aussprache" zu bekommen.

Das Jurastudium beschäftigt ihn nur bis zum Mittag. Den größten Teil des Nachmittags kann er sich dem Sport widmen, und am Abend vergräbt er sich in Bücher über Geschichte, Ökonomie und sehr wahrscheinlich auch Astronomie, während pünktlich alle Viertelstunde der Kuckuck aus der Wanduhr springt, die ihm ein deutscher Freund geschenkt hat. Edwin nutzt die Zeit in England, um zu reisen, wobei er die meiste Zeit in Deutschland verbringt. Seiner Mutter schreibt er: „Berlin ist nahezu eine Musterstadt, sauber, gut geplant, gut geregelt. Im Vergleich dazu verliert London erheblich." Das ist im Januar 1911. Im Sommer 1912 besucht er Kiel, wo er „den wahren Teutonen – blond und kräftig, flachsfarbenes Haar, wunderbarer Teint und blaue Augen" kennen lernt. Und dass die „Frauen in Kiel mächtig gut aussehen", bleibt dem jungen Mann aus Missouri auch nicht verborgen. Kein Wunder, dass der Vater sich ernste Sorgen um die moralische Konstitution seines Sohnes macht: „Nach allem, was ich über Kiel weiß, kann ich nicht glauben, dass Du den besten Platz für Deine Ferien ausgewählt hast." Was Vater und Sohn zu der Zeit nicht ahnen können ist, dass sich Edwin fünf Jahre später zum Kriegsdienst gegen die Deutschen melden wird.

In Oxford entwickelt sich der junge Hubble zum Mann, und dazu gehört in der damaligen Zeit zweifelsfrei das Rauchen. Die fast ununterbrochen qualmende Pfeife sollte später zu seinem Markenzeichen werden. Einigen Studenten blieb sein kleines Kunststück in Erinnerung, nach dem Anzünden der Pfeife das Streichholz in die Luft zu schnipsen und es nach einer Drehung, immer noch brennend, wieder aufzufangen.

Nach zwei Jahren legt Edwin seine Zwischenprüfung in Jura ab – mit für ihn ganz ungewöhnlich mäßigen Noten. Im folgenden Jahr entfernt er sich dann immer mehr von dem trockenen Fach: Stattdessen liebäugelt er einmal mit Literatur und ein anderes Mal mit Spanisch. Doch weder aus dem Juraexamen noch aus einem Abschluss in zumindest einer der Sprachen wird etwas. Im Sommer 1913 kehrt er zu seiner Familie zurück, die zwischenzeitlich nach Louisville, Kentucky, umgezogen ist. Wen er dort allerdings nicht mehr antrifft, ist sein Vater. Er ist einige Monate zuvor an einer Nierenentzündung gestorben.

Sicher hätte sein Vater gewollt, dass der Sohn eine Anwaltspraxis aufmacht. Tatsächlich wird Edwin nie als Jurist arbeiten.

Abb. 21: Edwin Powell Hubble (1889–1953)

Stattdessen verdient er sich etwas Geld mit Übersetzungen ins Deutsche und wird sogar Lehrer für Spanisch und Physik an der High School im nahen New Albany. In Scharen melden sich die Mädchen für den Spanischunterricht bei dem stattlichen jungen Mann, der mit zünftigen Knickerbockern und flatterndem Umhang in die Schule schwebt. Fast von selbst versteht es sich, dass er im Jungensport Basketball unterrichtet und das High-School-Team zu ungeahnten Erfolgen treibt: 1914 belegt es den dritten Platz bei den Kentucky-Landesmeisterschaften.

Doch Hubble träumt. Trotz seiner Beliebtheit in der Schule spürt er immer deutlicher, dass New Albany eine Sackgasse ist. Die Sehnsucht zur Astronomie hat ihn wieder gepackt und lässt ihn nicht mehr los. Ein kleines Fernrohr ist der Anfang, doch schließlich, im Mai 1914, schreibt er seinem alten Astronomie-professor in Chicago, Forest Ray Moulton, einen Brief, in dem er nach einer Doktorandenstelle in der Himmelskunde fragt. Mit Bedauern teilt ihm Moulton mit, dass die wenigen freien Plätze für das nächste Jahr bereits belegt seien. Aber er ermuntert Hubble, sich an Edwin Frost, den Direktor des Yerkes-Observatoriums der Universität Chicago zu wenden, während er selbst sich dort für seinen ehemaligen Schüler verwenden will. Frost lässt sich gerne überreden, da er gerade Bedarf an Assistenten hat. Gleichzeitig empfiehlt er Hubble aber, so viele Astronomiebücher wie möglich zu lesen, bevor er zu ihm käme. Voller Begeisterung antwortet ihm Edwin: „Louisville ist in Sachen wissenschaftlicher Literatur schrecklich barbarisch, aber ich besitze Mr. Balys ‚Spektroskopie‘ und Mr. Moultons ‚Himmelsmechanik‘." Frost, offensichtlich sehr von Hubbles Enthusiasmus angetan, schickt ihm darauf hin umgehend zwei weitere Astronomiebücher aus seiner eigenen Bibliothek. Gleichzeitig schlägt er ihm vor, nicht erst wie verabredet im Oktober zu kommen, sondern bereits Ende August. So könne er an der Tagung der Amerikanischen Astronomischen Gesellschaft teilnehmen.

Und genau so kommt es. Hubble wird schnell Mitglied der Astronomischen Gesellschaft, und bereits ein Vierteljahr nach seinem schicksalhaften Brief an Moulton steht Hubble inmitten namhafter Astronomen auf dem Campus der Northwestern-Universität in Evanston, Illinois. Mit dabei auch Vesto Slipher, der bei der späteren Großen Debatte eine bedeutende Rolle spielen sollte. Just auf der Tagung in Evanston stellt Slipher die ersten gelungenen Spektralfotos von Nebeln vor. Sie beweisen nach seiner Meinung eindeutig, dass es sich bei ihnen um Sternansammlungen handelt. Darüber hinaus bewegen sich die meisten Nebel mit ungewöhnlich hohen Geschwindigkeiten von der Erde fort. Sliphers Lehrer, John Miller, bescheinigt ihm kurz darauf: „Es scheint mir, als wären sie auf eine Goldader gestoßen, und wenn sie sorgfältig weiterarbeiten, können sie einen ebenso wichtigen Beitrag leisten wie einst Kepler." Ohne Frage hätte Slipher ausreichendes Geschick besessen, um die Galaxienflucht zu entdecken. Doch dieser Triumph bleibt dem jungen Mann vorbehalten, der auf dem Foto in Evanston vor ihm steht: Edwin Hubble.

Hubbles erste Arbeitsstätte, das Yerkes-Observatorium, ist zur damaligen Zeit noch keine 20 Jahre alt und verfügt über das größte Linsenfernrohr der Welt: Das Objektiv misst einen Meter im Durchmesser, und die Brennweite beträgt fast 20 Meter. Gestiftet hat es der Magnat Charles Tyson Yerkes, der mit dem Bau der Chicagoer Trambahn reich geworden ist. Die Sternwarte liegt gut hundert Kilometer von der nachts hell erleuchteten Metropole entfernt an der Williams Bay, wo das mit zehn Kilometern Entfernung nächstgelegene Dorf noch ohne Stromanschluss ist. Neben diesem riesigen Refraktor, der bis heute der größte seiner Art ist, steht dort ein 60-Zentimeter-Spiegelteleskop zur Verfügung. Trotz dieser guten Ausstattung wird am Yerkes-Observatorium keine aufregende Forschung betrieben. Der Direktor, Edwin Frost, besitzt zwar viel Erfahrung und Geschick in der Astrofotografie, aber was ihm fehlt, sind geniale Ideen. Yerkes produziert gutes Handwerk.

Hiervon profitiert der junge Doktorand Edwin Hubble durchaus. Neben der Beobachtung von Sternen widmet er sich, vielleicht angeregt durch Sliphers Vortrag, in seiner Doktorarbeit der „fotografischen Untersuchung lichtschwacher Nebel". Etwa 2000 dieser diffusen Wölkchen sind zu der Zeit bekannt, und die Diskussion über deren Entfernung und wahre Natur ist bereits in vollem Gange. Hubble wählt zunächst einige spezielle Himmelsfelder aus, um die darin vorhandenen Nebel systematisch zu erfassen und zu klassifizieren. Hubble erweist sich hierbei als außergewöhnlich geschickt und fleißig. Daher gelingt es Frost, für seinen Schützling Stipendien zu erwirken, ohne die er wohl nicht hätte weitermachen können, denn die Familie hätte ihn auf Dauer kaum unterstützen können.

Bei einigen Nebeln stellt Hubble interessante Dinge fest: Viele der bis dahin als spiralförmig angenommenen Wölkchen sind in Wirklichkeit strukturlos und von elliptischer Form. Außerdem scheinen einige von ihnen in Gruppen zusammen zu stehen. „Liegen sie jenseits unseres Sternsystems [der Milchstraße], dann sehen wir vermutlich Galaxienhaufen; sind sie innerhalb unseres Sternsystems, dann ist ihre Natur ein Rätsel", schreibt er kühn in seiner Arbeit. Hubble glaubt bereits an die These, dass „es sich bei den Spiralen um Sternsysteme mit einer Entfernung von Millionen von Lichtjahren handelt". Hierfür sprechen seiner Meinung auch die von Slipher gemessenen hohen Geschwindigkeiten. Dennoch sind seine Schlussfolgerungen angesichts des mageren Datenmaterials eher ein Glaubensbekenntnis als eine fundierte Theorie. Kein Wunder, wenn Donald Osterbrock später einmal behauptet: „Hubbles Doktorarbeit ist technisch nicht sehr gut, enthält wenige Hinweise auf ältere Arbeiten und ist hinsichtlich ihrer theoretischen Ideen entschieden konfus."

Ein Jahr vor seinem Doktorexamen kommt hoher Besuch an die Universität von Chicago: George Ellery Hale, der Gründer der Yerkes-Sternwarte. Als Hale in Chicago eintrifft und Freunde an der Universität besucht, erkundigt er sich auch nach hoffnungsvollen Nachwuchsastronomen. Demnächst soll nämlich auf dem Mount Wilson ein neues wunderbares Teleskop in Betrieb gehen, ein Reflektor mit einem 2,54 Meter großen Spiegel. Hale hört dort über einen gewissen Edwin Hubble nur Gutes und bietet ihm später in einem Brief eine Stelle auf Mount Wilson an, sobald er seine Doktorarbeit beendet hat.

Hubble legt das Examen mit magna cum laude ab, doch in einem Brief vom 10. April 1917 sagt er Hale ab. Wie schwer muss ihm diese Entscheidung gefallen sein, angesichts der Aufgabe, der er sich stattdessen verschreibt. Hubble will sich freiwillig bei der Armee melden, weil Präsident Wilson vier Tage zuvor Deutschland den Krieg erklärt hat. Wahrscheinlich erinnert sich Hubble mit Wehmut an seine schöne Zeit in Oxford und will nun Großbritannien gegen Deutschland beistehen. Hubbles Entscheidung wird von allen akzeptiert, und Hale hofft, dem Nachwuchsastronomen auch nach dem Krieg noch die Stelle anbieten zu können.

Die Armee teilt den frisch gebackenen Doktor Hubble der Infanteriedivision „Schwarzer Falke" zu, wo man ihm bald selbst ein Bataillon zur Ausbildung gibt. Erst im August 1918 wird er zusammen mit seinen Kameraden nach New York verlegt, wo sie wenig später auf der „Walmar Castle" in Richtung Großbritannien in See stechen. Am 19. September erreichen Hauptmann Hubble und seine Leute den Hafen von Glasgow. Von dort geht es per Bahn nach Southampton und schließlich über den Ärmelkanal nach Le Havre. Anschließend macht sich Hubble mit einem Teil der Division in Etappen auf nach Süden und erreicht schließlich Bordeaux. Doch das Schicksal meint es gut mit ihm: Als er endlich kampfbereit ist, ist der Krieg zu Ende. Am 11. November unterzeichnet die deutsche Delegation im Wald von Compiègne die Kapitulationserklärung. „Ich habe kaum Pulverdampf gerochen, und alles in allem bin ich vom Krieg enttäuscht. Jedenfalls ist dieses Kapitel abgeschlossen und ein neues beginnt", schreibt Hubble seinem ehemaligen Professor Edwin Frost. Das neue Kapitel sollte Mount Wilson heißen.

Abb. 22: Das 2,5-Meter-„Hooker"-Teleskop auf dem Mount Wilson, mit dem Hubble seine wichtigsten Entdeckungen machte.

Dort hat sich in den Jahren zuvor ein ganz anderes Drama ereignet: Der Bau des 2,5-Meter-Teleskops. Die französische Firma Saint Gobain hat den Zuschlag für den Guss des Glasrohlings erhalten, der fast in einem Fiasko geendet hätte. Erst nach mehreren Versuchen konnte die Glashütte die über fünf Tonnen wiegende, 30 Zentimeter dicke Scheibe in die USA liefern. Als sie dort der Astronom George Ritchey unter die Lupe nahm, fand er im Innern des gläsernen Diskus zahlreiche Bläschen und erklärte ihn für unbrauchbar. Den französischen Herstellern blieb nichts anderes übrig, als einen neuen Spiegel zu liefern. Doch das erwies sich als wesentlich schwieriger als erwartet. Im zweiten Versuch zerbrach der Gigant, den man zum Abkühlen in Pferdemist vergraben hatte. Weitere Versuche schlugen fehl. Hale erlitt einen Nervenzusammenbruch.

Angesichts dieser Misserfolge beauftragte man Arthur Day, den Vizepräsidenten der Corning Glass Company, damit, den ersten Glasrohling, der seit nunmehr fast zwei Jahren in Leinen verpackt im Observatorium lag, zu begutachten. Und siehe da: Day kam zu dem Ergebnis, dass die Bläschen den Spiegel eher stabilisieren als schwächen und außerdem so tief im Innern sind, dass sie die spätere reflektierende Oberfläche nicht stören würden. Und so machte man sich daran, dem Rohling die nötige parabolische Form zu verleihen. Fast fünf Jahre lang schliffen und polierten die Optiker am Observatorium das Ungetüm, bis dessen Oberfläche endlich so weit war, dass sie verspiegelt werden konnte. Gleichzeitig war die gewaltige Kuppel entstanden, die das größte und mit über hundert Tonnen schwerste Teleskop der Erde beherbergen sollte.

Major Hubble weilt in dieser Zeit noch in Europa, unter anderem in Cambridge, wo er an einer Tagung der Royal Astronomical Society teilnimmt. Erst am 10. August 1919 kehrt er in seine Heimat zurück und begibt sich schnurstracks zum Mount Wilson, wo ihm Hale die avisierte Stelle frei gehalten hat. Genau zur rechten Zeit trifft er dort ein: Am 19. September geht das Wunderinstrument in Betrieb. Es erhält nach einem großzügigen Spender den Namen Hooker-Teleskop. Das Gebäude – etwas abseits von der Kuppel des kleineren Teleskops und den Schlafunterkünften errichtet – ist über eine lange Holzbrücke erreichbar. Am Fuß der Brücke befindet sich ein kleiner, unbeheizter Betonbau, in dem der Koch den Beobachtern gegen Mitternacht eine warme Mahlzeit bereitet.

Im Innern des Hooker-Gebäudes verbreitet die überall gegenwärtige Wagenschmiere einen Geruch wie in einer Autowerkstatt, und im Winter kann es nachts so bitterkalt werden, dass das Auge am Okular gefriert. Das Teleskop besteht aus einem zylinderförmigen Geflecht von Stahlstreben, an dessen unterem Ende der gewaltige Spiegel hängt. Die Kraft eines Pendeluhrwerks wird über eine Schar von Zahnrädern auf die Montierung übertragen, die das Instrument der scheinbaren Bewegung des Nachthimmels nachführt. Dies sollte für etwa drei Jahrzehnte Hubbles Arbeitsstätte sein, hier sollte er seine großen Entdeckungen machen.

Hubbles erste Nacht, zunächst noch am älteren 1,5-Meter-Reflektor, beschreibt der damalige Nachtassistent Milton Humason so: „Er fotografierte am 60-inch-Teleskop und stand, während er [das Teleskop] nachführte. Seine große, kräftige Gestalt, die Pfeife im Mund, zeichnete sich klar gegen den Himmel ab. Ein frischer Wind ließ seinen Militärmantel um den Körper schlagen und trieb hin und wieder Funken aus der Pfeife in die Dunkelheit der Kuppel. Das „Seeing" war in dieser Nacht für die Verhältnisse auf Mount Wilson sehr schlecht, aber als Hubble mit der entwickelten Fotoplatte aus der Dunkelkammer zurückkam, war er überglücklich. ‚Wenn dies ein Beispiel für schlechte Seeing-Bedingungen sind‘, sagte er, ‚dann werde ich mit den Mount-Wilson-Instrumenten immer brauchbare Fotografien erhalten‘. Er war sich stets sicher, was und wie er etwas machen wollte." Unter „Seeing" verstehen die Astronomen den Grad der Luftunruhe, welche die Sternbilder auf lang belichteten Aufnahmen verschmiert.

Voller Enthusiasmus stürzt sich Hubble in die Arbeit. Weihnachten des Jahres 1919, also nur wenige Monate vor der legendären Großen Debatte in Washington, sitzt er am Hooker-Teleskop und fotografiert Nebel. Bald zerlegt er auch mit Hilfe eines Prismen-Spektralapparates deren Licht in seine Regenbogenfarben und erkennt an dem entstehenden Spektrum, ob der Nebel aus Gas oder Sternen besteht. Belichtungszeiten von fünf Stunden, während denen er unablässig durchs Okular schauen muss, um den Leitstern auf dem Fadenkreuz zu halten, sind die Regel. Einmal nimmt er ein Himmelsgebiet sogar an drei Nächten insgesamt 19 Stunden lang auf. Hubble ist sich der Gunst bewusst, am leistungsstärksten Teleskop der Erde nach Belieben schalten und walten zu können. Auch wenn der Himmel bedeckt ist, bleibt er bis halb drei Uhr nachts auf. Schließlich könnte der Himmel noch aufreißen.

Bald kennt er sich am Himmel aus wie kein anderer. „Die etwa hundert Messier-Objekte waren ihm so vertraut wie das Alphabet. Er kannte die Milchstraße ... so gründlich wie ein Lotse, der sich durch ein verwinkeltes System von Kanälen, Sperren und Bojen seinen Weg suchen muss", erinnerte sich später der Astronom Nicholas Mayall. Schon bald muss Hubble die Vermutung bekommen haben, dass einige dieser Wölkchen im Innern unserer Milchstraße liegen, andere aber in großer Entfernung von ihr.

Nach drei Jahren hat Hubble so viel Beobachtungsmaterial angesammelt, dass er es wagt, ausschließlich jene Nebel, von denen er glaubt, dass sie außerhalb der Milchstraße liegen, zu klassifizieren. Auf Grund ihres Äußeren unterscheidet er elliptische, kugel- und spiralförmige sowie unregelmäßige Nebel. In einem zweiten Schritt unterscheidet er bei den spiralförmigen noch einmal solche, bei denen die Spiralen direkt im Zentrum beginnen und jenen, durch deren Zentrum eine Art Balken verläuft, an dessen Ende die Spiralarme ansetzen. Im Wesentlichen handelt es sich also um eine rein morphologische Einteilung. Gleichzeitig ist Hubble aber von einer Theorie des Astronomen James Jeans beeinflusst, wonach man in den Nebelformen eine Entwicklungssequenz sehen kann. Hubble vermutet, dass sich zunächst ein elliptischer oder kugelförmiger Nebel bildet, der mit der Zeit zwei oder mehr Arme ausbildet. Hubble spricht daher auch von frühen und späten Nebeltypen. Noch heute benutzen Astronomen diese Bezeichnung, obwohl diese evolutionäre Deutung des Hubble-Schemas längst als widerlegt gilt.

Jahrelang bemüht sich Hubble bei der Internationalen Astronomischen Union um eine offizielle Anerkennung seines Systems. Dabei muss er sich unter anderem mit seinem Kollegen Knut Lundmark auseinandersetzen, der etwa gleichzeitig mit einem ähnlichen Nebelsystem an die Öffentlichkeit tritt. Jetzt zeigt Hubble seine bissige Seite. Gegenüber Vesto Slipher beklagt er sich in einem Brief mit den Worten: „Gelassen ignoriert er die Existenz meines Systems und behauptet, es sei seine eigene, exklusive Idee gewesen." Lundmark steht dem in nichts nach, und so kommt es zu einem heftigen Disput. Letztendlich setzt sich Hubbles Klassifikationsschema auch ohne offizielle Anerkennung durch die Internationale Astronomische Union durch. Immer wieder hat es neue Vorschläge gegeben, aber bis heute sind die Astronomen Hubbles Schema treu geblieben.

Mit dieser Arbeit hat Edwin Hubble international auf sich aufmerksam gemacht, aber sein ganz großer Erfolg sollte erst noch kommen. Um die alte Frage nach der Natur der Nebel und damit auch nach der Größe des Universums zu beantworten, musste ein Weg gefunden werden, die Entfernung der Nebel zu bestimmen. Den Weg dahin hatte schon 1912 die amerikanische Astronomin Henrietta Leavitt gewiesen, eine Pfarrerstochter aus Cambridge, Massachusetts, die sich der Astronomie verschrieben und am Harvard-Observatorium veränderliche Sterne beobachtet hatte. Hierbei war ihr eine Entdeckung von enormer Tragweite gelungen.

Ein spezieller Typ von Sternen veränderte seine Helligkeit periodisch, wurde also im Zyklus von Tagen oder Wochen regelmäßig heller und dunkler. Ihren Namen erhielten die Sterne dieses Typs nach dem Prototypen Delta Cephei. Leavitt hatte 25 Delta-Cephei-Veränderliche in der Kleinen Magellanschen Wolke beobachtet, einer Sternansammlung am Südhimmel, und festgestellt, dass die Perioden um so länger dauerten, je heller die Sterne waren. Damit boten sich diese Veränderlichen als Entfernungsindikatoren an. Denn, wenn es gelänge, von einigen nahen Cepheiden sicher die Entfernungen zu bestimmen, wüsste man auch deren tatsächliche Leuchtkraft oder absolute Helligkeit. Damit ließe sich eine eindeutige Beziehung zwischen der Periodendauer und der absoluten Helligkeit herstellen. Mit dieser Relation ist es möglich, die Entfernung anderer Sternsysteme zu bestimmen, bei denen alle anderen Methoden versagen. Hierfür sucht man darin nach Cepheiden, misst deren Helligkeitsperiode und erhält daraus mit Leavitts Relation deren absolute Helligkeiten. Nun misst man noch die scheinbare Helligkeit, also die Helligkeit, mit der uns der Stern erscheint. Aus dem Vergleich der gemessenen scheinbaren und ermittelten absoluten Helligkeit findet sich leicht die Entfernung. Hierfür muss man nur das Gesetz anwenden, dass die Helligkeit eines Körpers mit dem Quadrat des Abstandes abnimmt.

1913 gelang es dem damals an der Sternwarte Göttingen und am Astrophysikalischen Institut Potsdam arbeitenden Dänen Ejnar Hertzsprung, die Cepheiden-Methode zu eichen. Fünf Jahre später wendete Harlow Shapley am Mount Wilson die Methode an, um erstmals die Entfernung von Kugelsternhaufen zu bestimmen. Das Ergebnis war überraschend: Diese Sternansammlungen sind durchschnittlich 50 000 Lichtjahre entfernt und umgeben die Milchstraße. Die aber muss dann, so Shapley, einen Durchmesser von 300 000 Lichtjahren aufweisen – zehnmal größer als die Astronomen bis dahin angenommen hatten. Shapley war von dieser Größenordnung so überwältigt, dass er 1920 bei der Großen Debatte ausführte: „Wenn das galaktische System [die Milchstraße] wirklich so groß ist wie ich behaupte, dann, so glaube ich, sind wir uns wohl einig darin, dass die Spiralnebel keine vergleichbaren galaktischen Systeme sein können, sondern kleine Nebel im Innern unserer Milchstraße." Dass das Universum doch wesentlich größer ist, als es sich Shapley vorzustellen vermag, sollte sein Kollege auf dem Mount Wilson, Edwin Hubble, wenige Jahre später beweisen.

Das Problem der Cepheiden-Methode besteht darin, von einem Spiralnebel so exzellente Aufnahmen zu machen, dass sich darauf einzelne Sterne erkennen lassen, unter denen sich zudem noch einer oder besser mehrere dieser Leavittschen Veränderlichen befinden müssen. Hubble wählt daher einen anderen Weg, die Entfernung von Spiralnebeln zu messen: Er sucht nach Novae. Auch sie können als Entfernungsindikatoren dienen, sind allerdings wesentlich ungenauer als Cepheiden. Und so sind die 21 Novae, die man bis 1922 im Andromeda-Nebel entdeckt, immer noch kein Beweis dafür, dass dieses Wölkchen ein gigantisches Sternsystem ist.

Hubble macht eine Aufnahme nach der anderen und sucht diese nach Novae ab. Am 4. Oktober 1923 ist die Atmosphäre sehr unruhig. Schlechteste Bedingungen. Dennoch ist Hubble am 2,50-Meter-Teleskop und fertigt eine 40-minütige Aufnahme vom Andromeda-Nebel an. Und tatsächlich macht er darauf eine Nova aus. Die nächste Nacht ist wieder günstiger, so dass der Astronom die Aufnahme mit etwas längerer Belichtungszeit wiederholt. Auf der Platte mit der Bezeichnung H335H vom 6. Oktober findet er zu seiner Freude nicht nur die Nova wieder, sondern zudem noch zwei weitere Sterne, die er ebenfalls als Novae einstuft.

Voll mit der Ernte der Nacht zufrieden, fährt der Mann mit den Knickerbockern zurück in die Stadt und untersucht die Platten im Labor genauer. Jetzt kommt er auf die Idee, auf älteren Aufnahmen, die bis ins Jahr 1909 zurückreichen, die Stellen abzusuchen, an denen er die drei Novae gefunden hat. Und da traut er seinen Augen nicht: Einer der „neuen Sterne" ist gar keine Nova. Vielmehr findet er ihn auf mehreren Platten mit unterschiedlicher Helligkeit: Es ist ein Veränderlicher, ja sogar ein Delta-Cepheid, wie eine genaue Analyse der Lichtkurve beweist. Wie mag sein Herz pochen, als er feststellt, dass dieses kleine Lichtpünktchen den Schlüssel zum Verständnis des Universums in sich birgt und dass er ihn in der Hand hält. Begeistert nimmt Hubble, dem über dieser Aufregung die Pfeife ausgegangen sein mag, einen Stift und streicht das N, mit dem er den Stern als vermeintliche Nova markiert hat, durch und schreibt darunter „VAR!" für variabel.

Doch aus dem bisherigen Material lässt sich die Periode, mit der die Helligkeit des Sterns variiert, nicht ermitteln. Weitere Aufnahmen in kürzeren Abständen müssen her. Jetzt wird seine Geduld auf eine harte Probe gestellt, denn das Wetter zeigt sich von seiner übelsten Seite. Erst Anfang Februar des kommenden Jahres klart der Himmel für fünf Nächte auf, lange genug, um die Periode des Cepheiden zu bestimmen: 31,4 Tage. Daraus leitet Hubble schnell dessen absolute Helligkeit ab und findet die Entfernung des Andromeda-Nebels zu sage und schreibe einer Million Lichtjahren.

Als erstem berichtet er Harlow Shapley von seiner grandiosen Entdeckung. Als dieser den Brief durchgelesen hat, sagt er zu der Doktorandin Cecilia Payne: „Hier ist der Brief, der mein Universum zerstört hat!" Es gibt nun keinen Zweifel mehr: Der Andromeda-Nebel und damit auch alle anderen Spiralnebel sind eigene Sternsysteme, „Welteninseln", die sich in den Weiten des Universums verlieren. In seinem Antwortschreiben bedankt sich Shapley humorvoll für „das unterhaltsamste Stück Literatur, das ich seit langem gelesen habe".

Dieser Brief erreicht Hubble nur wenige Tage nach einem weiteren Höhepunkt in seinem Leben: der Hochzeit mit der schönen Grace Burke Leib. Kennen gelernt hat er die Tochter eines erfolgreichen Bankiers auf dem Mount Wilson. Graces Schwester ist mit einem von Hubbles Kollegen verheiratet, der seine Schwägerin zu einem Besuch auf die Sternwarte eingeladen hat. Zu der Zeit ist Grace mit dem Geologen Earl Leib verheiratet, der jedoch wenig später bei einer Grubenexkursion ums Leben kommt. Als Grace Mitte September erneut auf Mount Wilson erscheint, sehen sich Hubble und die junge Witwe wieder. Es ist bei beiden Liebe auf den ersten Blick, und schon ein halbes Jahr nach diesem Wiedersehen heiraten sie.

Hubble ist offenbar zeitlebens alles andere als ein Frauenheld gewesen. „Wir wissen von keiner anderen Liebesaffäre vor seiner

Heirat", erklärt später eine von Hubbles Schwestern. Mit Grace hat er allerdings genau das richtige Los gezogen. Sie verehrt ihren Mann über alles und lässt nach seinem Tod keinerlei Kritik an ihm aufkommen. Wie „ein Olympier, groß, stark und schön, mit den Schultern und der heiteren Gelassenheit des Hermes von Praxiteles" sei er ihr bei der ersten Begegnung erschienen, schreibt sie später. Emsig ist sie bemüht, um den großen Mann ein Gebäude aus Mythen und Legenden zu erbauen, aus dem sich bis heute einige ebenso nette wie unwahre Anekdoten gehalten haben.

Die Flitterwochen verbringen Herr und Frau Hubble in einem Landhaus von Graces Eltern nahe Carmel in Kalifornien, anschließend setzen sie nach Europa über. Mittlerweile ist Hubbles Entdeckung, die er noch gar nicht publiziert hat, in aller Munde, und am 23. November berichtet sogar die New York Times darüber unter dem heute etwas behäbig klingenden Titel: „Spiralnebel sind Sternsysteme. Doctor Hubbell bestätigt Ansicht, dass sie „Welteninseln" ähnlich der unseren sind." Der Journalist beschreibt hierin die Entdeckung bemerkenswert richtig, lediglich bei Hubbles Namen ist er eher ungenau.

Es braucht nicht lange, um die Astronomen von der neuen Erkenntnis zu überzeugen, zumal es Hubble bis 1926 gelingt, auch in zwei weiteren Nebeln, nämlich einem irregulären Wölkchen mit der Bezeichnung NGC 6822 und dem Spiralnebel M 33 im Sternbild Dreieck, Cepheiden aufzuspüren. Ihre Entfernungen: 870 000 Lichtjahre. Hubble ist nun berühmt als der Mann, der die Weiten des Universums neu ausgelotet hat. Was die Kollegen nicht ahnen können: Der ganz große Knall steht ihnen noch bevor.

Schon vor Hubbles Aufsehen erregender Arbeit haben sich andere Astronomen mit der Frage beschäftigt, ob es einen Zusammenhang zwischen der Entfernung der Nebel und ihren Geschwindigkeiten gibt. Die Geschwindigkeiten ließen sich aus den Spektren ermitteln, auch wenn dies sehr mühsam war. In einer solchen Aufnahme sind alle Merkmale, wie die Absorptionslinien der chemischen Elemente, zum langwelligen, roten Ende des Spektrums verschoben. Aus der Größe dieser Rotverschiebung ergibt sich unmittelbar die Geschwindigkeit. Das große Problem waren natürlich die Entfernungen. Die Astronomen gingen meistens einfach davon aus, dass die Nebel um so weiter entfernt sind, je lichtschwächer sie erscheinen. Dies ist nur dann richtig, wenn alle Nebel an sich gleich hell sind. Dennoch: 1917 hat Vesto Slipher an Hand von 25 Nebelspektren herausgefunden, dass sie sich nahezu alle von uns entfernen. Die einzige Ausnahme ist der Andromeda-Nebel. In Straßburg bemerkt der deutsche Astronom Carl Wirtz: „Das System der Spiralnebel entfernt sich relativ zum Sonnensystem als Zentrum." Je mehr Spektren vorliegen, desto mehr deutet sich an, dass die Geschwindigkeit der Nebel mit ihrer Entfernung von der Sonne zunimmt. 1922 verkündet Wirtz, dass sich die Nebel um so schneller bewegen, je lichtschwächer sie erscheinen, das heißt je weiter sie entfernt sind. Lundmark veröffentlicht 1924 ein Diagramm, das diesen Effekt ebenfalls andeutet.

Als es Hubble gelingt, die Entfernungen der Nebel mit Hilfe der Cepheiden zu bestimmen, liegt also die große Entdeckung bereits in der Luft. Die Frage ist nur: Wer wird das Rennen gewinnen? Hubble, der diese Arbeiten selbstverständlich kennt, weiß, dass er über die Möglichkeiten verfügt, diese Frage zu entscheiden. Er hat das größte Teleskop zur Verfügung, und er hat in Milton Humason einen wertvollen Assistenten. Milt, wie sie ihn nur nennen, hatte mit 14 Jahren die Schule verlassen und sich dann vom Pagen am Mount-Wilson-Hotel und Maultiertreiber zum Nachtassistenten und schließlich zum Astronom hochgearbeitet. 1922 hatte man ihn zum Nachtassistenten am Hooker-Teleskop ernannt. Er sollte Hubbles unentbehrlicher Weggefährte werden.

Die Aufgabe ist schnell umrissen: Hubble und Humason müssen möglichst viele Galaxien fotografieren und auf den Bildern nach Cepheiden suchen. Sind welche entdeckt, müssen weitere Aufnahmen folgen, um die Helligkeitsperiode zu bestimmen. Dann benötigen sie noch ein Spektrum, um die Geschwindigkeit zu messen. Ein langwieriges Geschäft, wenn man bedenkt, dass Humason eine Fotoplatte in mehreren Nächten belichtet, um nach einer Gesamtzeit von bis zu 45 Stunden schließlich ein blasses Spektrum zu erhalten. Bei sehr schwachen Nebeln ist es schon gar nicht mehr möglich, Cepheiden zu finden. Hier muss sich auch Hubble mit der Annahme behelfen, dass die Sternsysteme mit wachsender Entfernung immer lichtschwächer erscheinen.

Ende 1928 glaubt Hubble, genug Daten gesammelt zu haben: Von 24 Nebeln sind Entfernungen und Geschwindigkeiten bekannt, von weiteren 22 liegen zwar die Geschwindigkeiten vor, die Entfernungen muss er auf Grund ihrer scheinbaren Helligkeit abschätzen. Am 29. Januar 1929 gehen bei der National Academy of Sciences zwei Manuskripte ein: Humason berichtet über seine Geschwindigkeitsmessungen, während Hubble eine Arbeit mit dem prosaischen Titel: „Eine Beziehung zwischen Entfernung und Radialgeschwindigkeit zwischen extragalaktischen Nebeln", einreicht. Sie ist die wohl bedeutendste astronomische Arbeit des 20. Jahrhunderts. Entscheidend ist hierin ein Diagramm, das zeigt, wie die Geschwindigkeit der Galaxien linear mit ihrer Entfernung von der Milchstraße zunimmt. Das mit 6,5 Millionen Lichtjahren entfernteste Sternsystem rast mit tausend Kilometern pro Sekunde von uns fort.

Am Ende schreibt Hubble, dass die gefundene Beziehung die De-Sitter-Kosmologie bestätigen könnte. Willem de Sitter ist ein niederländischer Astronom, der als einer der ersten Einsteins 1915 fertiggestellte Allgemeine Relativitätstheorie auf das Universum angewandt hat. De Sitter hatte dabei herausgefunden, dass Einsteins Formeln unterschiedliche „Formen" des Universums zulassen, also nicht eindeutig sind. Eine der möglichen Lösungen beschreibt ein Universum, das sich ausdehnt. Ist dies tatsächlich der Fall, so folgerte de Sitter, müssten alle Galaxien voneinander fortstreben.

Auch zwei Kollegen von ihm, der Petersburger Mathematiker Alexander Friedman und der belgische Naturwissenschaftler und Geistliche Abbé Georges Lemaître, waren bei ihren Forschungen auf diese merkwürdigen Lösungen gestoßen. Doch so richtig wusste niemand etwas damit anzufangen: Es gab einfach zu wenige Physiker und vor allem Astronomen, welche die Allgemeine Relativitätstheorie verstanden. Sogar Einstein selbst lehnte anfänglich die Vorstellung eines sich aufblähenden Universums ab.

Auch wenn Hubble de Sitters Theorie erwähnt, ist und bleibt er doch ein rein beobachtender Astronom. Bis zu seinem Lebensende hat er nie von sich behauptet, Wegbereiter der Urknalltheorie gewesen zu sein. Es ist aber gerade sein Resultat, das es den Theoretikern ermöglicht hat, unter den zahlreichen, theoretisch möglichen Universen das wirkliche zu finden, denn wenn sich alle Nebel voneinander entfernen, müssen sie früher sehr nahe beieinander gewesen sein. „Philosophisch betrachtet reichlich unbefriedigend", meint dazu Henry Noris Russell. Georges Lemaître sieht

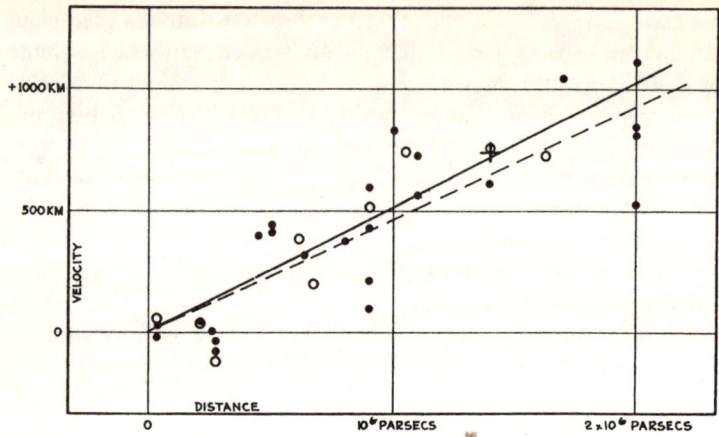

Abb. 23: Das entscheidende Diagramm aus dem Jahre 1929.
Es zeigt, wie die Geschwindigkeit, mit der die Galaxien von
uns fortfliegen, mit wachsender Entfernung zunimmt.
10⁶ parsec entsprechen 3,26 Millionen Lichtjahren.

das anders. Er leitet daraus die Geburt des Universums aus einer unendlich hohen Materiekonzentration, einer Art Superatom, ab.

Hubble bleibt bei der Interpretation des Phänomens der Galaxienflucht vorsichtig. Einen guten Grund gibt es hierfür: Er leitet nämlich aus seinen Beobachtungen ab, dass sich die Fluchtgeschwindigkeit mit jeder Million Lichtjahre Entfernung um 150 Kilometer pro Sekunde erhöht. Diesen Wert nennt man heute Hubble-Konstante. Er erlaubt es, auszurechnen, wann alle Galaxien in einem Punkt vereint waren, oder kurz: Wie alt die Welt ist. Auf ähnliche Weise würde man ausrechnen, wie lange ein Autofahrer unterwegs gewesen ist, der einem erzählt, er komme aus dem dreihundert Kilometer entfernten San Francisco und sei durchschnittlich hundert Kilometer pro Stunde gefahren.

Aus der Hubble-Konstante ergibt sich nun ein Weltalter von zwei Milliarden Jahren. Ganz erheblich, aber damals wissen die Forscher schon, dass die Erde zwei bis sechs Milliarden Jahre alt ist, und das Alter der Sterne schätzen sie auf mehrere hundert Milliarden Jahre. Das Universum kann aber ebenso wenig jünger sein als die Sterne, wie eine Mutter jünger ist als ihre Kinder. Erst viel später wird klar, dass der Wert der Hubble-Konstante rund zehnmal kleiner ist als ihn Hubble misst und das Universum somit zehnmal älter ist als gedacht. Gleichzeitig müssen die Astrophysiker das Alter der ältesten Sterne auf etwa 13 Milliarden Jahre revidieren. So haben sich die beiden Altersskalen bis heute einander angenähert. Die exakte Bestimmung der Hubble-Konstante ist nach wie vor eine der zentralen Aufgaben der modernen Kosmologie geblieben. Sie war auch eine der Hauptmotivationen für den Bau des nach Hubble benannten Weltraumteleskops.

Schnell akzeptieren die Kollegen Hubbles Entdeckung, und im Aufwind seines Erfolges bekommen nun auch die Theoretiker, wie de Sitter und Lemaître, Oberwasser. Lob und Anerkennung erfährt Hubble von allen Seiten, aber einer der Höhepunkte in dieser Phase muss der Besuch Albert Einsteins im Januar 1931 für ihn gewesen sein. „Die neuen Beobachtungen von Hubble und Humason die Rotverschiebung des Lichts entfernter Nebel betreffend, legen die Vermutung nahe, dass die allgemeine Struktur des Universums nicht statisch ist", bekennt Einstein dort. Noch kurz zuvor ist er anderer Meinung gewesen.

Nach dieser ersten Veröffentlichung packt Hubble und Humason das Beobachtungsfieber. Mit aller Macht wollen sie ihr Ergebnis bestätigen und weiter ins All vordringen, um den Wert der Hubble-Konstante genauer zu bestimmen. Bei der Jagd nach den entferntesten Galaxien stellen sie immer neue Rekorde bei den Fluchtgeschwindigkeiten auf: 1931: 20 000 Kilometer pro Sekunde, 1935: 40 000 Kilometer pro Sekunde. Die Hubble-Relation bleibt bestehen, aber die Kosmologen fordern mehr, denn sie können auf Grund der Daten noch nicht zwischen unterschiedlichen Weltmodellen entscheiden. Doch mittlerweile haben Hubble und Humason den gewaltigen Hooker-Reflektor bis an seine Leistungsgrenze ausgereizt. Entscheidende Fortschritte kann nur ein noch größeres Observatorium bringen. Und das ist schon in Planung.

Auf dem Mount Palomar, einem 1700 Meter hohen Berg nordöstlich von San Diego, soll das größte Teleskop der Welt entstehen, ein Fünf-Meter-Reflektor. An seiner Planung ist Hubble beteiligt. Obwohl man schon 1934 mit dem Guss des Spiegels beginnt, zieht sich das Unternehmen, unterbrochen durch den Zweiten Weltkrieg, über 14 Jahre hin. Am 3. Juni 1948 wird das 425 Tonnen schwere Teleskop offiziell eingeweiht. Es sollte ein halbes Jahrhundert lang das größte uneingeschränkt funktionsfähige Teleskop der Erde bleiben.

Hubble setzt hier seine Galaxienforschung fort, wenngleich er sehr enttäuscht darüber ist, nicht zum Direktor des „astronomischen Zentrums der Welt" ernannt zu werden. An die Erfolge der zwanziger und dreißiger Jahre kann er überdies nicht mehr anknüpfen, aber seine Leistung zählt für zehn. Mit seinem populärwissenschaftlichen Buch „Das Reich der Nebel" hat er Jugendliche für die Astronomie begeistert und mit seinen Vorträgen die Öffentlichkeit für die Himmelsforschung fasziniert. „Mit seiner starken Persönlichkeit glich er weniger anderen Fachwissenschaftlern als den Filmstars und Schriftstellern, mit denen er sich anfreundete", erinnerte sich Donald Osterbrock später.

Doch Hubbles Tage sind bereits gezählt. Ein Jahr nach der Inbetriebnahme des Fünf-Meter-Teleskops erleidet der Sechzigjährige einen schweren Herzinfarkt. Langsam erholt er sich von der Attacke und kann wieder beobachten. Doch am 28. September 1953 bekommt er im Auto vor seiner Haustür einen tödlichen Schlaganfall. Sein Tod verbreitet sich wie ein Lauffeuer um die ganze Welt, und in London verkündet der Präsident der Royal Astronomical Society den Tod jenes Mannes, der „als einer der herausragendsten astronomischen Beobachter aller Zeiten in die Geschichte eingehen wird". Sein Kollege und Freund Nicholas Mayall reiht ihn in die Ahnengalerie ein mit den Worten: „Man ist versucht zu sagen, dass Hubble für die beobachtbare Region des Universums darstellt, was Herschel für die Milchstraße und Galileo für das Sonnensystem waren."

Kein Grab, keine Gedenkstätte erinnert an Edwin Hubble. Grace lässt ihren Mann nach dessen eigenem Willen verbrennen. Die Urne setzt sie an einem unbekannten Ort bei.

„Die Ergebnisse sind sehr sonderbar."

Julius Robert Oppenheimer (1904–1967)

Rund 30 Physiker und Astronomen trafen sich im Juni 1958 in Brüssel, um auf der Solvay-Konferenz eine Woche lang über Entstehung, Aufbau und Entwicklung des Universums zu diskutieren. Der belgische Industrielle Ernest Solvay hatte dieses im dreijährigen Turnus stattfindende physikalische Gipfeltreffen 1911 ins Leben gerufen. In die Physikgeschichte eingegangen ist das Treffen von 1927, als Physiker wie Einstein, Bohr und Heisenberg leidenschaftlich über die jüngst entdeckten, verwirrenden Phänomene der Quantenmechanik debattierten. Hier äußerte Einstein den berühmt gewordenen Satz: „Gott würfelt nicht!"

Auch 1958 war wieder ein erlesener Kreis der namhaftesten Wissenschaftler zusammengekommen. Und der stritt sich erneut über ein verwirrendes Phänomen, bei dem Einstein eine bedeutende Rolle zukam: Schwarze Löcher oder, wie die Physiker damals noch sagten, Singularitäten. Robert Oppenheimer und zwei seiner Studenten hatten sich kurz vor Ausbruch des Zweiten Weltkriegs im Rahmen der Allgemeinen Relativitätstheorie mit der Frage beschäftigt: Was passiert, wenn sehr schwere Sterne ihren Brennstoff verbraucht haben? Ihre Antwort war: Sie brechen in sich zusammen, und keine Kraft kann den Kollaps aufhalten. Sie verschwinden im Nichts und schneiden sich selbst vom Universum ab. Oppenheimer hatte bereits zwanzig Jahre vor der Solvay-Konferenz seine Studien abbrechen müssen, weil er nach Los Alamos ging, um den Bau der Atombombe zu leiten. Nach dem Krieg war das Thema Schwarze Löcher für ihn uninteressant geworden.

Der einige Jahre jüngere John Archibald Wheeler hatte sich mit Oppenheimers Arbeiten intensiv beschäftigt und sie weiter entwickelt. Interessanterweise konnte er hierbei auf Erkenntnisse zurückgreifen, die bei der Entwicklung der Atombombe eine Rolle gespielt hatten, und er konnte erstmals digitale Rechner, Computer, einsetzen. Obwohl Wheeler Oppenheimers Ergebnisse bestätigte, war es für ihn unvorstellbar, dass so exotische Gebilde wie Schwarze Löcher entstehen können. Wheeler führte am 10. Juni in seinem Vortrag über „das Schicksal großer Massen von Materie" aus, dass die Natur irgendeinen Vorgang eingerichtet haben müsse, der die Entstehung eines Schwarzen Lochs verhindert. Die Vorstellung, ein ehemals riesiger Stern könne zu einem Punkt zusammenschnurren, war einfach unglaublich. Schon Einstein hatte zwanzig Jahre zuvor versucht, Oppenheimers Ergebnis mit einem Gedankenexperiment zu widerlegen.

Allein Oppenheimer blieb von seinen Berechnungen überzeugt und trat für sie in Brüssel ein. Gleich nach Wheelers Vortrag stand er auf und verteidigte seine Theorie. Für ihn war es am einfachsten anzunehmen, „dass solche Massen einer stetigen gravitationsbedingten Kontraktion unterliegen, bis sie sich vom übrigen Universum abgeschnitten haben". Nur wenige Jahre später änderte Wheeler seine Meinung und wandelte sich zu einem der führenden Köpfe bei der theoretischen Erschließung Schwarzer Löcher. Er führte auch den Namen ein. Als Wheeler fünf Jahre nach dem Treffen in Brüssel auf einer anderen Tagung Oppenheimers Arbeiten würdigte und mit eigenen Rechnungen bestätigen konnte, hörte der zu Wheelers tiefsten Bedauern gar nicht zu. Oppenheimer unterhielt sich mit einem Freund in der Eingangshalle des Konferenzgebäudes.

Schwarze Löcher sind das Exotischste, was die Natur hervorzubringen vermag, und noch längs nicht sind diese Gebilde verstanden. So mancher Theoretiker, wie Stephen Hawking, sieht in ihnen den Schlüssel zur Vereinigung von Gravitationstheorie und Quantenmechanik, und selbst renommierte Forscher, wie Kip Thorne, scheuen sich nicht, über die Möglichkeiten nachzudenken, ob Schwarze Löcher Zeitmaschinen oder Tunnels zu anderen Universen sein könnten. Schwarze Löcher lassen sich nur mit den modernen Erkenntnissen der Physik und Astrophysik verstehen. Dennoch gab es bereits Ende des 18. Jahrhunderts zwei Naturforscher, die sich mit der möglichen Existenz „Dunkler Sterne" beschäftigten.

Der Erste war der britische Reverend John Michell. Er befasste sich um 1780 mit den Eigenschaften von Sternen und der Frage, wie man deren Größe messen könne. Michell bezog sich dabei völlig auf Newtons Physik. Zum einen benötigte er für seine Überlegungen das Gravitationsgesetz und zum anderen setzte er voraus, dass Licht aus Teilchen besteht. Dann fragte er sich, auf welche Weise die Schwerkraft eines Sterns die Ausbreitung des Lichts beeinflusst. Es war bereits bekannt, dass sich die Lichtpartikel auf der Erde und im Weltraum etwa mit 300 000 Kilometern pro Sekunde bewegen. Michell ging nun davon aus, dass die Teilchen langsamer werden, wenn sie das Schwerefeld eines Sterns oder Planeten verlassen wollen, ähnlich wie ein nach oben geworfener Stein. Seine Hoffnung war, dass man die Geschwindigkeit von Sternlicht ermitteln kann, wenn man es mit einem Prisma in seine Regenbogenfarben zerlegt. Aus der Geschwindigkeit ergäbe sich dann die Stärke der Schwerkraft an der Oberfläche und daraus Masse und Durchmesser des Sterns. Das funktioniert nicht, weil das Licht immer die selbe Geschwindigkeit besitzt, was allerdings erst Einstein herausfand.

Michell rechnete auch aus, wie stark die Schwerkraft eines Himmelskörpers mindestens sein muss, damit sie die Lichtteilchen gänzlich zurückhalten kann. Sein Ergebnis trug der Reverend am 27. November 1783 vor der ehrwürdigen Royal Society in London vor: Wenn ein Stern mit der mittleren Dichte der Sonne 500-mal größer ist als unser Tagesgestirn, so kann von dessen Oberfläche das Licht nicht mehr entfliehen. „Wenn solche Körper in der Natur wirklich existieren sollten", so schloss der mutige Forscher damals, „könnte uns ihr Licht nie erreichen." In diesem Fall gäbe es keine Möglichkeit, sie direkt zu beobachten. Allerdings, so bemerkte er klug: „Falls andere helle Körper sie [die dunklen Sterne] umkreisen sollten, müssten wir in der Lage sein, aus der Bewegung dieser umlaufenden Körper mit einiger Wahrscheinlichkeit auf die Existenz des zentralen Körpers zu schließen."

Michells Idee blieb zunächst folgenlos. Sie war schließlich auch nur ein kurioses Detail innerhalb seiner allgemeinen Überlegungen über die Größe von Sternen. Dreizehn Jahre später kam jedoch der französische Philosoph und Mathematiker Pierre Simon de Laplace in seinem Buch *Exposition du Système du Monde* zu einem ähnlichen Ergebnis. Ob der Franzose Michells Überlegungen kannte, ist nicht klar, erscheint allerdings wahrscheinlich, da dessen Vortrag in den viel gelesenen *Philosophical Transactions* der

Royal Society of London erschienen war. Laplaces Buch kam 1796 heraus, drei Jahre später folgte eine zweite Auflage. In der dritten Auflage tauchte die Hypothese der dunklen Sterne plötzlich nicht mehr auf. Der Grund hierfür war, dass in England Thomas Young in einem Experiment nachgewiesen hatte, dass Licht nicht ein Teilchenstrom ist, sondern aus Wellen besteht. Damit erschienen Michells und Laplaces Theorien hinfällig, und die Idee unsichtbarer Sterne wurde vergessen.

Das Jahr 1915 war dann jedoch ein Wendepunkt, nicht nur in der Geschichte der Schwarzen Löcher, sondern der gesamten Physik. Am 4. November hielt Einstein in Berlin vor der Preußischen Akademie der Wissenschaften einen Vortrag über *Die Feldgleichungen der Gravitation*, sprich über die Allgemeine Relativitätstheorie. Sie war eine neue, revolutionäre Beschreibung der Schwerkraft. Demnach hat man sich die Gravitation nicht mehr im Newtonschen Sinne als Kraft vorzustellen, die, ähnlich wie gespannte Gummibänder, alle Körper an sich zieht. Vielmehr wirkt sie auf den umgebenden Raum ein und krümmt ihn um sich herum.

Zur Veranschaulichung kann man sich einen ungekrümmten Raum wie ein ebenes Gummituch vorstellen. Rollt man eine Billardkugel, die einen Stern darstellen soll, auf dem Tuch umher, so bildet sich um sie herum eine Mulde. Als Folge hiervon muss ein anderer Körper, etwa eine zweite Kugel, die in dieses verbogene Raumgebiet hineingerät, der Krümmung folgen. Er wird von seiner geradlinigen Bahn so abgelenkt, wie ein Komet oder Planet beim Umlauf um die Sonne. Aber nicht nur materielle Körper müssen der Raumkrümmung folgen, sondern auch Licht. Im Gegensatz zu Himmelskörpern bleibt es zwar stets gleich schnell, aber es wird in einem Schwerefeld von der geradlinigen Bahn abgelenkt.

Der deutsche Astronom Karl Schwarzschild war von Einsteins Gravitationstheorie so begeistert, dass er sich umgehend mit der Frage beschäftigte, wie sie sich speziell auf Sterne auswirkt. Hierbei machte er eine sehr merkwürdige Entdeckung: Bei einem bestimmten Abstand vom Stern schienen Zeit und Raum ihre Rollen zu vertauschen: Der Raum wurde zur Zeit und die Zeit zum Raum. So jedenfalls besagten es die Formeln. Diese Grenze wurde später Schwarzschild-Radius genannt.

Zunächst ignorierten die Physiker die aus reiner Mathematik entstandene physikalische Katastrophe. Sie trat nämlich erst bei extrem kleinen Sternradien auf: Ein Objekt mit der Masse der Sonne beispielsweise müsste auf einen Durchmesser von sechs Kilometern schrumpfen, um innerhalb dieses Schwarzschild-Radius zu liegen. Ein solcher Fall schien in der Natur einfach nicht realisiert zu sein. Und damit ließen es die Theoretiker bewenden.

Parallel zu den Entwicklungen in der theoretischen Physik hatten auch die Astronomen Fortschritte gemacht, zum Beispiel bei der Frage nach der Größe der Sterne, an der Michell noch gescheitert war. Um 1900 hatten die Himmelsforscher eine Klasse sehr ungewöhnlicher Sterne entdeckt. Sie besaßen etwa die Masse der Sonne, waren aber nur etwa so groß wie die Erde. Die Materie musste demnach im Innern eines solchen Weißen Zwerges, wie man die Himmelskörper nannte, viel stärker komprimiert sein als man es auf der Erde kannte. Ein zuckerwürfelgroßes Stück Materie würde rund eine Tonne wiegen. Der lichtschwache Begleiter des Sirius war damals das bekannteste Beispiel. Weder verstanden die Forscher damals, wie ein Weißer Zwerg entsteht, noch wie man sich die Materie vorstellen sollte. Erst Fortschritte in der Atomphysik, sprich der Quantenmechanik, brachten Einsicht in das Dunkel.

Im Jahre 1926 schlug der britische Astrophysiker Arthur Eddington in seinem legendären Buch *The internal Constitution of the Stars*, *Der innere Aufbau der Sterne*, vor, dass die Atome im Innern der Weißen Zwerge „zerquetscht" sind. Dann würden Atomkerne und freie Elektronen einen ultradichten Materieklumpen bilden. Eddington hatte damit die richtige Lösung angedeutet, stieß jedoch auf eine Reihe von Fragen, die er mit den damals bekannten Gesetzen der Physik nicht beantworten konnte. Insbesondere verstand er nicht, warum die Weißen Zwerge nicht gänzlich in sich zusammensacken. Den gordischen Knoten zerschlug 1939 einer der brillantesten Astrophysiker des 20. Jahrhunderts, der Inder Subrahmanyan Chandrasekhar, der 1983 für sein Lebenswerk den Physik-Nobelpreis erhielt.

Chandrasekhar war am 19. Oktober 1910 in Lahore zur Welt gekommen. Als er acht Jahre alt war, zog die Familie nach Madras, wo der Junge zur High School ging. An der Universität studierte er Naturwissenschaften und begeisterte sich für die moderne Physik. Aufregend wurde für ihn das Jahr 1928, als der Münchener Physiker Arnold Sommerfeld zu einem Besuch in die Stadt kam. Sommerfeld hatte ein berühmtes Buch über den Aufbau der Atome herausgegeben, das Subrahmanyan gerade erst gelesen hatte. Der junge Inder ergriff die Gelegenheit, um mit dem berühmten Deutschen zu diskutieren. Der musste dem Studenten allerdings klar machen, dass dieser eine mittlerweile völlig veraltete Physik gelernt hatte. Um dem Wissbegierigen einen Eindruck von der neuen Quantenmechanik zu vermitteln, gab er ihm die Druckfahne eines gerade von ihm verfassten noch unveröffentlichten Artikels zum Lesen. Mit Feuereifer arbeitete Subrahmanyan den Artikel durch und suchte in der Bibliothek weitere Literatur dazu. Dabei fiel ihm auch Eddingtons Buch mit den Hinweisen auf die Weißen Zwerge in die Hände. Im Juli 1930, zwei Jahre nach Sommerfelds denkwürdigem Besuch, machte sich der neunzehnjährige Chandra, wie er später nur genannt wurde, auf den Weg nach Cambridge, wo er studieren sollte. Während der Passagierdampfer durch die Wellen des Atlantiks stampfte, fraß sich Chandra durch Eddingtons Buch und suchte nach einer Lösung für das Problem der Weißen Zwerge. 18 Tage lang blieb er auf See, als er in England ankam, hatte er das Rätsel gelöst.

Konsequent hatte er die neuen Gesetze der Quantenmechanik auf die Materie im Innern der Weißen Zwerge angewandt und dabei herausgefunden, dass die Elektronen in einem für irdische Materie ungewohnten Zustand existieren, den die Physiker *entartet* nennen. Entartete Elektronen bauen einen hohen Druck auf, der verhindert, dass der Stern unter der eigenen Schwerkraft zusammenbricht. Allerdings – und das war äußerst merkwürdig – war dies lediglich bis zu einer maximalen Masse möglich. Demnach konnten Weiße Zwerge höchstens 1,4-mal schwerer sein als die Sonne, andernfalls würde auch der Druck der entarteten Elektronen nicht mehr ausreichen, um den Kollaps der Materie aufzuhalten. Diese nach Chandrasekhar benannte Grenze gilt bis heute.

Wie fast immer bei bahnbrechenden Arbeiten, blieb auch diese unbeachtet. Wenige Jahre darauf ging Chandra das Problem noch einmal detaillierter an, indem er mit einer mechanischen Rechenmaschine den Aufbau von zehn Weißen Zwergen mit unterschiedlicher Masse berechnete. Wieder ergab sich die selbe Massenobergrenze für Weiße Zwerge. Bei seinem Vortrag vor der Royal Astronomical Society in London im Januar 1935 kam es dann zu einem Streitgespräch mit Eddington: Was passierte denn mit einem Stern wie Sirius etwa, der mehr als doppelt so schwer wie die Sonne ist? Bricht der am Ende seines Lebens zu einem Punkt zusammen und verschwindet? „Ich bin der Ansicht, dass es ein Naturgesetz geben muss, das ein solches absurdes Verhalten des Sterns verhindert!" meinte Eddington. Kurz: Er hielt Chandrasekhars Rechnungen für falsch. Ein harter Schlag für den 24 Jahre jungen Astrophysiker, denn Eddingtons Wort war Gesetz. Chandrasekhar litt schwer unter diesem Druck. „Ich hatte den Eindruck, dass die Astronomen ausnahmslos glaubten, dass ich mich irre. Sie hielten mich für eine Art Don Quichotte, der versuchte, Eddington zu stürzen."

Ohne Zweifel hätte Chandrasekhar die Theorie der Schwarzen Löcher entwickeln können. Enttäuscht wandte er sich jedoch anderen Problemen zu. Erst sehr viel später sollte er sich den Schwarzen Löchern widmen. Im Jahre 1982 erschien von ihm ein 650 Seiten umfassendes Werk, dessen Tiefe den Scharfsinn dieses Ausnahmephysikers widerspiegelt. Bei der Veröffentlichung war Chandrasekhar bereits 72 Jahre alt. Damit widerlegte er den Naturforscher Thomas Huxley, der einmal gesagt hat: „Ein Wissenschaftler über 60 richtet mehr Schaden an als dass er Gutes tut."

Schon drei Jahre vor Chandrasekhars Vortrag hatte es eine physikalische Entdeckung gegeben, welche die Diskussion um den Kollaps von Sternen in neue Bahnen lenken sollte. James Chadwick hatte in Cambridge einen neuen Kernbaustein entdeckt: das Neutron. Konnte es nicht sein, dass bei den enorm hohen Drücken im Innern sehr massereicher Sterne Elektronen mit Protonen zu Neutronen verschmelzen? Das Resultat wäre eine strukturlose Neutronensternmaterie mit einer Dichte, wie sie in Atomkernen herrscht. Der schweizerisch-amerikanische Astronom Fritz Zwicky und sein aus Deutschland stammender Kollege Walter Baade stellten im Dezember 1933 die gewagte Hypothese auf, dass solche Neutronensterne bei Supernova-Explosionen entstehen könnten. Beide hatten damals keine Vorstellung, was bei einem solchen kosmischen Ereignis abläuft, sie hatten lediglich abgeschätzt, dass der bei diesen Ereignissen gemessene Energieausstoß etwa so groß ist wie derjenige, der beim Verschmelzen von Elektronen und Protonen in einem hypothetischen Neutronenstern frei wird. Um so erstaunlicher ist es, dass die beiden Recht hatten.

Zwicky und Baade, die beide als beobachtende Astronomen am Mount Wilson arbeiteten, besaßen nicht das mathematische Rüstzeug, die Entstehung eines Neutronensterns zu berechnen. Anders Lew Landau, der bedeutendste sowjetische theoretische Physiker seiner Zeit. Der 1908 in Baku am Kaspischen Meer geborene Landau hatte in Leningrad studiert und gehörte anschließend zu den Auserwählten, die ein Stipendium für einen Studienaufenthalt in Westeuropa erhielten. Eineinhalb Jahre lang besuchte er alle bedeutenden Forschungsstätten und setzte sich ausgiebig mit der Quantenmechanik auseinander. Nach seiner Rückkehr in die Sowjetunion beschäftigte er sich in Moskau mit dem Aufbau von Sternen. Dabei fragte er sich, ob im Zentralbereich der Sonne und jedes anderen gewöhnlichen Sterns ein dichter Kern aus Neutronenmaterie existiert. Dieser könnte ständig Atomkerne aus der Umgebung einfangen, wobei Energie frei würde. Auf diese Weise, so dachte er, könnten die Sterne ihre Energie produzieren.

Sein Artikel erschien Anfang 1938 in der Zeitschrift *Nature*. Landau hatte mit einer Veröffentlichung in diesem bedeutenden Wissenschaftsmagazin versucht, die Kollegen im Westen auf sich aufmerksam zu machen und seine Popularität zu steigern. Sie sollte ihn vor Übergriffen des sowjetischen Geheimdienstes bewahren, der sich zunehmend für ihn interessierte. Doch alles Hoffen war vergebens. Am 28. April 1938 holte man Landau mit einer schwarzen Limousine ab und verurteilte ihn wegen angeblicher Spionage. Zum Glück gelang es dem berühmten sowjetischen Physiker Pjotr Kapitza, den gesundheitlich bereits stark angeschlagenen Landau nach einem Jahr wieder frei zu bekommen. Landau wandte sich anschließend einem anderen physikalischen Problem zu. Die Fragen nach dem inneren Aufbau der Sterne und der Bedeutung der Chandrasekhar-Grenze blieben offen. Schon ein Jahr später sollte sie ein Mann beantworten: Julius Robert Oppenheimer.

New York City, 94. Straße West, 22. April 1904. Julius Oppenheimer, ein Textilunternehmer, der 22 Jahre zuvor aus Hanau in die Vereinigten Staaten ausgewandert ist, und seine Frau Ella, eine

Kunstlehrerin aus Baltimore, haben gerade ihr erstes Kind bekommen. Robert soll es heißen. Den Julius bekommt es als Erinnerung an den Vater als Beigabe. Lustig strahlt das Baby die glücklichen Eltern mit seinen hellblauen Augen an. Später wird auch er Vater werden, Vater der fürchterlichsten, je von Menschen gebauten Vernichtungswaffe. Aber er wird auch der brillante und begeisternde theoretische Physiker werden, der die Studenten zu fesseln vermag und der erstmals beweisen wird, dass es Schwarze Löcher gibt.

Schon bald nach Roberts Geburt ziehen die wohlhabenden Oppenheimers in ein Apartment im elften Stock eines Hauses am Riverside Drive 155, von dem aus man die Dampfschiffe beobachten kann, die unablässig den Hudson River entlang fahren. In der geräumigen Wohnung finden sich nicht nur stilvolle Möbel, sondern auch moderne Gemälde beispielsweise drei Originale von van Gogh. Julius Oppenheimer ist zwar jüdischer Abstammung, lebt jedoch nicht orthodox. Er hat sein Lebensideal im humanistischen Gedankengut gefunden, wie es in der Ethical Culture Society gepflegt wird.

Robert besucht deshalb auch von 1911 bis 1921 die Schule dieser Gesellschaft. Der Junge erweist sich rasch als außerordentlich talentiert. Stets ist er Klassenbester, mit elf Jahren spricht er frei Altgriechisch. Allein, der naturwissenschaftliche Unterricht wird in der Schule stiefmütterlich behandelt. Da Vater Julius aber weiß, wie wichtig die Ausbildung auch in diesem Bereich ist, engagiert er kurzerhand einen privaten Chemielehrer. Diese Wissenschaft fasziniert den jungen Robert, der sich eine Mineraliensammlung zulegt und mit einem Polarisationsmikroskop experimentiert.

Allerdings hat die Erziehung zur Folge, dass Robert zunehmend vergeistigt. Körperlich eher schwächlich, lehnt er jeden Sport ab, und anderen Kindern gegenüber verhält er sich linkisch und unbeholfen. „Ich wurde zu einem abstoßenden Musterknaben erzogen", erinnert er sich später. Stattdessen verschlingt er alle Bücher, die ihm in die Finger kommen, egal ob Prosa, Lyrik oder populäre Wissenschaft. Auf einer Zugfahrt von San Francisco nach New York zum Beispiel liest er die *Geschichte des Untergangs und Falls des Römischen Reiches* von Edward Gibbon – immerhin 3000 Seiten. Nebenbei verfasst er auch selbst Gedichte und Essays.

Schon in der fünften Klasse hat Robert von der Atomtheorie und Radioaktivität gehört. Das interessiert ihn sehr. Wahrscheinlich liest er all die populären Bücher und Artikel, die über Rutherfords Entdeckung des Atomkerns und Bohrs neuer Atomtheorie erschienen sind. Was ihm daran gefällt, ist die „wunderbare, schöne Ordnung".

Als er 1921 die Schule abschließt, stehen in seinem Zeugnis in zehn Fächern Bestnoten. Eigentlich hätte Robert gleich ein Studium aufnehmen können, aber seine körperliche Konstitution ist so bemitleidenswert (1,80 Meter groß, 57 Kilogramm leicht), dass ihn die Eltern zur Erholung in den Westen der USA schicken. Diese Idee erweist sich als ausgezeichnet. Auf einer Ranch in New Mexico genießt er den Wilden Westen in vollen Zügen. Er reitet, wandert, klettert, lernt Lassowerfen und übernachtet an Lagerfeuern unterm Sternenzelt. An Körper und Geist genesen kehrt er zurück und kann sich im September 1922 an der Harvard-Universität nahe Boston einschreiben. Er wählt Chemie als Hauptfach, beschäftigt sich aber weiterhin auch intensiv mit Literatur und Kunst.

In der Anfangszeit bewegt er sich indes etwas ziellos durch das Studium, wird zum Stammgast in den Bibliotheken. „Ich mühe mich und schreibe unzählige Arbeiten, Notizen, Gedichte, Geschichten und Trödel." Im Frühjahr 1924 hat er jedoch eine Erleuchtung, die Folgen haben sollte: „Mir wurde plötzlich bewusst, dass alles, was ich an der Chemie so schätzte, eigentlich der Physik nahe verwandt ist." Also belegt er fortan mehr Physikvorlesungen. Nach insgesamt drei Jahren schließt Bobby, wie ihn die Kommilitonen nennen, das Studium mit Auszeichnung ab. Jetzt ist ihm klar, dass er in der Physik bleiben will, wobei das Experimentieren nicht seine Sache ist. Andererseits kann er in der Theorie in den USA auf keine gute Ausbildung hoffen. Also muss er nach Europa, entweder zu Bohr nach Kopenhagen, zu Rutherford nach Cambridge oder zu den Quantenphysikern um Max Born nach Göttingen. Er entschließt sich für England.

Mit einem Empfehlungsschreiben seines Physikprofessors gelingt es, den jungen Studenten dort unterzubringen. Allerdings kommt er nicht zu Rutherford („Rutherford wollte mich nicht"), sondern zu J.J.Thomson. Der ist zwar eine Berühmtheit und Nobelpreisträger, aber erstens hat er mit 68 Jahren seinen Zenit bereits überschritten und zweitens ist Thomson Experimentalphysiker. Dementsprechend wird auch Oppenheimers Aufenthalt. „Ich mache eine schlimme Zeit durch. ... Die Laborarbeit ist entsetzlich langweilig, und ich bin so ungeeignet dafür, dass ich unmöglich etwas lernen kann", schreibt er einem Freund. Oppenheimer leidet so stark unter den Verhältnissen, dass er sich zeitweise sogar in psychiatrische Behandlung begibt.

Er erholt sich jedoch wieder auf einer langen Reise nach Südfrankreich, wo er Prousts *Auf der Suche nach der verlorenen Zeit* liest – auch um die 4300 Seiten. Zurück in Cambridge kommt es dann zu einer denkwürdigen Begegnung mit Niels Bohr, der dort zu Gast ist. Oppenheimer wird dem Mentor der modernen Atomphysik vorgestellt, der ihn artig fragt, woran er denn gerade arbeite, und wie er vorankäme. „Ich sagte: ‚Es gibt für mich Schwierigkeiten ...‘ Er fragte: ‚Sind es mathematische oder physikalische Schwierigkeiten?‘ Ich antwortete: ‚Ich weiß nicht‘. Darauf er: ‚Das ist schlecht.‘" Nicht eben ermunternd für ein aufstrebendes Talent.

Dennoch, Oppenheimer erfährt immer mehr von der Quantenmechanik, arbeitet sich in die seltsame Theorie der Atome ein und veröffentlicht sogar einige Arbeiten hierzu. Doch bald wird klar: Er muss nach Göttingen, dem Zentrum der neuen Physik. Ausgestattet mit einem Stipendium kommt er zum Wintersemester 1926 dort an. Er wohnt in der Geismar-Landstraße 1, wo der Sanitätsrat Dr. Richard Cario einen Teil seiner geräumigen Villa aus finanzieller Not vermieten muss. Cario ist ein Opfer der Inflation und „trug die typische Verbitterung in sich, auf der die Nazi-Bewegung aufbauen konnte", erinnert sich Oppenheimer später. Ein halbes Jahr nach seinem Einzug findet sich bei Familie Cario ein weiterer Gaststudent ein: Paul Dirac. Er sollte schon sechs Jahre später den Nobelpreis erhalten. Unmittelbar neben dem Haus verläuft der alte Stadtwall, auf ihm gehen Dirac und Oppenheimer häufig spazieren und diskutieren dabei über Gott und die Welt.

In Göttingen blüht der erst 23-jährige Oppenheimer richtig auf. Schon kurz nach seiner Ankunft schreibt er einem Freund: „Die Wissenschaft ist viel besser als in Cambridge. Wahrscheinlich findet man nirgendwo Besseres. Man arbeitet hier sehr angestrengt." Nach und nach lernt er die Größen kennen, die mit ungeahnter

Begeisterung eine neue Physik schaffen: Max Born, Werner Heisenberg, Wolfgang Pauli und andere. Hier trifft er auch auf viele Landsleute: „Es sind etwa 20 amerikanische Physiker hier. … Sie beneiden die Deutschen wegen ihrer Geschicklichkeit & Organisiertheit & sie wollen die Physik nach Amerika bringen", schreibt er nach Hause.

Bei Max Born will Oppie, wie er bald heißt, seine Doktorarbeit anfertigen. Eine theoretische Untersuchung über Spektren. Jetzt ist der junge Amerikaner in seinem Element. Schon bald ist er im Physikalischen Institut bekannt für seine Diskussionsfreudigkeit in Vorlesungen und Seminaren. Und „er hat stets Recht oder doch wenigstens recht genug", stellt einer seiner amerikanischen Kollegen fest. Auf die Dauer werden Oppies Einwürfe und Fragen jedoch so lästig, dass die Studenten Max Born schriftlich einen Vorlesungsboykott ankündigen, falls der vorlaute Amerikaner sich nicht endlich zurückhält. Geschickt lässt Born den Zettel Oppenheimer zukommen, der sich daraufhin zügelt. Der Vorlesungsbetrieb kann weitergehen.

Innerhalb von drei Wochen soll Oppenheimer seine Dissertation angefertigt haben. Und nach Beseitigung einiger bürokratischer Hürden kann er am 11. Mai 1927 sein mündliches Examen ablegen. Alles verläuft blendend. Einer der Prüfer ist James Franck, der zwei Jahre zuvor den Nobelpreis erhalten hat. Zwanzig Minuten lang fragt er den Prüfling aus, bis er gestehen muss: „Ausgezeichnet. Ich kam gerade noch davon. Oppenheimer begann schon, mir die Fragen zu stellen." Auch Doktorvater Max Born bescheinigt Oppenheimer eine „wissenschaftliche Leistung von hohem Rang, die weit über den durchschnittlichen Dissertationen steht". Zu guter Letzt veröffentlichen Lehrer und Schüler gemeinsam eine Arbeit zur Quantentheorie der Moleküle. Hierin beschreiben sie eine mathematische Methode, die seitdem Born-Oppenheimer-Näherung heißt. Zum ersten Mal hat er seinen Namen verewigt.

Voll mit neuen Eindrücken kehrt Oppenheimer im Juli 1927 in die Heimat zurück. Er erhält eine Anstellung an der Harvard-Universität, doch schon ein Jahr später zieht es ihn erneut nach Europa. Zuerst ist er bei Paul Ehrenfest in Leiden, anschließend reist er zu Wolfgang Pauli an die ETH Zürich. In einem Empfehlungsschreiben lobt Ehrenfest Oppenheimer wegen seiner witzigen Ideen und der Fähigkeit, Diskussionen oft interessante Wendungen zu geben. Ein halbes Jahr bleibt er in Zürich, dann kehrt er in die USA zurück. Der wegen seines Zynismus gefürchtete Pauli urteilt: „Seine Stärke ist, dass er viele gute Ideen, überhaupt viel Phantasie hat. Seine Schwäche, dass er sich zu rasch mit mangelhaft begründeten Behauptungen begnügt." Und Isidor Rabi erinnert sich später: „Oppenheimer interessierte sich für alles ... Er war legendär, wirklich."

In den Vereinigten Staaten haben die Physiker mittlerweile Oppenheimers Talent erkannt. Seine Veröffentlichungen sind in den renommiertesten Fachzeitschriften erschienen und zeugen von einem klaren Kopf. Kein Wunder also, dass ihn bei seiner Rückkehr gleich zehn Universitäten umwerben. Er wählt zwei auf einmal aus: das California Institute of Technology in Pasadena und die Universität von Berkeley. Frühjahr und Sommer verbringt er in Pasadena, das übrige halbe Jahr in Berkeley. Beide Orte befinden sich im sonnigen Kalifornien, einem Land, das er oft im Auto oder auf dem Pferd durchstreifen sollte. Sein Ziel ist es, „die größte ‚Schule' des Landes zum Studium der theoretischen Physik" aufzubauen. Eine gewaltige Herausforderung angesichts der Tatsache, dass es in Berkeley nicht einmal eine Abteilung für theoretische Physik gibt und außer ihm niemand in den USA die Quantenmechanik zu verstehen scheint.

Als Erstes muss er begabte und begeisterungsfähige Studenten finden. Das misslingt zunächst völlig, weil die Schüler ihm auf seinen geistigen Höhenflügen nicht folgen können. Nach kurzer Zeit hat er den Ruf, seine Studenten in Angst und Schrecken zu versetzen. Einer seiner begabtesten Schüler, Richard Tolman, geht nach einer dieser Veranstaltungen auf Oppenheimer zu und gesteht ihm: „Es war eine wunderschöne Vorlesung, aber ich habe nicht ein einziges Wort verstanden." Also geht der Herr Professor langsamer und didaktischer vor, ständig in Gefahr, bei den Vorlesungen Kreide und Zigarette zu verwechseln. Und schon bald strömen die jungen Leute in Scharen zu ihm. „Er vermittelte seinen Studenten ein Gefühl für die Schönheit des logischen Aufbaus der Physik", erinnerte sich später ein anderer seiner Studenten, Robert Serber.

Auch privat entwickelt Oppenheimer ein völlig ungezwungenes Verhalten seinen Schülern gegenüber. Oft lädt er sie auf seine

Ranch ein, die er zusammen mit seinem jüngeren Bruder Frank gekauft hat, spendiert ihnen ein Mittagessen im Restaurant oder nimmt einige in seinem Auto mit. Oppenheimer verfügt über eine charismatische Ausstrahlung. Ein späterer Freund, Haakon Chevalier, beschreibt ihn einmal so: „Die schmale scharfe Nase und insbesondere die Augen, die überraschend blau und von einer seltsamen Tiefe und Intensität, aber zugleich von einer Freundlichkeit waren, wirkten entwaffnend. Er sah aus wie ein junger Einstein und gleichzeitig wie ein zu groß gewachsener Chorknabe. … Tatsache ist, dass sein Aussehen und Auftreten weit mehr an einen Künstler oder Dichter, sogar an einen Seher erinnerten, als an einen Wissenschaftler." Er hat auch nie seine Neigung zu Kunst und Kultur aufgegeben. Eines Tages beschließt er sogar, Sanskrit zu lernen, um das hinduistische Epos *Bhagavadgita* im Original lesen zu können. Es dürfte wohl seine siebte Fremdsprache sein.

Dem neuen, ungezwungenen Stil im Umgang mit den Studenten stehen indes einige Professoren der alten Schule argwöhnisch gegenüber. Das geht sogar so weit, dass er in den Verdacht homosexueller Neigungen gerät. Als schließlich das FBI gegen ihn ermittelt, löst sich dieser Vorwurf der Neider jedoch in Luft auf.

Es gehört zu seinem Arbeitsstil, viele Probleme gleichzeitig zu bearbeiten und Studenten je nach ihren Begabungen und Fähigkeiten darauf anzusetzen. Normalerweise ist er von zwanzig Mitarbeitern umgeben, mit denen er sich einmal pro Tag in seinem Büro trifft, um die aktuellen Aufgaben zu diskutieren. Zwischen 1931 und 1940 erscheinen sage und schreibe 79 Arbeiten, die sich quer durch alle Bereiche der Quantenmechanik ziehen. Nie versäumt er es, auch die daran beteiligten Studenten auf den Veröffentlichungen zu nennen. Es dauert daher nicht lange, bis sein Name auch in Europa Gehör findet. Jetzt kann umgekehrt Oppenheimer die Koryphäen aus der Alten Welt an sein Institut einladen. Im Sommer 1929 kommt Wolfgang Pauli nach Pasadena. Vielleicht um sich für dessen Auftreten in Zürich zu revanchieren, unterbricht Pauli Oppenheimer unablässig mit Fragen. Das geht so weit, bis schließlich ein anderer Gasthörer, Hendrik Kramers aus Leiden, aufgebracht dazwischen ruft: „Halt den Mund, Pauli, und lass uns hören, was Oppenheimer zu sagen hat. Du kannst hinterher erklären, wie falsch es gewesen ist." Es geht also durchaus nicht immer höflich zu unter Physikern.

Als die fruchtbaren dreißiger Jahre sich dem Ende zuneigen, fällt ihm Landaus Arbeit über die Neutronenkerne im Innern der Sterne in die Hände. Der sowjetische Physiker hat darin behauptet, dass ein solcher Neutronenkern nur etwa ein Tausendstel der Sonnenmasse schwer sein könne. Oppenheimer fällt aber auf, dass Landau die zwischen den Neutronen wirkende Kernkraft nicht berücksichtigt hat. Tut man dies, so ergibt sich für die Neutronenkerne eine Mindestmasse von einem Zehntel der Sonnenmasse. Das aber kann nicht sein, stellt Oppenheimer fest. Denn wenn es einen so großen Neutronenkern im Zentrum der Sonne gäbe, würde sie uns gänzlich anders erscheinen als es der Fall ist. Oppenheimer hat sich jetzt aber an dem Problem festgebissen und verfolgt die Frage, ob es für eine nur aus Neutronen bestehende Materiezusammenballung, wie einen von Baade und Zwicky vorhergesagten Neutronenstern, eine maximal mögliche Masse gibt.

Auf dieses Problem setzt er seinen Studenten George Volkoff an, einen jungen Mann, der 1924 aus Russland gekommen ist. Die Aufgabe erweist sich als äußerst kompliziert, denn um sie zu lösen, muss man die Gesetze der Quantenmechanik, der Allgemeinen Relativitätstheorie und der Kernkräfte beherrschen. Insbesondere Letztere sind noch kaum bekannt. In einem ersten Schritt macht Oppenheimer eine grobe Abschätzung und kommt zu dem Ergebnis, dass es tatsächlich eine obere Massengrenze geben müsse, und die liegt irgendwo zwischen einer halben und sechs Sonnenmassen.

Um ein genaueres Ergebnis zu erzielen, müssen Volkoff und Oppenheimer nun ganz ähnlich vorgehen, wie acht Jahre zuvor Chandrasekhar bei der Berechnung der Weißen Zwerge. Den ganzen November des Jahres 1938 verbringt Volkoff damit, mit einer mechanischen Rechenmaschine komplizierte Differentialgleichungen Schritt für Schritt zu lösen, um damit den inneren Aufbau von Neutronensternen mit unterschiedlicher Masse zu berechnen. Um überhaupt zu einem Ergebnis zu gelangen, muss er die Kernkraft ignorieren und so tun, als gäbe es sie gar nicht. Als er Anfang Dezember das Ergebnis vorlegt, ist Oppenheimer überrascht: Wenn Volkoff Recht hat, dann kann es keinen Neutronenstern geben, der mehr als 70 Prozent der Sonnenmasse besitzt. Auch wenn sich diese Grenze später als zu niedrig erweisen sollte, hat sich erneut gezeigt, dass keine bekannte Kraft den Zusammenbruch eines schweren Sterns aufhalten kann.

Während Volkoff in Berkeley angestrengt an der Merchant-Rechenmaschine die Kurbel gedreht hat, hat Richard Tolman, der mittlerweile in Pasadena zum Professor ernannt worden ist, versucht das Problem analytisch zu lösen. Er hat also gehofft, Gleichungen zu finden, die den gesamten Sternaufbau beschreiben. Doch er scheitert. Schließlich reist er nach Berkeley, um das Problem mit Oppenheimer und Volkoff persönlich zu diskutieren. Volkoff später: „Ich erinnere mich, wie schüchtern ich war, als ich Oppenheimer und Tolman erklären sollte, was ich gemacht hatte. Wir saßen auf dem Rasen des alten Clubgebäudes der Fakultät in Berkeley, umgeben von schönen, alten Bäumen, und ich, ein Student, der noch mitten in der Promotion steckte, erklärte diesen beiden achtunggebietenden Professoren meine Berechnungen." Die drei beschließen, in einem nächsten Schritt die Kernkraft mit einzufügen, indem sie deren Stärke innerhalb plausibler Grenzen variieren. Das Ergebnis ist erstaunlich: Offenbar hat die Stärke der Kernkraft keinen sehr großen Einfluss auf das Ergebnis. Was passierte dann aber mit sehr schweren Sternen, die am Ende ihres Lebens zusammenbrechen? Offenbar können sie weder zu Weißen Zwergen noch zu Neutronensternen werden. Was aber dann?

Oppenheimer beschließt, diesem seltsamen Phänomen auf den Grund zu gehen. Jetzt will er detailliert wissen, was bei dem Kollaps eines solchen Sterns passiert. Dieses Problem stellt die Gruppe jedoch vor schier unüberwindliche mathematische Schwierigkeiten. Wenn sie einer überwinden kann, dann ist es Hartland Snyder. Snyder kommt aus der Arbeiterklasse, verabscheut Kunst, hat aber mehr Talent für schwierige mathematische Aufgaben als jeder andere in Berkeley. Vergnügungen ist er deswegen noch lange nicht abgeneigt. Er geht gerne auf die Institutsparties, wo die Physiker Musik machen und Trinklieder singen.

Oppenheimer geht das Problem mit seinem Schüler Schritt für Schritt durch und schätzt dabei die Lösung schon einmal grob ab. Der Schlüssel zum Verständnis, das ist Oppenheimer klar, liegt in der mittlerweile über 20 Jahre alten Arbeit von Karl Schwarzschild. Die Aufgabe besteht nun darin, die Krümmung von Raum und Zeit in der Umgebung des Neutronensterns zu berechnen, wobei dessen Durchmesser stufenweise verkleinert wird. Der Kollaps wird gewissermaßen in Momentaufnahmen zerlegt.

Snyder und Oppenheimer wollen sich dieses Mal nicht darum kümmern, was bei diesem Vorgang im Innern des Körpers passiert. Sie interessieren sich nur für den Außenbereich.

Schon die erste Abschätzung bringt zwei Erkenntnisse: Je kleiner der Stern wird, desto stärker krümmt sich der Raum in seiner nahen Umgebung. Und was passiert, wenn der Stern kleiner wird als der seltsame Schwarzschild-Radius? Dann, so Oppenheimer, müsste sich der Raum um den Körper schließen. Der Stern schneidet sich förmlich selbst vom Universum ab. Der Vergleich mit dem Gummituch, das von der Kugel eingedellt wird, kann dies eventuell veranschaulichen. Je kleiner der Neutronenstern wird, desto tiefer wird die Mulde in dem Tuch. Beim Unterschreiten des Schwarzschild-Radius schließt sich das Tuch über der Kugel, die nun völlig in ihm eingeschlossen ist. Von ihr ausgesandtes Licht kann nicht mehr nach außen dringen, sie ist nicht mehr sichtbar. Außerdem, so finden die beiden Theoretiker heraus, vergeht die Zeit im Laufe des Kollaps an der Neutronensternoberfläche immer langsamer. Das hätte ebenfalls eine merkwürdige Folge: Das von dort ausgesandte Licht erscheint von außen betrachtet immer röter.

Das sind nun eine ganze Reihe merkwürdiger Vorhersagen, die Snyder daraufhin in exakten Lösungen überprüfen soll. Die Aufgabe ist mehr als beachtlich, weswegen weitere Hilfe von Richard Tolman äußerst willkommen ist. Nun beginnt Snyder mit der Rechnung. Immer wieder diskutieren die drei über Probleme, Teilaspekte, alte Wege werden verworfen, neue gesucht. Im Februar 1939 schreibt Oppenheimer seinem Freund George Uhlenbeck in Ann Arbor: „Wir haben hier an statischen und nicht-statischen Lösungen für schwere Massen gearbeitet, die ihren nuklearen Brennstoff verbraucht haben: Alte Sterne vielleicht, die zu Neutronenkernen kollabieren. Die Ergebnisse sind sehr sonderbar." Kurz nach diesem Brief liegt das Resultat vor. Und es *ist* sonderbar.

Nach den Newtonschen Gesetzen müsste der Kollaps eines Sterns immer schneller voranschreiten. Von außen betrachtet, passiert indes genau das Gegenteil. Der Stern scheint immer langsamer zu schrumpfen, bis er bei Erreichen des Schwarzschild-Radius stehen bleibt. Schnurrt der Himmelskörper demnach doch nicht zu einem Punkt zusammen?

Nein. Dieses „Gefrieren" der Oberfläche erweist sich als Täuschung. Es ist eine Folge der Allgemeinen Relativitätstheorie: In einem starken Gravitationsfeld geht eine Uhr langsamer als in einem schwachen. Nun stelle man sich vor, dass von der Oberfläche des kollabierenden Sterns periodisch Lichtpulse ausgesandt werden. Der Zeitabstand zwischen zwei Lichtpulsen wird dann, wie das Ticken einer Uhr, mit zunehmender Schwerkraft immer größer. Da während des Zusammenbruchs des Sterns die Schwerkraft an seiner Oberfläche anwächst, kommen die Lichtpulse bei einem äußeren Betrachter in immer größeren Abständen an. Erreicht der Stern den Schwarzschild-Radius, vergeht zwischen dem Aussenden zweier aufeinander folgender Lichtpulse unendlich viel Zeit. Die Zeit scheint stillzustehen, und für einen äußeren Betrachter erstarrt das Geschehen.

Ein fiktiver Beobachter auf der Oberfläche des Sterns empfindet den Kollaps kurioserweise ganz anders. Er bemerkt überhaupt nicht, dass der Stern den Schwarzschild-Radius durchquert. Der Grund dafür ist, dass sich sein eigener Zeitablauf im selben Maße verlangsamt wie in seiner Umgebung. Dieses Standortphänomen erinnert an das Durchbrechen der Schallmauer. Der Pilot im Cockpit registriert diesen Moment gar nicht. Am Boden ist der Überschallknall deutlich hörbar.

Der Schwarzschild-Radius markiert somit den Bereich um den kollabierten Stern herum, aus dem weder Materie, noch Licht, noch Information in irgendeiner Form entweichen kann. Diese Grenze heißt deswegen auch Ereignishorizont.

Die Reaktion auf den Artikel in der Zeitschrift *Physical Review* ist verhalten bis skeptisch. Zu neu ist das eroberte Terrain, zu unanschaulich das Ergebnis. „Sie können nicht ermessen, wie schwierig es für den menschlichen Geist war, zu verstehen, wie beide Perspektiven gleichzeitig wahr sein können", erklärt später der sowjetische Physiker Jewgeni Liwschitz seinem amerikanischen Kollegen Kip Thorne gegenüber. Überdies wird Oppenheimer und seinen Mitarbeitern vorgeworfen, wichtige Effekte nicht berücksichtigt zu haben. Wie beispielsweise würde sich die Rotation des Sterns auswirken? Je stärker sich der Körper zusammenzieht, desto schneller muss er rotieren. Das ist ähnlich wie bei einer Eiskunstläuferin, die bei einer Pirouette immer schneller herumwirbelt, je enger sie die Arme anlegt. Könnte die hierbei

Abb. 24: Julius Robert Oppenheimer im Gespräch mit Albert Einstein, um 1951.

auftretende Zentrifugalkraft den Kollaps nicht aufhalten? Oder was bewirkt die Strahlung des Sterns? Oppenheimer ist sich dieser Probleme bewusst, hat sie aber als vernachlässigbar eingestuft. Einzig Lew Landau in Moskau stimmt Oppenheimer zu und erkennt den wahren Wert der Arbeit.

Nun basieren alle Erkenntnisse der neuen Arbeit auf der Allgemeinen Relativitätstheorie. Was sagt Einstein selbst als Schöpfer dieser Theorie dazu? Er lehnt Oppenheimers Ergebnis ab. Er konstruiert ein Gedankenexperiment, mit dem er glaubt beweisen zu können, dass der Radius eines Sterns nie kleiner werden kann als der Schwarzschild-Radius. Einstein versucht darin zu beweisen, dass die Rotation den Kollaps rechtzeitig vor Erreichen dieser mysteriösen Grenze stoppen würde. Später wird sich erweisen, dass Einstein in diesem Punkt geirrt hat.

Damit endet Oppenheimers Exkurs in die Physik kollabierter Sterne, die man erst 30 Jahre später Schwarze Löcher nennen wird. Noch im selben Jahr bricht der Zweite Weltkrieg aus, der Oppenheimers Leben eine schicksalshafte Wendung gibt. In dieser Phase seines Lebens gibt es noch eine zweite bedeutende Entwicklung: er heiratet. Im August 1939 lernt Oppenheimer auf einer Gartenparty Kathryn Puening kennen, eine Frau, die im zarten Alter von 29 Jahren bereits zwei Mal geschieden und ein Mal verwitwet ist. Kitty, wie sie alle nennen, ist sehr lebenslustig. Aus Deutschland stammend, war sie als Kind mit ihren Eltern in die USA ausgewandert. Als junges Mädchen verbrachte sie dann einige Jahre in Frankreich, wo sie einen Musiker heiratete. Doch diese Verbindung hielt nur wenige Monate. 1933 kehrte Kitty in die USA zurück und verfiel einem Berufskommunisten. Auch ihn heiratete sie und trat sogar der Kommunistischen Partei bei. Im Oktober 1937 wurde sie Witwe, als ihr Mann im Spanischen Bürgerkrieg umkam. Kurz bevor sie Oppenheimer kennenlernte, hatte sie noch schnell ein drittes Mal geheiratet. Auch dieser Ehe war keine lange Dauer beschieden: Am 1. November 1940 lässt sich Kitty scheiden, am selben Tag noch heiratet sie Robert Oppenheimer. Ihm sollte sie bis zu dessen Tod treu bleiben. Zwei Kinder, Peter und Katherine, kommen 1941 und 1944 zur Welt.

Die Zeit familiären Wohlbefindens in der am Ortsrand von Berkeley gelegenen Villa Oppenheimer währt nur kurze Zeit. Im Jahre 1942 wird Oppenheimer wissenschaftlicher Leiter des Manhattan-Projekts. In dieses bis dahin größte Unternehmen der Menschheit ist in den USA praktisch jeder verfügbare Physiker auf irgendeine Weise eingebunden. Für kollabierende Sterne interessiert sich da niemand mehr. Dennoch hat die Forschung in Los Alamos zunächst an der Atom- und danach an der Wasserstoffbombe die Theorie Schwarzer Löcher entscheidend vorangetrieben. Theoretiker haben im Rahmen dieser Untersuchungen Modelle entwickelt, um das Netz nuklearer Reaktionen, die Ausbreitung von Druckwellen oder die entstehende Strahlung bei einer Atombombenexplosion zu berechnen. Erstmals werden hierfür auch „Elektronengehirne" eingesetzt.

Als einer der Ersten begibt sich John Archibald Wheeler auf das von Oppenheimer bestellte Feld. Wheeler ist seit 1938 Professor in Princeton, wo auch Einstein arbeitet. Zusammen mit Niels Bohr hat er ein Modell für das Innere des Atomkerns und dessen Spaltung aufgestellt. Später sollte er zum Vater einer neuen Generation von Gravitationsphysikern werden. Zusammen mit zwei Kollegen verfasst er Anfang der siebziger Jahre ein Lehrbuch über Gravitation, das man getrost als die Bibel dieses Gebietes bezeichnen kann.

Wheeler hat auch an der Wasserstoffbombe mitgearbeitet, doch als dieses Projekt für ihn abgeschlossen ist, wendet er sich dem hoch gesteckten Ziel zu, Gravitation und Quantenmechanik irgendwie zu vereinen. Der Schlüssel hierzu könnte in der Theorie kollabierender Sterne zu finden sein, denn um sie zu beschreiben benötigt man beide Theorien. Zusammen mit zwei Schülern unternimmt er 1956 den Versuch, erstmals auf einem elektronischen Computer, der raumfüllenden Maniac, die Vorgänge im Innern des Sterns während seines Zusammenbruchs zu beschreiben. Volkoffs Rechnungen, die ihn über einen Monat Arbeit gekostet haben, erledigt die Maniac in nicht einmal einer Stunde. Darüber hinaus zeigt Wheelers Lösung, in welcher Phase beispielsweise die Elektronen in die Atomkerne hineingepresst werden, wann die dabei entstehenden Neutronen aus dem Kern herausfliegen und wie diese einen starken Druck gegen die Schwerkraft aufbauen.

Zwar zeigen auch Wheelers Lösungen, dass die Neutronenmaterie unter dem Druck von zwei Sonnenmassen oder mehr weiter in sich zusammenstürzen müsste. Wie schon zuvor Eddington, ist aber auch er fest davon überzeugt, dass es einen Mechanismus gibt, der das verhindert. Wheeler glaubt, dass jeder Stern, und sei er anfänglich noch so massereich, vor dem finalen Kollaps so viel Materie verliert, dass er entweder als Weißer Zwerg oder als Neutronenstern endet. Das ist die Situation im Juni 1958, als es in Brüssel zu der kurzen Debatte mit Oppenheimer kommt.

Mittlerweile beginnen immer mehr Astrophysiker sich mit diesem Problem zu beschäftigen. Bald sehen die Theoretiker auch das Problem der unterschiedlichen Sichtweisen beim Kollaps des Sterns klarer. Wie so oft in der Relativitätstheorie sind zwei Bezugssysteme gleichberechtigt, und der Eindruck eines Vorgangs hängt wirklich vom Standpunkt des Beobachters ab. Auch weitere

Computermodelle führen immer zum selben Ergebnis: Ist der Stern mehr als doppelt oder dreimal so schwer wie die Sonne, kann die Neutronenmaterie den Zusammenbruch nicht aufhalten. Der Himmelskörper fällt unaufhaltsam in sich zusammen mit allen Konsequenzen, wie sie schon Oppenheimer und seine Mitarbeiter entdeckt hatten.

Es sollte nicht lange dauern, bis sich Wheeler vom Skeptiker zum vehementen Verfechter der Existenz Schwarzer Löcher wandelt. Er ist es auch, der 1967 diesen Namen prägt, nachdem die Forscher zuvor formal von Singularitäten oder von Kollapsaren und gefrorenen Sternen gesprochen hatten. Wheelers Umschwung kommt auch als Folge neuer Entdeckungen. 1963 enträtselt der amerikanische Astronom Maarten Schmidt die Natur einiger punktförmiger Radioquellen, die man kurz zuvor entdeckt hat, so genannte Quasare. Schmidt findet heraus, dass es sich um Milliarden von Lichtjahren entfernte Himmelskörper handelt. Sie müssen die mit Abstand leuchtkräftigsten Objekte im Universum sein: In einem Gebiet, das nicht größer als unser Sonnensystem ist, erzeugen Quasare bis zu zehntausendmal mehr Energie als sämtliche hundert Milliarden Sterne unserer Milchstraße zusammen.

Bereits ein Jahr nach Schmidts Entdeckung äußern der amerikanische Astrophysiker Edwin Salpeter und sein sowjetischer Kollege Boris Zeldowitsch die Vermutung, dass gigantische Schwarze Löcher die treibende Kraft sein könnten. Das von ihnen erdachte Modell gilt im Prinzip noch heute. Demnach ruht ein Schwarzes Loch im Zentrum einer Galaxie und zieht aus der Umgebung Gas und Sterne an. Die Materie sammelt sich zunächst in einer Scheibe um den Zentralkörper herum an und umkreist ihn. Aufgrund von Reibung heizt sich das Gas auf, verliert an Energie und nähert sich auf spiralförmigen Bahnen dem Schwarzen Loch. In der Nähe des Schwarzschild-Radius wirbelt das viele Millionen Grad heiße Gas bereits mit etwa einem Drittel der Lichtgeschwindigkeit herum. Seine Strahlung lässt die Quasare hell leuchten. Schließlich erreicht die Materie den Ereignishorizont und verschwindet auf Nimmerwiedersehen im Schwarzen Loch.

Allerdings sind die Schwarzen Löcher in den Quasaren wesentlich massereicher als jene, die nach Oppenheimers Theorie beim Zusammenbruch eines Sterns entstehen. Bis zu einer Milliarde Sonnenmassen können sie schwer sein. Auf welche Weise sich die superschweren Giganten bilden, ist nicht geklärt. Vermutlich starten sie als kleines „klassisches" Schwarzes Loch und wachsen im Laufe von Jahrmilliarden zur heutigen Größe heran. Die Astronomen sind davon überzeugt, dass sich auch im Zentrum unserer Milchstraße ein Schwarzes Loch mit einer Million Sonnenmassen verbirgt.

Auch die von Oppenheimer und Snyder vorhergesagten „kleinen" Schwarzen Löcher gibt es. Aufgespürt haben sie die Astronomen in Doppelsternsystemen, in denen ein Stern ein mutmaßliches Schwarzes Loch umrundet. In einigen Fällen lassen sich Umlaufdauer und Abstand des Begleitsterns ermitteln, und hieraus ergibt sich die Masse des unsichtbaren Objekts. Den ersten Kandidaten für ein solches Doppelpaar entdecken Astronomen zu Beginn der siebziger Jahre. Es ist die Röntgenquelle Cygnus X1 im Sternbild Schwan. Hier umkreisen sich ein heißer blauer Stern und ein Schwarzes Loch von 16 Sonnenmassen. Weitere Kandidaten sind V404 Cygni mit 12 Sonnenmassen sowie die Röntgenquelle LMC X3 in der Großen Magellanschen Wolke mit mindestens neun Sonnenmassen. Bemerkenswert an dieser Nachweismethode ist, dass sie Michells Vorschlag aus dem Jahre 1783 entspricht.

Auch wenn die Astronomen heute von der Existenz Schwarzer Löcher überzeugt sind, konnten sie ein grundlegendes Problem nicht lösen: Was stoppt den Kollaps, bevor der Stern in einem physikalisch undenkbaren Punkt verschwindet? Theoretiker sind sich heute einig, dass sich die Frage erst beantworten lässt, wenn es gelingt, die Allgemeine Relativitätstheorie mit der Quantentheorie zu einer übergeordneten Theorie der Materie zu vereinen. Von diesem Ziel sind sie noch weit entfernt.

Oppenheimer zeigt nach seinen bahnbrechenden Arbeiten kein Interesse mehr an diesen exotischen Himmelskörpern. Anfang des Jahres 1939 verbreitet sich die Nachricht von der Kernspaltung durch Hahn und Straßmann wie ein Lauffeuer. Auch Oppenheimer ist hiervon wie elektrisiert. Die Physiker ahnen, welche Sprengkraft diese Entdeckung in sich birgt. Im September bricht der Zweite Weltkrieg aus, und einen Monat später erhält Präsident Roosevelt von Einstein einen Brief, in dem der ihm rät eine Atombombe zu entwickeln, bevor es die Nazis in Deutschland tun. Als Deutschland den USA am 11. Dezember 1941, nur vier

Tage nach dem Angriff der japanischen Luftwaffe auf Pearl Harbor, den Krieg erklärt, zögert Roosevelt nicht mehr lange und gibt seine Zustimmung zum Bau der Bombe. Wissenschaftlicher Leiter des „Manhattan-Projekts" in Los Alamos wird Robert Oppenheimer.

Innerhalb von drei Jahren ist das Ziel des bis dahin größten Projekts der Geschichte erreicht: Am 16. Juli 1945 zündet in der Wüste von Alamogordo die erste Atombombe, am 6. und 9. August folgen die Abwürfe der Uran- und Plutoniumbomben auf Hiroshima und Nagasaki.

Nach Ende des Krieges kehrt Oppenheimer in die Forschung zurück und wird Direktor des Institute of Advanced Studies in Princeton. Doch die Politik lässt ihn nicht los. Zunächst wird er Berater des amerikanischen Außenministeriums bei der internationalen Kontrolle der UN-Atomenergiekommission, später übernimmt er die Leitung der amerikanischen Atomenergiekommission. Doch am 29. August 1949 kommt der Schock: Die Sowjets haben ebenfalls eine Atombombe gezündet. Schon kurz darauf empfiehlt Oppenheimers Kommission, eine noch zerstörerische Waffe zu entwickeln: Die Wasserstoffbombe. Präsident Truman stimmt dem schon ein Vierteljahr später zu. Vier Jahre sollte es dauern, bis die Amerikaner die erste Superbombe zünden. Dieses Mal sind ihnen die Sowjets um ein halbes Jahr zuvor gekommen.

Doch nicht nur der Wettstreit zwischen Ost und West hat sich verschärft, sondern auch das Klima in den USA. Im März 1947 erlässt Truman eine Loyality Order, wonach sich Beamte im öffentlichen Dienst und Persönlichkeiten des öffentlichen Lebens einer Gesinnungsüberprüfung unterziehen müssen. Auch Oppenheimer wird im Zuge dieser Maßnahmen untersucht, erhält aber trotz einiger Verdachtsmomente die Sicherheitsgarantie. Ende 1952 verschärft sich die Situation wieder, als die Republikaner die Wahl gewinnen und Eisenhower Präsident wird. Jetzt bekommt ein gewisser Joseph McCarthy Aufwind, der seit Beginn der fünfziger Jahre den Senatsausschuss zur Untersuchung unamerikanischer Umtriebe leitet. Gesucht werden Kommunisten, welche die Sicherheit der Vereinigten Staaten gefährden. Ab 1953 nimmt dieser Ausschuss die Züge einer mittelalterlichen Inquisition an und entfacht eine allgemeine antikommunistische Hetzjagd, in der schließlich auch antisemitische Vorurteile mitspielen. In dieser McCarthy-Ära holt Oppenheimer die Vergangenheit wieder ein.

In den dreißiger Jahren hatte er eine stürmische Liebesbeziehung mit einer gewissen Jean Tatlock gehabt, die aus Trotz zu ihrem Vater der Kommunistischen Partei beigetreten war. Die Beziehung war zwar nach einiger Zeit auseinander gegangen, Oppenheimer hatte sich aber kommunistische Gedanken zu eigen gemacht. Einige Zeit engagierte er sich sogar in gewerkschaftlichen Organisationen und unterstützte verschiedene Hilfsaktionen für Spanien im Bürgerkrieg gegen die Faschisten. Auch eine Freundschaft mit dem Romanistikprofessor Haakon Chevalier, einem überzeugten Marxisten, wird ihm später vorgehalten. Dass er sich schließlich vom sowjetischen Vorbild entschieden losgesagt hatte, spielt keine Rolle mehr, als er vor den Untersuchungsausschuss zitiert wird. Dort versucht man ihn gnadenlos niederzumachen. „Mit großer Wahrscheinlichkeit war Oppenheimer zwischen 1939 und 1942 ein ausreichend überzeugter Kommunist, um den Sowjets entweder von sich aus Spionageinformationen zu vermitteln oder ihrer Forderung nach solchen Informationen Folge zu leisten. … Mit großer Wahrscheinlichkeit hat er sich seither als Spion betätigt", wirft man ihm vor. Das Verfahren wird mit den härtesten Mitteln geführt, denen Oppenheimer kaum gewachsen ist. „Das Leben eines Mannes stand auf dem Spiel. Es war ein Mordprozess – mit trübem, nur halbwegs bekanntem Beweismaterial", erklärt Oppenheimers Anwalt.

Im Frühjahr 1954 erreicht der Schauprozess seinen brutalen Höhepunkt. Tagelang zermürbt ihn der Vertreter der Anklage Roger Robb in einem gnadenlosen Kreuzverhör. Der Fall Oppenheimer füllt die Titelseiten der Tageszeitungen in aller Welt. Nach langer Beratung folgt Präsident Eisenhower schließlich der Empfehlung der nationalen Atomenergiekommission. Am 29. Juni 1954 entzieht er Oppenheimer die Sicherheitsgarantie, was den Ausschluss aus allen Regierungsämtern und von der Atomforschung zur Folge hat.

Zutiefst gedemütigt zieht sich Oppenheimer in die Forschung zurück. Die Kollegen in aller Welt sind mit ihm solidarisch und sehen in ihm nach wie vor den brillanten Physiker und auch den amerikanischen Patrioten. Auch sein Schaffensdrang scheint ungebrochen. Immer öfter sieht man ihn auf hochkarätig besetzten

Konferenzen – vor allem in Europa. Überall wird er begeistert, ja teilweise mit stehenden Ovationen empfangen. Zu Beginn der sechziger Jahre entspannt sich das innenpolitische Klima in den USA. John F. Kennedy wird Präsident, und nun bemerkt man, wie es scheint, den an Oppenheimer begangenen Fehler. 1963 verleiht man ihm auf Empfehlung der Atomenergiekommission überraschend den Enrico-Fermi-Preis. Während aus der Ecke der Republikaner Protest zu hören ist, begrüßt man doch allgemein diese Entscheidung. Als Oppenheimer den Preis im Dezember von Kennedys Nachfolger Lyndon B. Johnson persönlich überreicht bekommt, wirkt dies wie eine öffentliche Rehabilitierung.

Viele Jahre sind Oppenheimer jedoch nicht mehr vergönnt. Anfang 1966 diagnostiziert man bei ihm Kehlkopfkrebs, bereits ein Jahr später, am 18. Februar 1967, stirbt er. Ein Grab gibt es nicht. Er wird verbrannt und seine Witwe lässt die Asche zu einer der Virgin Islands fliegen, wo sie der Wind über das Meer verstreut. Hier hatte Oppenheimer zusammen mit Kitty und seinen zwei Kindern unvergessliche Urlaubstage verbracht.

Literatur

Literatur zur Geschichte der Astronomie und Kosmologie

J. Hamel, Geschichte der Astronomie – von den Anfängen bis zur Gegenwart. Birkhäuser, Basel 1998.

J. North, Viewegs Geschichte der Astronomie und Kosmologie. Vieweg, Braunschweig 1997.

G. D. Roth, Kosmos Astronomiegeschichte. Astronomen, Instrumente, Entdeckungen. Franckh'sche Verlagshandlung, Stuttgart 1987.

Nikolaus Kopernikus

N. Copernicus, Das neue Weltbild, hrsg. von H. G. Zekl, Felix Meiner, Hamburg 1990.

O. Gingerich, Nikolaus Kopernikus und Tycho Brahe, Spektrum der Wissenschaft, Heft 12, 1973.

R. Haase, Johannes Keplers Weltharmonik, Diederichs, München 1998.

J. Hamel, Nicolaus Copernicus. Leben, Werk und Wirkung. Spektrum Akademischer Verlag, Heidelberg 1994.

G. Hermanowski, Nikolaus Kopernikus, 1985.

K. Mainzer, Symmetrien der Natur, de Gruyter, Wiesbaden 1988.

L. Prowe, Nicolaus Coppernicus, 2 Bde., Berlin 1883.

Johannes Kepler

C. Baumgardt, Johannes Kepler, Leben und Briefe, Wiesbaden 1953.

H. Blumenberg, Die Genesis der kopernikanischen Welt, Suhrkamp, Frankfurt/M. 1981.

M. Caspar, Johannes Kepler, GNT, Stuttgart 1948.

J. Hemleben, Kepler, Rowohlt, Reinbek bei Hamburg 1971.

J. Hoppe, Johannes Kepler, Teubner, Leipzig 1997.

J. Kepler, Weltharmonik, Oldenbourg, München 1997.

J. Kepler, Von den gesicherten Grundlagen der Astrologie, Chiron, Mössingen 1999.

J. Kepler, Gesammelte Werke in 22 Bänden:

J. Kepler, Briefe (Bd. 13–18), C. H. Beck, München 1945 ff.

J. Kepler, Dokumente zu Leben und Werk (Bd. 19), C. H. Beck, München 1975.

J. Kepler, Astronomia Nova (Bd. 3), C. H. Beck, München ²1990.

J. Kepler, Harmonice Mundi (Bd. 6), C. H. Beck, München 1940.

J. Kepler, Manuscripta Astronomica I (Bd. 20,1), C. H. Beck, München 1988.

J. Kepler, Mysterium Cosmographicum. De Stella Nova (Bd. 1), C. H. Beck, München ²1993.

J. Kepler, Theologica. Hexenprozess. Tacitus-Übersetzung, Gedichte (Bd. 12), C. H. Beck, München 1990.

M. Lemcke, Johannes Kepler, Rowohlt, Reinbek bei Hamburg 1995.

C. Wilson, Keplers Entdeckung der ersten beiden Planetengesetze, Spektrum der Wissenschaft, Heft 3, 1972.

Galileo Galilei

M. Biagioli, Galilei – der Höfling, S. Fischer, Frankfurt/M. 1999.

S. Drake, Newtons Apfel und Galileis „Dialog", Spektrum der Wissenschaft, Heft 10, 1980.

A. Fölsing, Galileo Galilei, Prozeß ohne Ende, Piper, München 1983.

Galileo Galilei, Schriften, Briefe, Dokumente, hrsg. von A. Mudry, Rütten & Loenig, Berlin 1987.

O. Gingerich, Der Fall Galilei, Spektrum der Wissenschaft, Heft 10, 1982.

J. Helmleben, Galilei, Rowohlt, Reinbek bei Hamburg 1969.

L. S. Lerner, E. Gosselin, Galileo Galilei und der Schatten des Giordano Bruno, Spektrum der Wissenschaft, Heft 1, 1987.

Friedrich Wilhelm Herschel

H. Gärtner, Er durchbrach die Schranken des Himmels, Edition Leipzig, Leipzig 1996.

J. Hamel, Friedrich Wilhelm Herschel, B. G. Teubner, Leipzig 1988.

F. W. Herschel, Abhandlungen, hrsg. von R. Engelmann, Verlag von Wilhelm Engelmann, Leipzig 1876.

Friedrich Wilhelm Bessel

F. W. Bessel, Populäre Vorlesungen über wissenschaftliche Gegenstände, Perthes-Besser & Mauke, Hamburg 1848.

F. W. Bessel, Abhandlungen, 3 Bde., hrsg. von R. Engelmann, Wilhelm Engelmann, Leipzig 1876.

A. Erman (Hrsg.), Briefwechsel zwischen W. Olbers und F. W. Bessel, 2 Bde., Avenarius & Mendelssohn, Leipzig 1852.

J. Hamel, Friedrich Wilhelm Bessel, B. G. Teubner, Stuttgart, Leipzig 1984.

D. B. Herrmann, Kosmische Weiten, Kurze Geschichte der Entfernungsmessung im Weltall, Harri Deutsch, Thun, Frankfurt/M. 1990.

K. Lawrynowicz, Friedrich Wilhelm Bessel, Birkhäuser, Basel 1995.

F. Schmeidler, Leben und Werk des Königsberger Astronomen Friedrich Wilhelm Bessel, Ilma, Kelkheim 1984.

Urbain Joseph Leverrier und John Couch Adams

W. R. Dick, Zur Auffindung des Planeten Neptun, Die Sterne, Bd. 62, S. 251, 1986.

S. Drake, C. T. Kowal, Galileis Beobachtungen des Neptun, Spektrum der Wissenschaft, Heft 2, 1981.

M. Grosser, Entdeckung des Planeten Neptun, Suhrkamp, Frankfurt/M. 1970.

H. M. Harrison, Voyager in time and space, The life of John Couch Adams, The Book Guild 1994.

D. Rawlins, British Neptune-Disaster File Recovered, DIO 9. 1, S. 20, 1999.

Edwin Powell Hubble

G. E. Christianson, Edwin Hubble – Mariner of the Nebulae. Institute of Physics Publishing, London 1995.

E. P. Hubble, The Realm of the Nebulae, Oxford University Press, Oxford 1936, dt.: Das Reich der Nebel, Vieweg, Braunschweig 1938.

D. Overbye, Das Echo des Urknalls. Kernfragen der modernen Kosmologie. Droemer Knaur, München 1993.

A. S. Sharov, I. D. Novikov, Edwin Hubble. Der Mann, der den Urknall entdeckte. Birkhäuser, Basel 1993.

G. Wolfschmidt, Milchstraße, Nebel, Galaxien. Strukturen im Kosmos von Herschel bis Hubble, Oldenbourg, München 1995.

Julius Robert Oppenheimer

J. Bernstein, Albert Einstein und die Schwarzen Löcher, Spektrum der Wissenschaft, Heft 8, 1996, S. 56.

H. Chevalier, Mein Fall Robert Oppenheimer, München 1965.

P. Goodchild, J. Robert Oppenheimer, eine Bildbiographie, Birkhäuser, Basel 1982.

G. Greenstein, Der gefrorene Stern, Pulsare, Schwarze Löcher und das Schicksal des Universums, Econ, Düsseldorf 1985.

K. Hoffmann, Julius Robert Oppenheimer, Schöpfer der ersten Atombombe, Springer, Heidelberg 1995.

R. Jungk, Heller als tausend Sonnen, Scherz, Bern 1956.

H. Kant, J. R. Oppenheimer, Teubner, Leipzig 1955.

J. R. Oppenheimer, Wissenschaft und allgemeines Denken, Rowohlt, Reinbek bei Hamburg 1955.

J. R. Oppenheimer, Die Zukunft der Künste und Wissenschaft, in: Perspektiven Nr. 11, S. Fischer, Frankfurt/M. 1955.

J. R. Oppenheimer, Atomkraft und menschliche Freiheit, Rowohlt, Reinbek bei Hamburg 1957.

J. S. Rigden, Der Physiker J. Robert Oppenheimer, Spektrum der Wissenschaft, Heft 10, 1995, S. 44.

A. K. Smith, C. Weiner, Robert Oppenheimer, Letters and Recollections, Harvard University Press, Harvard 1980.

K. S. Thorne, Gekrümmter Raum und verbogene Zeit, Droemer Knaur, München 1994.

Abbildungsverzeichnis

Buchanzeigen

Naturwissenschaften bei C.H.Beck

Thomas Bührke
Newtons Apfel
Sternstunden der Physik. Von Galilei bis Lise Meitner
3., durchgesehene Auflage. 1998.
260 Seiten mit 12 Abbildungen. Paperback
Beck'sche Reihe Band 1202

Peter Düweke
Darwins Affe
Sternstunden der Biologie
2000. 167 Seiten mit 11 Abbildungen. Paperback
Beck'sche Reihe Band 1351

Peter Düweke
Kleine Geschichte der Hirnforschung
Von Descartes bis Eccles
2001. 182 Seiten mit 13 Abbildungen. Paperback
Beck'sche Reihe Band 1405

Ulla Fölsing
Nobel-Frauen
Naturwissenschaftlerinnen im Porträt
3. Auflage. 1993. 214 Seiten mit 14 Porträts. Paperback
Beck'sche Reihe Band 426

Ilse Jahn / Michael Schmitt (Hrsg.)
Darwin & Co.
Eine Geschichte der Biologie in Portraits
Band 1: 2001. 552 Seiten mit 27 Abbildungen. Gebunden
Band 2: 2001. 574 Seiten mit 30 Abbildungen. Gebunden

Colin McGinn
Wie kommt der Geist in die Materie?
Das Rätsel des Bewusstseins
Aus dem Englischen von Susanne Kuhlmann-Krieg
2001. 267 Seiten. Broschiert

Verlag C.H.Beck München

Naturwissenschaften bei C.H.Beck

Karl von Meÿenn (Hrsg.)
Die großen Physiker
Band 1: Von Aristoteles bis Kelvin
Band 2: Von Maxwell bis Gell-Mann
1999. 1090 Seiten mit 73 Abbildungen. Broschiert

Steven Rose
Darwins gefährliche Erben
Biologie jenseits der egoistischen Gene
Aus dem Englischen von Susanne Kuhlmann-Krieg
2000. 363 Seiten mit 46 Abbildungen und 1 Tabelle. Gebunden

Ernst F. Schwenk
Sternstunden der frühen Chemie
Von Johann Rudolph Glauber bis Justus von Liebig
2., überarbeitete Auflage. 2000. 288 Seiten mit 42 Abbildungen. Paperback
Beck'sche Reihe Band 1252

Peter Sitte (Hrsg.)
Jahrhundertwissenschaft Biologie
Die großen Themen
1999. 453 Seiten mit 58 Abbildungen,
davon 31 in Farbe und mit 11 Tabellen. Gebunden

Lee Smolin
Warum gibt es die Welt?
Die Evolution des Kosmos
Aus dem Englischen von Thomas Filk
1999. 428 Seiten mit 4 Abbildungen. Gebunden

Alan Sokal/Jean Bricmont
Eleganter Unsinn
Wie die Denker der Postmoderne die Wissenschaften mißbrauchen
Ins Deutsche übertragen von Johannes Schwab und Dietmar Zimmer
2. Auflage. 2000. 350 Seiten. Broschiert

Verlag C.H.Beck München